Technische Leitung, Veranstaltungsleitung

Jetzt diesen Titel zusätzlich als E-Book downloaden und 70 % sparen!

Als Käufer dieses Buchtitels haben Sie Anspruch auf ein besonderes Kombi-Angebot: Sie können den Titel zusätzlich zum Ihnen vorliegenden gedruckten Exemplar für nur 30 % des Normalpreises als E-Book beziehen.

Der BESONDERE VORTEIL: Im E-Book recherchieren Sie in Sekundenschnelle die gewünschten Themen und Textpassagen. Denn die E-Book-Variante ist mit einer komfortablen Volltextsuche ausgestattet!

Deshalb: Zögern Sie nicht. Laden Sie sich am besten gleich Ihre persönliche E-Book-Ausgabe dieses Titels herunter.

In 3 einfachen Schritten zum E-Book:

❶ Rufen Sie die Website **www.beuth.de/e-book** auf.

❷ Geben Sie hier Ihren persönlichen, nur einmal verwendbaren E-Book-Code ein:

29802DAFKDA894A

❸ Klicken Sie das „Download-Feld" an und gehen dann weiter zum Warenkorb. Führen Sie den normalen Bestellprozess aus.

Hinweis: Der E-Book-Code wurde individuell für Sie als Erwerber dieses Buches erzeugt und darf nicht an Dritte weitergegeben werden. Mit Zurückziehung dieses Buches wird auch der damit verbundene E-Book-Code für den Download ungültig.

Technische Leitung, Veranstaltungsleitung

Thomas Sakschewski

Technische Leitung, Veranstaltungsleitung

Technische Fachplanung, Verantwortung und Anforderungen

In Zusammenarbeit mit Nikolai Hocke, Michael Klötzer und Fabian Görres

1. Auflage 2021

Herausgeber:
DIN Deutsches Institut für Normung e. V.

Beuth Verlag GmbH · Berlin · Wien · Zürich

Herausgeber: DIN Deutsches Institut für Normung e. V.

Berlin · Wien · Zürich
Saatwinkler Damm 42/43
13627 Berlin

Telefon: +49 30 2601.0
Telefax: +49 30 2601.1260
Internet: www.beuth.de
E-Mail: kundenservice@beuth.de

Satz: Beuth Verlag GmbH, Berlin

Druck: L&C Printing Group, Kraków
Gedruckt auf säurefreiem, alterungsbeständigem Papier nach DIN EN ISO 9706

ISBN 978-3-410-29802-1
ISBN (E-Book) 978-3-410-29803-8

Inhaltsverzeichnis

Autorenporträts

Thomas Sakschewski ist Professor für Veranstaltungsmanagement und -technik an der Beuth Hochschule für Technik Berlin. Er studierte Psychologie und Betriebswirtschaft (MA) und ist seit 1994 in verantwortlichen Positionen als Ausstellungsmacher und Projektmanager mit unterschiedlichen Aufgabenfeldern wie Veranstaltungsleitung, Projektleitung oder Technische Leitung für verschiedene Auftraggeber in Berlin tätig gewesen. Er ist Autor zahlreicher Publikationen im Themenkreis Veranstaltungsmanagement, darunter das im Beuth Verlag erschienene Standardwerk „Sicherheitskonzepte für Veranstaltungen“.

Nikolai Hocke, Jahrgang 1973, hat 1999 das Studium der Theater- und Veranstaltungstechnik mit Diplom abgeschlossen. Er ist verheiratet und hat zwei Töchter. Seit über 25 Jahren arbeitet Nikolai Hocke leidenschaftlich in der Veranstaltungsbranche und ist seit 16 Jahren als Berater und Technischer Fachplaner für komplexe AV-Projekte in aller Welt tätig. Er ist Geschäftsführer des Ingenieurbüros macomNIYU GmbH in Berlin und als Projektleiter für Großprojekte sowie für die Ausbildung von Nachwuchs-Fachkräften in dem Bereich zuständig. Zu den Kunden zählen Automobilkonzerne wie Audi, BMW Group, Porsche oder ŠKODA, TV-Sender wie ARD oder RTL und zahlreiche andere namhafte Unternehmen wie Merck oder Siemens Healthineers. Ein Einblick zu einigen AV-Projekten ist unter: www.macom-niyu.de zu finden.

Michael Klötzer wurde 1989 in Rostock geboren. Nach der Ausbildung zum Elektroniker für Energie und Gebäudetechnik und nach erfolgreichem Abschluss der Berufsausbildung zur Fachkraft für Veranstaltungstechnik 2011 studierte er an der Beuth Hochschule für Technik und schloss sein Studium 2020 zum B. Eng. Veranstaltungstechnik und -management ab. Seine Bachelorarbeit verfasste er zu Schnittstellenmanagement bei der Festinstallation von Medientechnik in einem „E-Sports-Entertainment-Center“. Schon während des Studiums arbeitete er als Projektassistent in dem Bereich der Festinstallation und war selbstständig als Veranstaltungstechniker auf Eventproduktionen im deutschsprachigen Raum tätig. Seit Studienabschluss arbeitet er als Projektleiter im Bereich der Festinstallation von Medientechnik.

Fabian Görres hat schon während des Studiums zum Bachelor und anschließend Master des Studiengangs Veranstaltungstechnik und -management an der Beuth Hochschule für Technik Berlin verschiedene Veranstaltungsformate geplant und umgesetzt. Nach dem Zusammenschluss mit seinem Geschäftspartner und der Gründung der breakout MOMENTS GmbH im Jahr 2017, spezialisierte sich die Firma auf Start-up-Veranstaltung, Hackathons, Pitch Events und Award Verleihungen. Mit kreativen Konzepten und fundiertem Fachwissen setzt die Firma Events in unterschiedlichen Städten mit Kunden wie zum Beispiel IBM, Airbus, Rakuten oder Vattenfall um.

Vorwort

Veranstaltungsmanagement meint die Planung, Steuerung und Kontrolle einer Veranstaltung unter Anwendung der Instrumente und Methoden des Projektmanagements, um die Einmaligkeit für den Besucher durch eine geeignete Konzeption und eine systematische Planung zu unterstützen und zielgerichtet die gleichzeitige Anwesenheit vieler Menschen, mit einem positiven Erlebnis zu verbinden. In der Planung und bei der Umsetzung von Veranstaltungen vor Ort arbeiten viele unterschiedliche Gewerke aus sehr verschiedenen Bereichen zusammen, um gemeinsam ein besonderes, einmaliges Erlebnis zu schaffen. Gemeinsam? Irgendwann, spätestens, wenn etwas schiefläuft, wenn der Zeitplan aus dem Ruder läuft, die einen auf die anderen warten müssen, obwohl überhaupt keine Zeitpuffer vorhanden sind, und es zu Störungen kommt, vielleicht Unfällen oder Schlimmeres – wird gefragt, wer denn verantwortlich ist.

Die Aufgabenbereiche, Anforderungen und Pflichten der Verantwortlichen für Veranstaltungstechnik, die sogar die Verantwortung im Titel tragen, sind vergleichsweise präzise beschrieben, doch wie steht es mit der Veranstaltungsleitung? Sie hat die Gesamtverantwortung bei einer Veranstaltung, doch welche Qualifikation muss sie haben? Und die Technische Leitung? Der Titel taucht bei vielen Veranstaltungen auf, doch welche Aufgaben muss sie erfüllen, welche Verantwortung hat die Technische Leitung eigentlich zu tragen?

Das Buch *Technische Leitung, Veranstaltungsleitung* versucht diese Fragen zunächst grundsätzlich zu beantworten und analysiert und beschreibt nachfolgend detailliert einzelne Aufgaben (Sicherheitsplanung, Hygienekonzepte, Festinstallation), Branchen (Messen, Kultur) und neue Veranstaltungsformate wie hybride Events, LARPs, E-Sports Events, Cosplays, Immersion, Barcamps oder Hackathons. Dabei wird auf die Aufgabenbereiche, die Schnittstellen und die Qualifikation der Technischen Fachplanung ausführlich eingegangen. In der sehr intensiven und fruchtbaren Zusammenarbeit mit dem erfahrenen Fachplaner Nikolai Hocke ist es gelungen, das Berufsbild und die Anforderungen einer Technischen Fachplanung erstmalig genau zu beschreiben und die Aufgabenbereiche bei Festinstallationen, Events und hybriden Events zu präzisieren. Ohne das fulminante praktische

Fachwissen von Nikolai Hocke und die zahlreichen Diskussionen um die Besonderheiten dieser durch wachsende technische Anforderungen immer notwendiger werdenden Disziplin, wäre dieser wichtige Bestandteil des Buches zur Technischen Fachplanung nicht entstanden. Ebenso ist den weiteren Co-Autoren Fabian Görres und Michael Klötzer zu danken, ohne deren Unterstützung zu E-Sports Events oder Hackathons die Kapitel nicht möglich gewesen wären.

Mit dem vorliegenden Buch *Technische Leitung, Veranstaltungsleitung – Technische Fachplanung, Verantwortung und Anforderungen* hoffe ich einen Beitrag zur Aufklärung der blinden Stellen leisten zu können, die trotz aller Gesetze und Regelwerke bei der Planung und Umsetzung einer sicheren Veranstaltung weiterhin bestehen. So können erstmals Aufgaben- und Verantwortungsbereiche der Veranstaltungsleitung über die Technische Fachplanung mit der Technischen Leitung verknüpft werden, um komplexe Planungsprozesse präzise zu beschreiben.

Thomas Sakschewski

1 Veranstaltungsleitung

Thomas Sakschewski

Die Veranstaltungsleitung ist die verantwortliche Vertretung des Veranstalters. Ihre Anwesenheit in Versammlungs- und Veranstaltungsstätten ist gesetzlich vorgeschrieben bzw. durch die Unfallverhütungsvorschriften vorgegeben. Weder in Gesetzen noch in Vorschriften sind jedoch die Anforderungen genannt, die eine Veranstaltungsleitung zu erfüllen hat.

1.1 Gesetzliche Grundlagen

Der Veranstaltungsleiter ist bauordnungsrechtlich verantwortlicher Vertreter des Betreibers oder des Veranstalters. Nach § 38 Abs. 2 MVStättVO muss der Veranstaltungsleiter in einer Versammlungsstätte bzw. in Erweiterung bei allen Veranstaltungen anwesend sein, bei denen die MVStättVO anzuwenden ist, also bei Veranstaltungen in Gebäuden mit mehr als 200 Besucherplätzen in Versammlungsräumen oder im Freien mit Szenenflächen und Tribünen, die keine Fliegenden Bauten sind, und insgesamt mehr als 1.000 Besucher fassen; Sportstadien und Freisportanlagen mit Tribünen, die keine Fliegenden Bauten sind, und die jeweils insgesamt mehr als 5.000 Besucher fassen (§ 1 Abs. 1, 2 MVStättVO). Während des Betriebes von Versammlungsstätten, also bei öffentlichen Veranstaltungen, muss der Betreiber oder eine von ihm oder dem Veranstalter beauftragte Veranstaltungsleitung ständig anwesend sein.

Anwesenheitspflicht

Anders als beim Verantwortlichen für Veranstaltungstechnik (VfV), dessen Leitungs- und Aufsichtspflichten in § 40 MVStättVO beschrieben werden, bezieht sich die Anwesenheit nicht auf Auf- und Abbauzeiten oder die Proben, sondern meint den Betrieb. Der Betrieb ist durch die Nutzung im Sinne des Betriebszwecks gekennzeichnet und besteht bei einer Versammlungsstätte in der Nutzung des Sonderbaus durch BesucherInnen, die dort Veranstaltungen besuchen. Produktions- und Veranstaltungsstätten im Sinne der Unfallverhütungsvorschriften, die keine Versammlungsstätten sind, verlangen gesetzlich zwingend keine Veranstaltungsleitung. Hier wird von einer gesamtverantwortlichen Person gesprochen. Kapitel 2.1. DGUV I 215-310 ordnet diese Aufgabe der Technischen Leitung zu. Die gesamtverantwortliche Person des Veranstalters ist eine zuverlässige und fachkundige

Person, die die Veranstaltung und Produktion leitet und beaufsichtigt. Als gesamtverantwortliche Person fungiert in der Regel die Technische Direktion, Herstellungsleitung, Produktionsleitung, Projektleitung, ProduktionsingenieurIn. Die Veranstaltungsleitung wird in Abstimmung zwischen Veranstalter und Betreiber ausgewählt. Sie stimmt die jeweils erforderlichen Sicherheitsmaßnahmen mit allen Beteiligten ab und koordiniert die Abläufe. Die Anwesenheitspflicht einer Veranstaltungsleitung kann damit vereinfacht auf die Zeiträume begrenzt werden, in der die Versammlungsstätte für BesucherInnen bzw. TeilnehmerInnen zugänglich ist – also bei Versammlungsstätten ohne Regelbetrieb beginnend mit dem Einlasszeitpunkt und endend mit dem/der letzten BesucherIn, die die Versammlungsstätte verlässt. Bei Versammlungsstätten mit Regelbetrieb ergibt sich die Betriebszeit aus den offiziellen Öffnungszeiten. Damit wäre durch die pure Möglichkeit eines Besuches ein Betrieb auch dann anzunehmen, wenn sich überhaupt kein/e BesucherIn in der Versammlungsstätte befindet.

Kommentar aus der Praxis: [1]

Verantwortung ohne Qualifikation – F. K. (Veranstaltungsleiter) im Interview:

„Es bedarf keiner rechtverbindlichen Ausbildung. In der Versammlungsstättenverordnung steht nur drin, es muss eine geeignete Person sein, die sich mit den Inhalten und Gegebenheiten der Veranstaltung, der Versammlungsstätte auskennt, eingesetzt werden. Das heißt strenggenommen kann das jeder tun, der, ich sage jetzt mal, volljährig ist und im Geiste seiner Fähigkeiten. Aber das heißt, theoretisch kann auch der Geschäftsführer, der keinerlei Ahnung von dem Inhalt der Veranstaltung hat, der einfach sonst die Gallionsfigur des Unternehmens ist, könnte rein rechtlich und formell sagen: „Ich bin hier der Veranstaltungsleiter." Ob das Sinn macht oder nicht ist eine andere Sache. Aber strenggenommen und so oftmals passiert ja auch so, dass dann irgendjemand als Veranstaltungsleiter benannt wird, der aber rein operativ überhaupt nicht drinsteckt. Das ist dann vielleicht der Geschäftsführer. Der es total toll findet, überall erzählen zu können: „Ja ich bin hier der Veranstaltungsleiter", aber naja." [1]

1 Pham 2020

Betreiberpflichten

Der Veranstaltungsleitung kann die Betreiberpflichten übertragen werden, wenn die Veranstaltungsleitung mit der Versammlungsstätte und deren Einrichtungen vertraut ist. Die Übertragung verlangt die Schriftform (§ 38 Abs. 5 MVStättVO). Die Delegationsverantwortung (Auswahlverschulden im Sinne des § 831 BGB) bleibt beim Betreiber, da keine Weitergabe der Letztverantwortung möglich ist. Da eine der übertragenen Pflichten darin besteht, den Betrieb einzustellen, wenn die für die Sicherheit der Versammlungsstätte notwendigen Anlagen, Einrichtungen oder Vorrichtungen nicht betriebsfähig sind, oder wenn Betriebsvorschriften nicht eingehalten werden können (§ 38 Abs. 5 MVStättVO), muss die Veranstaltungsleitung diese Einrichtungen und die Betriebsvorschriften der MVStättVO inklusive der Brandschutzordnung für die Versammlungsstätte auch kennen. Die Veranstaltungsleitung muss damit zumindest gemäß § 42 Abs. 2 MVStättVO auch unterwiesen sein über:

- die Lage und die Bedienung der Feuerlöscheinrichtungen und -anlagen, Rauchabzugsanlagen, Brandmelde- und Alarmierungsanlagen und der Brandmelder- und Alarmzentrale,
- die Brandschutzordnung, insbesondere über das Verhalten bei einem Brand oder bei einer Panik, und
- die Betriebsvorschriften.

Mit Bezugnahme auf die Versammlungsstättenverordnung werden in der Regel folgende Betriebsvorschriften in der Betreiberverantwortung einer Veranstaltungsleitung übertragen:

- Kein Zugang zu elektrischen Schaltanlagen für BesucherInnen (§ 14 MVStättVO)
- Falls erforderlich: Keine Beeinträchtigung automatischer Feuerlöschanlagen durch szenische Einbauten oder durch andere Gegenstände während der Veranstaltung (§ 19 MVStättVO)
- Frei halten der Rettungswege und Aufstellflächen (§ 31 MVStättVO)
- Einhalten der höchstzulässigen Besucherzahl auf Grundlage genehmigter Bestuhlungspläne bzw. der Versammlungsraumgröße und Rettungswegbreite (§ 32 MVStättVO)
- Nachweis der Brandschutzanforderungen bei veranstaltungsbedingt eingebrachten Materialien (§ 33 MVStättVO)

- Umsetzung des Rauchverbots (§ 35 MVStättVO)
- Beachten der Anforderungen hinsichtlich der Verwendung von offenem Feuer und pyrotechnischen Gegenständen (§ 35 MVStättVO)
- Bestellen, Einsatz und Zusammenarbeit mit Brandsicherheitswachen (§ 41 MVStättVO)
- Falls erforderlich: Bestellen, Einsatz und Zusammenarbeit mit Sanitäts- und Rettungsdienst (§ 41 MVStättVO)
- Falls erforderlich: Wahrnehmung von im Sicherheitskonzept beschriebenen Aufgaben (§ 43 MVStättVO).

Die Aufsichtspflicht wird im OWiG (Gesetz über Ordnungswidrigkeiten) erläutert (§ 130 Abs. 1 OWiG):

> „Wer als Inhaber eines Betriebes oder Unternehmens vorsätzlich oder fahrlässig die Aufsichtsmaßnahmen unterlässt, die erforderlich sind, um in dem Betrieb oder Unternehmen Zuwiderhandlungen gegen Pflichten zu verhindern, die den Inhaber treffen und deren Verletzung mit Strafe oder Geldbuße bedroht ist, handelt ordnungswidrig, wenn eine solche Zuwiderhandlung begangen wird, die durch gehörige Aufsicht verhindert oder wesentlich erschwert worden wäre. Zu den erforderlichen Aufsichtsmaßnahmen gehören auch die Bestellung, sorgfältige Auswahl und Überwachung von Aufsichtspersonen."

Auswahlverantwortung und Kontrollverantwortung

Die Auswahlverantwortung und Kontrollverantwortung auch bei Delegation bleibt also beim Betreiber. Die Aufsichtsmaßnahmen ergeben sich aus der Formulierung „Zuwiderhandlungen gegen Pflichten". Die Pflichten des Betreibers einer Versammlungsstätte sind bauordnungsrechtlich in der MVStättVO und arbeitsrechtlich im ArbSchG und der BetrSichV formuliert.

Die arbeitsrechtlichen Pflichten werden in Kapitel 3.4, im Kapitel zur Technischen Leitung ausführlich erörtert, da die Veranstaltungsleitung in der Regel keine oder nur geringe Weisungsbefugnisse gegenüber den Beschäftigten auszuüben hat, wie die Unterscheidung zwischen gesamtverantwortliche Person (Technische Leitung) und Veranstaltungsleitung gemäß Unfallverhütungsvorschrift (DGUV I 215-310) zeigt. In Bezug auf die

Verpflichtung zum Abbruch einer Veranstaltung, wenn für die Sicherheit der Versammlungsstätte notwendige Anlagen nicht betriebsfähig sind (§ 38 Abs. 4 MVStättVO), ergibt sich jedoch eine wichtige Schnittstelle zur Betriebssicherheit.

Zur Klärung, um welche Anlagen es sich handelt, kann zunächst auf § 36 MVStättVO verwiesen werden. Unter Bedienung und Wartung von technischen Einrichtungen wird die tägliche Prüfung des Schutzvorhangs verlangt und die mögliche manuelle Abschaltung der Automatik der Sprühwasserlöschanlage bei Anwesenheit eines Verantwortlichen für Veranstaltungstechnik sowie nach Art der Veranstaltung und bei der Umsetzung von erforderlichen Brandschutzmaßnahmen auch die Abschaltung der automatischen Brandmeldeanlage erwähnt. Brandmeldeanlage, Schutzvorhang und Sprühwasserlöschanlage gehören also auf jeden Fall zu den sicherheitstechnischen Einrichtungen. Ebenso zeigt die Verpflichtung zur Sicherheitsstromversorgung (§ 14 Abs. 1 MVStättVO), welche Anlagen zweifelsfrei als sicherheitstechnische Anlagen gelten:

- Sicherheitsbeleuchtung
- automatische Feuerlöschanlagen und Druckerhöhungsanlagen für die Löschwasserversorgung
- Rauchabzugsanlagen
- Brandmeldeanlagen
- Alarmierungsanlagen.

Hierbei sind die jeweiligen Schwellenwerte in den allgemeinen Bauvorschriften zu berücksichtigen:

- In einzelnen Versammlungsräumen mit bis zu 200 m² ist eine manuelle Rauchableitung über Fenster zulässig, wenn diese Öffnungen 1/8 der Grundfläche ausmachen. Aber auch in Versammlungsräumen mit bis zu 1.000 m² ist eine natürliche Rauchabzugsanlage einsetzbar, wenn die Öffnungen 1,5 m² je 400 m² Grundfläche groß sind (§ 16 MVStättVO)
- Versammlungsstätten mit Versammlungsräumen von insgesamt weniger als 3.600 m² Grundfläche müssen nicht zwingend eine automatische Feuerlöschanlage haben (§ 19 Abs. 3 MVStättVO)

- Versammlungsstätten mit Versammlungsräumen von insgesamt weniger als 1.000 m² Grundfläche müssen nicht zwingend eine Brandmeldeanlage mit automatischen und nichtautomatischen Brandmeldern haben (§ 20 Abs. 1 MVStättVO)
- Versammlungsstätten mit Versammlungsräumen von insgesamt weniger als 1.000 m² Grundfläche müssen nicht zwingend eine Alarmierungs- und Lautsprecheranlage haben, mit denen im Gefahrenfall Besucher, Mitwirkende und Betriebsangehörige alarmiert und Anweisungen erteilt werden können (§ 20 Abs. 2 MVStättVO).

Ein Fehlen der aufgeführten sicherheitstechnischen Anlagen aufgrund dieser oder weiterer Ausnahmeregelungen bedeutet also keine fehlende Betriebsfähigkeit.

Maschinentechnische Arbeitsmittel der Veranstaltungstechnik

Weiter kann die BetrSichV Berücksichtigung finden. Hier gelten Anlagen nach § 2 Zif. 30 ProdSG (Produktsicherheitsgesetz) als überwachungsbedürftig. Dazu zählen Aufzugsanlagen, Arbeitsmittel mit Explosionsgefährdung und Druckanlagen (Anhang 2 BetrSichV) sowie maschinentechnische Arbeitsmittel der Veranstaltungstechnik (Anhang 3 Abschnitt 3 BetrSichV), die zum szenischen Bewegen und Halten von Personen und Lasten verwendet werden. Maschinentechnische Arbeitsmittel der Veranstaltungstechnik sind insbesondere Beleuchtungs- und Oberlichtzüge, Beleuchtungs- und Portalbrücken, Bildwände, Bühnenwagen, Dekorations- und Prospektzüge, Drehbühnen und Drehscheiben, Elektrokettenzüge, Flugwerke, Kamerakrane und Kamerasupportsysteme, kraftbewegte Dekorationselemente, Leuchtenhänger, Punktzüge, Schutzvorhänge, Stative und Versenkeinrichtungen.

Da aber schon in der Aufzählung ersichtlich ist, dass dieser Bezug nicht unbedingt hilfreich ist, da z. B. eine Störung in einer Aufzugsanlage oder eine ablegereife Kette bei einem Elektrokettenzug nicht notwendigerweise die Betriebsfähigkeit einer Versammlungsstätte mindert, kann hier zur Eingrenzung die Muster-Prüfordnung (§ 2 MPrüfVO) zu Rate gezogen werden:

- Lüftungsanlagen, ausgenommen solche, die einzelne Räume unmittelbar belüften
- CO-Warnanlagen
- Rauchabzugsanlagen

- Druckbelüftungsanlagen
- Feuerlöschanlagen
- Brandmelde- und Alarmierungsanlagen
- Sicherheitsstromversorgungen.

Diese Anlagen müssen auf Wirksamkeit und Betriebssicherheit einschließlich des bestimmungsgemäßen Zusammenwirkens von Anlagen (Wirk-Prinzip-Prüfung) geprüft werden. Die Funktionsfähigkeit wird ebenso wie bei den maschinentechnischen Arbeitsmitteln der Veranstaltungstechnik durch regelmäßige Prüfung durch Prüfsachverständige kontrolliert.

Welche die für die Sicherheit einer Versammlungsstätte notwendigen Anlagen, Einrichtungen und Vorrichtungen sind, ist in Bezug auf die maschinentechnischen Arbeitsmittel produktions- und einsatzspezifisch vorab durch eine Gefährdungsbeurteilung festzulegen. Nicht betriebsfähige Rauchabzugsanlagen, Feuerlöschanlagen, Brandmelde- und Alarmierungsanlagen sowie Sicherheitsstromversorgungen verlangen jedoch immer eine Überprüfung, ob die Veranstaltung durchführbar ist.

1.2 Anforderungen

Die Qualifikation der Veranstaltungsleitung ist in § 38 MVStättVO nicht definiert. Laut Gesetzestext muss sie lediglich mit der Versammlungsstätte vertraut sein, also alle sicherheitstechnisch relevanten Einrichtungen kennen und sie im Notfall bedienen können. Sie muss Gefährdungen frühzeitig erkennen und über Veränderungen in den Abläufen auch unmittelbar informiert sein, denn schließlich kann eine Vertrautheit mit den Einrichtungen nicht lediglich darin bestehen, unterwiesen worden zu sein. Die Vertrautheit bedeutet, in der Lage zu sein, die Funktionsfähigkeit von Einrichtungen, Anlagen und Geräten festzustellen, die Einrichtungen im Rahmen der Betriebsfähigkeit auch bedienen, ablesen oder überprüfen zu können und Abweichungen vom gewünschten Leistungsumfang zu erkennen, auch wenn diese noch keine Minderung der Funktionsfähigkeit darstellen. Wie im Kapitel 1.1 ausgeführt, sind dabei alle sicherheitstechnisch relevanten Einrichtungen im Blick zu behalten. Dies unterscheidet die Rolle vom Verantwortlichen für Veranstaltungstechnik, von dem nicht verlangt werden kann, während der Veranstaltung die Betriebsfähigkeit der gesamten Versammlungsstätte überblicken zu müssen.

Zuverlässigkeit

Die Veranstaltungsleitung übernimmt die im Rahmen der Unfallverhütungsvorschriften obliegenden Aufgaben in eigener Verantwortung. Dazu muss die Veranstaltungsleitung zuverlässig sein und fachkundig, denn die Verantwortungsübernahme muss von ihr erkannt und in ihren Auswirkungen und Folgen auch eingeschätzt werden können. Hierzu ist der Verantwortungsbereich zu bestimmen und die Beauftragung eindeutig festzulegen (§ 13 DGUV V 1).

Kommentar aus der Praxis:

Die Rolle des Veranstaltungsleiters – A. P. (Veranstaltungsleiter) im Interview:

„So, die Aufgaben eines Veranstaltungsleiters. Also erst einmal geht es darum, die Vorgaben aus der Versammlungsstättenverordnung zu erfüllen, weil man ist quasi vom Betreiber beauftragt, also entweder ist der Betreiber derjenige oder ich bin der Vertreter des Betreibers oder eben auch des Veranstalters. Das kommt darauf an, wie lang die Kette eben ist. Und da sind die Sachen in § 38 ganz klar definiert. Also im Großen und Ganzen eben die Betreiberpflichten da umzusetzen. Also Einhalten der Vorschriften und dann die Zusammenarbeit Ordnungsdienst, Sanitätsdienst, Brandsicherheitswache, Polizei und Feuerwehr und so weiter zu gewährleisten. So steht es jedenfalls da drin. Darüber hinaus gibt es natürlich noch in der Praxis ganz andere Sachen, die da erledigt werden müssten. Also das ist nur quasi so der Rahmen, in dem man sich bewegt, weil was mache ich denn eigentlich, um dieses Ziel, was da genannt wurde, zu erreichen. Also ich glaube, am wichtigsten ist erst einmal, dass man die Kommunikation zwischen den vorhin genannten Gruppen und Gruppierungen aufrechterhält.

Das heißt also, man muss einmal auch die sicherheitsrelevanten Sachen an die Leute bringen. Also das heißt, Briefing, also das heißt, ich muss informieren. Also ich muss informieren: „Achtung hier gilt das, hier gilt jenes, das ist zu beachten und so weiter.“ Dass jeder weiß, in welchem Rahmen bewegt er sich jetzt eigentlich was Sicherheitstechnik irgendwie angeht.

Und dann entsprechend dafür zu sorgen, dass auch das alle, die es wissen müssen, auch wirklich wissen. Im Zweifelsfall heißt es dann auch eine Stichprobenkontrolle, dass ich eben mal an einem Security vorbeirenne, ohne dass ich meinen Pass zeige und dann mal gucke, wie er reagiert. Das wäre mal so eine klassische Kontrollgeschichte, die man da macht. Und wenn es nicht funktioniert, wenn er von sich aus, sagt: „Ja ich kenn dich doch", dann reagiert man dabei. Weil eigentlich dann ist da die Sicherheit eigentlich nicht mehr gewährleistet. Da muss man natürlich grundsätzlich bei größeren Sachen, da gibt es dann so etwas wie eine kalte Lage oder man macht dann regelmäßig irgendwelche Meetings, wo man sich trifft und so sich abgleicht: „Wie läuft die Veranstaltung, ist alles im Rahmen?". Bei kleinen Veranstaltungen ist es natürlich nicht der Fall. Während der Veranstaltung geht es darum, letztendlich, den Kontakt mit allen Beteiligten da zu halten. Und zwar regelmäßig. Und das betrifft nicht nur den Ordnungsdienst und Sanitätsdienst oder Brandsicherheitswache oder Feuerwehr oder Polizei oder wer da immer rumspringt, sondern das gilt für mich auch ganz klar in die Richtung technischer Betrieb, bis hin zum Hausmeister. Ich halte regelmäßig Kontakt zum Haus: „Was ist denn hier, was ist mit der Lüftung, muss man höher schalten?" Weil es zu warm wird oder, oder. Ganz klassisch Pyrotechnik, also jetzt mal die Lüftung volle Kanne. Diesen ganzen technischen Apparat eben, da inklusive des sicherheitsorganisatorischen Apparates, dass quasi immer ständig zu monitoren. Weil zum Beispiel bei Veranstaltungen im öffentlichen Raum da ist natürlich die Frage des Wettermonitorings und Wettermanagements ganz entscheidend. [...] Dass man irgendwie dann immer guckt, weil erfahrungsgemäß, wenn Menschen nur einen Teileinblick haben in die Veranstaltungsplanung und -organisation, dann fehlt ihnen der Gesamtüberblick. Also ich betrachte den Veranstaltungsleiter als denjenigen, der dann den Gesamtüberblick hat und im Grunde, er muss nicht alle Details wissen, aber er muss schon im Großen und Ganzen muss in seinem Kopf, in seinem Hirn irgendwie alles verankert sein." [2]

2 Pham 2020

Führungskraft

Um diese Aufgabenbereiche zu erfüllen, sind allgemeine Kenntnisse zu bauordnungsrechtlichen und veranstaltungstechnischen Grundlagen notwendig. Die Allgemeinen Bauvorschriften und die Betriebsvorschriften der MVStättVO sollten daher ebenso bekannt sein wie die Unfallverhütungsvorschriften, vor allem DGUV V 17/18 und DGUV I 215-310. Dazu sind insbesondere Kenntnisse der grundsätzlichen Veranstaltungsabläufe, der spezifischen Veranstaltungsabläufe der Versammlungsstätte sowie der Beteiligten erforderlich, wie die Anforderungen der auftretenden KünstlerInnen, die Aufgaben und Pflichten der vor Ort tätigen Dienstleister, der Agentur und/oder der Technischen Fachplanung. Nach § 38 Abs. 2 wird zunächst von einer Veranstaltungsleitung als Vertretung des Betreibers ausgegangen. Hier steht die Veranstaltungsleitung in einem Beschäftigungsverhältnis zum Betreiber und ist somit in die Organisationsabläufe der Versammlungsstätte integriert. Da die Entscheidungskompetenzen der Veranstaltungsleitung groß sind, kann also hier von einem/r leitenden MitarbeiterIn ausgegangen werden, dessen Entscheidungskompetenzen und Befugnisse in einer Arbeitsplatzbeschreibung, durch Handlungsanweisungen oder nicht schriftlich fixierten Arbeitsroutinen festgelegt sind und deren Anforderungsprofil und Befähigung sich aus dem regulären Betrieb der Versammlungsstätte ergibt. Die Benennung einer Veranstaltungsleitung sollte daher nicht allein durch die Stellung der Person in der Organisationshierarchie erfolgen, sondern aufgrund der gestellten Aufgaben, denn die Veranstaltungsleitung muss jederzeit Rücksprache mit internen und externen Stellen halten, zur Klärung von Fragen der BOS (Behörden und Organisationen mit Sicherheitsaufgaben) zur Verfügung stehen und auch mit den notwendigen Weisungsbefugnissen ausgestattet sein, Entscheidungen allein oder nach Rücksprache mit dem Koordinationsstab zu treffen.

Mit Bezugnahme auf die Regeln und Vorschriften der Deutschen Gesetzlichen Unfallversicherung für Veranstaltungs- und Produktionsstätten und die Versammlungsstättenverordnung lassen sich folgende Verantwortungsbereiche für eine Veranstaltungsleitung aus dem Begriff der Leitung und Aufsicht ableiten, denn Leitung und Aufsicht bedeuten z. B. das Überwachen, erforderlichenfalls das Beaufsichtigen der Arbeiten und der Arbeitskräfte.

Die Veranstaltungsleitung

- ist für die Sicherheit der Veranstaltung und die Einhaltung der Vorschriften verantwortlich (§ 38 Abs. 1 MVStättVO),
- muss ausreichende Kenntnisse und Erfahrungen haben (§15 DGUV V 17/18),
- verfügt über eine dem Gefährdungsgrad entsprechende Qualifikation (§15 DGUV V 17/18),
- muss schriftlich beauftragt werden (§13 DGUV V 1),
- muss schriftlich festgelegte Verantwortungsbereiche und Befugnisse haben (§13 DGUV V 1),
- stimmt Arbeit unterschiedlicher Beteiligter aufeinander ab (§16 DGUV V 1),
- ist den Beteiligten bekannt zu geben (§15 DGUV V 17/18),
- kann aufgrund seiner Ausbildung, Kenntnisse und Erfahrungen sowie Kenntnis der einschlägigen Bestimmungen die ihm übertragenen Arbeiten beurteilen und mögliche Gefahren erkennen (§ 15 DGUV 17 DA),
- muss weisungsbefugt sein (§ 15 DGUV 17 DA).

Weisungsbefugnis

Keine gesonderte Anforderung wird an die Position im Unternehmen gestellt. Die Veranstaltungsleitung muss in ihrer Rolle weisungsbefugt sein. Die Durchführungsanweisung zur DGUV V 17 meinen hier die Weisungsbefugnis im Rahmen der zu überwachenden Arbeiten und keineswegs eine generelle Weisungsbefugnis im Sinne einer generellen Berechtigung im Namen der Organisation zu handeln. Da die veranstaltungstechnischen Aufsichts- und Leitungspflichten durch den Verantwortlichen für Veranstaltungstechnik übernommen wird, ist nach einer Risikobewertung bei wenig risikoreichen, kleineren Veranstaltungen keine besondere Qualifikationsanforderung an eine Veranstaltungsleitung notwendig. Die sicherheitstechnischen Einrichtungen sind hier wenig komplex und die gefährlichen Veranstaltungsabläufe überschaubar. Anders bei größeren und/oder risikoreicheren Veranstaltungen. Eine Vertrautheit mit den sicherheitstechnischen Einrichtungen und Abläufen verlangt hierbei vertiefte Grundkenntnisse zu Sicherheitsmanagement, Brandschutz und Veranstaltungstechnik, die durch eine einschlägige Ausbildung begründet ist (Fachkraft für Veranstaltungstechnik, Veranstaltungskaufmann bzw. -kauffrau, MeisterIn für Veranstaltungstechnik, IngenieurIn Theater- und Veranstaltungstechnik und -management sowie weitere Studiengänge wie Eventmanagement und -technik oder Veranstaltungstechnik und -management), durch Erfahrungen befähigt und in der Praxis nachgewiesen wurde.

Kommentar aus der Praxis:

Bedeutung Veranstaltungsleitung – H. Z. (Veranstaltungsleiter) im Interview:

„Also ich finde den Veranstaltungsleiter super wichtig, weil wie gesagt, der Designer sieht das Design. Die Technikfirma sieht: „Ok, meine LED Wand spielt und steht und fällt nicht um." Licht und Ton spielen, das andere interessiert sie aber nicht. Es geht nur darum: einer muss sich wirklich von allen Gewerken das Gesamtbild machen und sagen: „Und so ist es ein Gesamtergebnis. So spielt das Ganze". Wo habe ich die Aufstellflächen von den Sanitätsfahrzeugen, kriege ich Personenschutz, gerade bei Politikveranstaltungen. Wo stehen die, wo haben die ihren zweiten Notausgang. Was macht die BKA und LKA, wo kommt die hin, wo kommt die rein, wo kommt die raus. Das interessiert keinen Rigger, keinen Designer, keine Technikfirma, keinen Caterer, kein Dekobauer, aber auch das musst du wissen. Es ist einfach die Summe der Dinge die auf einen zukommen, damit das Ganze funktioniert. Das ist der Veranstaltungsleiter." [3]

1.2.1 Kenntnisse

Erforderliche Kenntnisse einer Veranstaltungsleitung:

Rechtliche Kenntnisse

- Arbeits- und Tarifrecht
  - Einstufungen nach TVÖD/TVL
  - Regelungen nach NV-Bühne
  - Arbeitnehmerpflichten
  - Arbeitnehmerüberlassungsgesetz (AÜG)

3 Pham 2020

- Arbeitsschutzrecht und Arbeitssicherheit
  - Unfallverhütungsvorschriften zu Veranstaltungsstätten und Produktionsstätten
  - Gefährdungsbeurteilungen besonders Bewertung szenischer Risiken
  - Arbeitszeitgesetz
  - Jugendschutzgesetz
  - Laseranlagen
  - Arbeitsstättenverordnung
- Versammlungsstättenrecht
  - Anwendbare Bauvorschriften der länderspezifisch geltenden VStättVO bzw. Betriebsverordnungen
  - Beachtung der Betriebsvorschriften
  - Brandschutz
- Brandschutz temporäre Veranstaltungen
  - Brandschutzklassen
  - Rettungswege
  - Feuerbeschau
  - Aufstellflächen
- Sicherheit
  - Anwendbare länderspezifisch geltende Infektionsschutzverordnung
  - Sicherheitskonzept
  - Baurecht (Fliegende Bauten, Prüfungsverordnung)
  - Verwaltungsrecht (Genehmigung, Straßenverkehrsordnung)
  - Sprengstoffgesetz

Technische Kenntnisse

- Haustechnik
  - Grundlagen Klimatechnik
  - Grundlagen Elektrotechnik

- Sicherheitstechnik
  - Stromversorgung
  - Feuerlöschanlage
  - Sprachalarmierungsanlage
  - Brandmeldeanlage
- Veranstaltungstechnik
  - Ton
  - Licht
  - Mediensteuerung
  - Bühnentechnik

Weitere Fachkenntnisse

- Crowd Management
- Steuerungstechnik
- Pyrotechnik
- Aufnahme- und Videotechnik
- Facility Management

Betriebswirtschaftliche Kenntnisse

- Projektmanagement
- Terminplanung
- Ressourcenplanung
- Ablaufplanung
- Betriebsorganisation

Soft Skills

- Delegationsbereitschaft
- Kontaktbereitschaft
- Kommunikative Fähigkeiten
- Durchsetzungsfähigkeit
- Flexibilität
- Belastungsfähigkeit
- Lösungsorientierung

- Zuverlässigkeit
- Zielstrebigkeit
- Entscheidungsfreudigkeit
- Selbstorganisation.

Auswahl und Kontrolle im Kreislauf

Da die spezifischen Anforderungen einer Veranstaltungsleitung bei wechselnden Veranstaltungsorten in großem Maße von den veranstaltungsspezifischen, organisatorischen, technischen und baulichen bzw. infrastrukturellen Gegebenheiten abhängig sind, kann bei Veranstaltungsleitungen eines Veranstalters (Agentur) die Definition des Anforderungsprofils als kontinuierlicher Verbesserungsprozess in den sechs Schritten Verantwortungsbereiche, Anforderungen, Personenauswahl, Übertragung, Kontrolle und Verbesserung verstanden werden.

Für die Definition des Verantwortungsbereichs sind z. B. folgende Fragen zu beantworten:

- Welche Aufgaben übernimmt der Veranstalter, welche der Betreiber?
- Wer beauftragt den Sicherheits- und Ordnungsdienst, und wer weist ihn ein?
- Muss ein Sicherheitskonzept erstellt werden?
- Muss ein Hygienekonzept erstellt werden?
- Für welche Tätigkeiten, welche szenischen Abläufe müssen Gefährdungsbeurteilungen vorliegen. Wer erstellt diese? Wie sind sie dokumentiert?
- Welche Dienstleister sind mit welchen Aufgaben beauftragt?

Für die Definition der Anforderungen sind z. B. folgende Fragen zu beantworten:

- Wie hoch ist das Gefährdungspotenzial, das von den Veranstaltungsabläufen ausgeht?
- Wie hoch ist das Gefährdungspotenzial, das von den veranstaltungstechnischen und sicherheitstechnisch relevanten Einrichtungen ausgeht?
- Wie komplex ist die Versammlungsstätte insgesamt in Bezug auf Besucherkapazität, Veranstaltungsgelände und anderen Gefährdungsquellen (Infrastruktur, bauliches Umfeld, Denkmalschutz, Umwelt- und Naturschutz)?

Für die Personenauswahl sind z. B. folgende Fragen zu beantworten:

- Welche Qualifikation ist erforderlich?
- Welche Erfahrungen oder Befähigungen sind nachzuweisen?

Für die Unterweisung und Übertragung der Rechte und Pflichten sind z. B. folgende Fragen zu beantworten:

- Wer ist der/sind die zu Unterweisende/n?
- Ist die Unterweisung entsprechend der Verantwortungsbereiche vollständig, verständlich und nachvollziehbar?
- Sind die Rechte und Pflichten erschöpfend und einzeln beschrieben? Erfolgen keine Generalzuweisungen?
- Wo und in welcher Form wird die Unterweisung dokumentiert?
- Ist die Unterweisung von beiden Parteien unterschrieben worden?

Zur kontinuierlichen Verbesserung gilt es nun, die Aufsicht durch die Veranstaltungsleitung zu kontrollieren. Dafür sind z. B. folgende Fragen zu beantworten:

- Ist in der Organisation geklärt, wer und in welcher Form die Veranstaltungsleitung kontrolliert wird?
- War die Veranstaltungsleitung während der vereinbarten Veranstaltungsdauer durchgehend anwesend und ansprechbar?
- Wurden die Sicherheits- und Ordnungskräfte ausreichend unter- bzw. eingewiesen, um Verstöße gegen die Hausordnung zu bemerken und angemessen darauf zu reagieren?
- Sind Störungen im Veranstaltungsablauf aufgetreten? Hat die Veranstaltungsleitung darauf sorgsam, verantwortungsvoll, zuverlässig und fachkundig reagiert?
- Sind Störungen in den veranstaltungstechnischen oder sicherheitstechnischen Einrichtungen aufgetreten? Hat die Veranstaltungsleitung darauf sorgsam, verantwortungsvoll, zuverlässig und fachkundig reagiert?
- Stand die Veranstaltungsleistung bei Fragen und Problemen der BOS jederzeit fachkundig zur Verfügung?
- Sind alle Störungen in der vereinbarten Form dokumentiert?
- Wirkte die Veranstaltungsleitung schnell überfordert oder gestresst?

Für eine kontinuierliche Verbesserung ist im letzten Schritt eine Rückkopplung notwendig. Dafür sind z. B. folgende Fragen zu beantworten:

- Wer führt das Gespräch mit der Veranstaltungsleitung?
- Ist die Veranstaltungsleitung mit der Beauftragung über Kontrolle und Feedback informiert und aufgefordert worden, selbst alles zu dokumentieren, was zukünftig zur Verbesserung der Abläufe und der Sicherheit von Veranstaltungen beiträgt?
- Sind in der Organisation die Bewertungskriterien abgestimmt und definiert, die für ein Feedbackgespräch mit Zielvereinbarung notwendig sind?
- Sind für Zielvereinbarungen die Bewertungen zur Aufsicht nachvollziehbar und transparent?
- Ist vor allem bei externen Veranstaltungsleitungen ein Termin für ein Feedbackgespräch vor Veranstaltungsbeginn terminiert worden und wird dieser im Rahmen der Vertragsbedingungen als Arbeitszeit angesehen bzw. entsprechend vergütet?

1.3 Aufgaben

Überblick über den Veranstaltungsablauf

Als verantwortliche Vertretung des Veranstalters übernimmt diese die Aufgaben und Pflichten des Veranstalters während der Veranstaltung. Die Veranstaltungsleitung trägt somit volle Verantwortung für alle Aufgaben, die sich aus der Verantwortung für alle sicherheitsrelevanten, organisatorischen, technischen und wirtschaftlichen Abläufe einer Veranstaltung ergeben. Die Veranstaltung stimmt diese Abläufe mit dem Betreiber ab, soweit Veranstalter und Betreiber nicht identisch sind. Dadurch ergibt sich die Aufgabe der Veranstaltungsleitung dafür Sorge zu tragen, dass für alle im Zusammenhang mit der gesamten Veranstaltung zu erwartenden Situationen die notwendigen Risikobeurteilungen erstellt werden und daraus die Betriebs- und Sicherheitskonzeption sowie die Notfallorganisation abzuleiten ist.

Die Veranstaltungsleitung ist zentraler Ansprechpartner für alle Beteiligten – das heißt sowohl für interne Projektbeteiligte, als auch für Behörden und alle anderen Organisationen, die irgendwie für die Veranstaltung relevant sind. Daher muss die Veranstaltungsleitung die Kommunikation zwischen den Beteiligten aufrecht halten und unmittelbar zwischen den unterschiedlichen Interessen vermitteln, insbesondere in Bezug auf bauordnungsrechtliche, weitere und veranstaltungstechnische Fragen. Die Veranstaltungsleitung hat die Aufgabe, alle Beteiligten über sicherheitsrelevante Gegebenheiten zu informieren und kontinuierlich unterrichtet zu halten.

1.3.1 Schnittstellenmanagement

Schnittstelle zu allen Gewerken

Damit ist die Veranstaltungsleitung Schnittstelle zwischen den ausführenden Gewerken – Ton, Licht, Rigging oder Bühne und zwischen Veranstalter und BOS bzw. Stakeholdern wie AnwohnerInnen, Anrainern oder Sekundärbesuchern (Zaunguckern). Eine besondere Rolle spielt die Kommunikation mit dem Betreiber. Hier kann die Veranstaltungsleitung auch Schnittstelle zur Technischen Leitung des Betreibers oder der operativ wirkenden gebäudetechnischen Vertretung sein. Die Bandbreite notwendiger Abstimmungen ist groß und reicht von detaillierten Protokollen und Übergaben sowie einer permanenten Kontrolle der Einhaltung der aufgegebenen Pflichten bei besonderen Locations wie Schlösser, Betriebsanlagen, Burgen oder Museen bis hin zu weitgehenden Gestaltungsräumen bei Mehrzweckhallen ohne eigenem Veranstaltungsbetrieb. Als Schnittstelle zu Behörden, Betreiber, Veranstalter und Dienstleister hat die Veranstaltungsleitung die Aufgabe, alle relevanten Informationen aus unterschiedlichen Quellen zusammenzutragen. Nur dadurch kann die Veranstaltungsleitung ein vollumfängliches Gesamtbild erhalten, um im Krisenfall einzugreifen.

Kommentar aus der Praxis:

Verantwortungsbereich – M. K. (Veranstaltungsleiter) im Interview:

„Mein Verantwortungsbereich während der Veranstaltung, ich habe die Planung des Veranstalters vor Augen und gucke, dass alle Gewerke rechtzeitig fertig sind, dass ich gucke, ob wir pünktlich öffnen können, ob wir pünktlich beginnen können. Ich überprüfe quasi laufend die Planung und weise gegebenenfalls den Veranstalter oder den Produktionsleiter, dass wir hängen, im Plan. Ich möchte, dass die Veranstaltung wie geplant durchgeführt wird. Ich gucke, wenn die Gäste kommen, wie sie sich bewegen, ob unsere Planung mit der tatsächlichen

Situation übereinstimmt. Kann steuernd eingreifen, wenn es irgendwo Engpässe gibt. Ich gucke, ob sich im Außenbereich irgendwas entwickelt hat. Also da einmal schauen, haben die Gäste Autos mitgebracht und irgendwohin gestellt, wo wir sie gar nicht gebrauchen können und kann da gegebenenfalls eingreifen. Ich schaue während der Veranstaltung, ob die Qualität des Veranstaltungstechnikers stimmt, also ob Licht, Video, Ton auch mir als Veranstaltungsleiter gefallen und kann dann gegebenenfalls eingreifen. Und schaue, dass die Arbeitsgruppen hinterher glücklich werden und alle wieder gut aus dem Gebäude rauskommen. Also einmal so, alles abchecken, was mir als Veranstalter wichtig ist, wie es meinen Gästen geht, das ist so, wenn ich Gast wäre, wie würde ich mich fühlen. Das frage ich mich quasi 1.000 Mal jeden Abend." [4]

Die Veranstaltungsleitung koordiniert und leitet den Veranstaltungsablauf in sicherheitstechnischer Hinsicht. Sie vermittelt damit zwischen den (künstlerischen) Darbietungen oder jeweiligen informativen oder unterhaltenden Programmpunkten und den daraus resultierenden Anforderungen an die technischen und infrastrukturellen Gegebenheiten wie Sanitäranlagen, Energie- und Wasserversorgung. Zu den besonderen Sicherheitsaufgaben gehören auch

- das Freihalten der Anfahrtswege und der Aufstellflächen der Feuerwehr sowie der Flucht- und Rettungswege,
- die Einhaltung der Hausordnung,
- die Einweisung und Koordination der Brandsicherheitswachen und die
- kontinuierliche Kommunikation mit Polizei und Feuerwehr, dem Sanitätsdienst sowie den Sicherheits- und Ordnungsdienst.

Hausordnung

Die Einhaltung der Hausordnung und die Durchsetzung dieser bei Verstößen übernimmt die Veranstaltungsleitung nicht selbst, sondern der beauftragte Sicherheits- und Ordnungsdienst des Betreibers. Denn die Hausordnung bildet die rechtliche Grund-

4 Pham 2020

lage für einen Großteil der Aufgabenbereiche des Sicherheits- und Ordnungsdienstes. Die Hausordnung beschreibt das geltende Hausrecht und muss ausdrücklich und in schriftlicher Form durch den Veranstalter oder Betreiber als Hausrechtsinhaber komplett oder in eingeschränkter Form dem Sicherheits- und Ordnungsdienstleister übertragen werden. Die Veranstaltungsleitung ist also Rechtevertreter des übertragenen Hausrechts und Ansprechpartner der Leitung des Sicherheits- und Ordnungsdienstes in allen Programm- und Sicherheitsfragen. Der Dienstleistungsvertrag selbst beinhaltet nicht die automatische Übertragung des Hausrechts. Eine Übertragung der Ausübung des Hausrechts kann an eine oder mehrere natürliche Personen wie Supervisoren bzw. den Ordnungsdienstleiter oder bei Rahmenverträgen auch an eine juristische Person als Dienstleistungspartner für eine über eine Einzelveranstaltung hinausgehende Zusammenarbeit erfolgen. In diesem Fall würde jedem einzelnen Mitarbeiter des Sicherheits- und Ordnungsdienstes die Ausübung des Hausrechts übertragen sein. Die Durchsetzung des Hausrechts erfolgt durch die Aufforderung, den durch das Hausrecht geschützten Bereich zu verlassen (Hausverweis), oder den dauerhaften befristeten oder unbefristeten Hausverweis, das sog. Hausverbot. Aufgabe des Veranstalters oder Betreibers ist es, eine Hausordnung zu erstellen. Sie muss durch den sichtbaren Aushang an den Zugängen vor Ort öffentlich bekannt gemacht werden. Die Veranstaltungsleitung ist damit auch unmittelbar oder mittelbar an Erstellung und Anpassung einer Hausordnung beteiligt.

Treffen sicherheitsrelevanter Entscheidungen

Die große Bandbreite der Aufgaben ergibt sich aus der Vertretungsrolle der Veranstaltungsleitung, um die Betreiberpflichten gemäß § 38 Abs. 1–4 MVStättVO (siehe Kapitel 1.1) umzusetzen. Die Veranstaltungsleitung ist somit Vertretung des Veranstalters und durch Übernahme der Betreiberpflichten Ansprechpartner für Behörden. Die Veranstaltungsleitung trifft alle sicherheitsrelevanten Entscheidungen unter Berücksichtigung der Zuständigkeitsbereiche der polizeilichen und nicht-polizeilichen Gefahrenabwehr z. B. bei Überfüllung, Räumung, wetterbedingten Abbruch oder Programmunterbrechung. Mit der Übernahme der Betreiberpflichten ist gemäß § 38 Abs. 3 MVStättVO auch die Zusammenarbeit mit

- Ordnungsdienst,
- Brandsicherheitswache,
- Sanitätsdienst,
- Polizei,
- Feuerwehr und dem
- Rettungsdienst zu gewährleisten.

1.3.2 Sicherheitskonzept

Mitwirkung am Sicherheitskonzept

Bei Veranstaltungen in nicht genehmigten Versammlungsstätten hat die Veranstaltungsleitung im Auftrag des Veranstalters bzw. Betreibers ein Sicherheitskonzept zu erstellen, wenn die Veranstaltung in einer nicht genehmigten Versammlungsstätte mehr als 5.000 Besucherplätze hat oder es die Art der Veranstaltung erfordert. Bei Veranstaltungen im Freien gilt dies nur, wenn dazu die Versammlungsstätte Szenenflächen und Tribünen vorzuweisen hat, die keine Fliegende Bauten sind. Dies ergibt sich in Analogie zur Verantwortungsweitergabe gemäß § 38 Abs. 5 MVStättVO und durch die ausdrückliche Gleichsetzung von Betreiber und Veranstalter nach § 43 Abs. 3 MVStättVO („Der nach dem Sicherheitskonzept erforderliche Ordnungsdienst muss unter der Leitung eines vom Betreiber oder Veranstalter bestellten Ordnungsdienstleiters stehen.") Damit ist das Sicherheitskonzept eine veranstaltungsplanerische und nicht lediglich eine ordnungsdienstliche Aufgabe. Dies wird durch den Charakter eines Sicherheitskonzepts als Grundlage für eine einvernehmliche Planung und Koordination aller an der Veranstaltung beteiligten Gruppen deutlich, namentlich führt § 43 Abs. 2 MVStättVO die für Sicherheit und Ordnung zuständigen Behörden auf, insbesondere Polizei, Feuerwehr und Rettungsdienste. Von dieser Verpflichtung der Veranstaltungsleitung unberührt bleibt die betriebliche Entscheidungsfreiheit, das Sicherheitskonzept vollständig oder in Teilen durch einen von ihm beauftragten Dritten, z. B. den Ordnungsdiensten, erstellen zu lassen. Die Verantwortung für die Richtigkeit, Vollständigkeit und praktische Umsetzbarkeit der im Sicherheitskonzept entwickelten Maßnahmen bleibt bei der Veranstaltungsleitung als Vertreter des Veranstalters. Falls sich die Veranstaltungsleitung auf die fachliche Kompetenz abhängiger Dritter oder externer Kräfte im Sicherheitskonzept beruft, steht es ihr im Sinne der Verantwortung zu Gebot, die dort gemachten Angaben in ihrem Gesamtzusammenhang auf Plausibilität zu überprüfen.

Die Anzahl und Einsatzorte der eingeplanten Ordnungskräfte müssen in Bezug auf Einsatzdauer und im direkten Zusammenhang zum Veranstaltungsablauf gesehen werden, da sie bei Veranstaltungen nicht nur von großer Wichtigkeit für die Sicherheit, sondern auch von großer wirtschaftlicher Bedeutung sind. Eine derartige über die einzelne fachliche Sichtweise der Ordnungsdienstleitung gemäß § 43 Abs. 3 MVStättVO hinausreichende komplexe Betrachtung der Abläufe und der dafür notwendigen Organisationsstruktur kann nur der Betreiber bzw. Veranstalter und die von diesem beauftragte Veranstaltungsleitung erhalten. Nur diese haben die Entscheidungsbefugnis und den Kenntnisstand, in Verhandlung mit Polizei und Feuerwehr, Bau- und Straßenverkehrsbehörden, Umwelt- und Gewerbeämtern und weiteren für Sicherheit und Ordnung zuständigen Behörden zu treten. Die Veranstaltungsleitung ist somit verantwortlich für die Bereitstellung der notwendigen Ressourcen und die Beachtung der im Sicherheitskonzept beschriebenen Maßnahmen, während die Ordnungsdienstleitung verantwortlich für deren Umsetzung ist.

Weitere Aufgaben sind:

- Programmabsprache und Koordinationsstelle von Veranstaltern
- Abstimmung von Gastveranstaltungen mit Kooperationspartnern
- Abstimmung mit Technischer Leitung und/oder Verantwortlichen für Veranstaltungstechnik
- Zentrale Stelle für die interne Kommunikation von Programmänderungen
- Koordination der Interessen und Aufgaben aus Programm und technischer Umsetzung.

1.4 Organisation und Betrieb

Die Organisation und der sichere Betrieb einer Versammlungsstätte bzw. die sichere Planung und Umsetzung einer Veranstaltung ist der wesentliche Aufgabenbereich einer Veranstaltungsleitung. Persönlich-soziale Kompetenzen wie Kommunikationsfähigkeit oder Empathie sowie weitere Soft Skills sind hier von Bedeutung. Zusätzlich muss aufgrund der Schnittstelle zum Sicherheits- und Ordnungsdienst sowie zu den BOS eine hohe Organisationskompetenz und Moderationsfähigkeiten auch in bislang neuen Situationen vorhanden sein, um handlungsfähig zu bleiben. Für eine Veranstaltungsleitung ist Führungskompetenz notwendig, um in Ausnahmesituationen Menschen leiten zu können und mit Menschenverstand und Kenntnis der notwenigen Abläufe einer Veranstaltung mit BesucherInnen, Dienstleistern und KünstlerInnen umgehen zu können. Dazu ist es wichtig, dass die Veranstaltungsleitung in ihrer entscheidungsbefugten Rolle von allen Beteiligten anerkannt wird.

1.4.1 Genehmigungsplanung

Genehmigungsbehörden

Der Umfang der Genehmigungsplanung ist von der Art der Veranstaltung, dem Ort, der Komplexität und der Neuartigkeit der Veranstaltung und der sich daraus ergebenden Anzahl der beteiligten Behörden abhängig. Es existiert nicht eine Veranstaltungsgenehmigung, sondern einzelne zum Teil voneinander abhängige Verwaltungsakte, die mit der jeweiligen Antragstellung eingeleitet werden und die von der verfahrensführenden Stelle häufig in eine Genehmigung mit Konzentrationswirkung zusammengefasst werden. Die Aufgabenverteilung innerhalb einer Verwaltung ist nicht immer transparent, sodass die Bestimmung der Zuständigkeit einer Behörde durch den Antragsteller erfolgen muss. Deswegen haben einige Städte, in denen regelmäßig Veranstaltungen durchgeführt werden, zentrale Anlaufstellen für Veranstaltungsanfragen aufgebaut. Dies ist auch dann für eine Veranstaltungsleitung wichtig, wenn sie nicht in den Planungsprozess integriert ist, denn daraus ergeben sich wichtige Ansprechpartner während der Veranstaltung. Drei unterschiedliche Themenbereiche, zu denen Behörden und Organisation sich auch abstimmen müssen, sind dabei regelmäßig von Bedeutung:

- Allgemeine Veranstaltungssicherheit: Ordnungsdienst, Sanitätsdienst, Sicherheitsbereiche, Pyrotechnik, Besucherlenkung, Reinigung, Veranstaltungsleitung, Krisenstab etc.
- Belegung: Aufbauplanung, Flucht- und Rettungswege, Zufahrts- und Aufstellflächen der Rettungskräfte, Planerstellung, Erlaubnisverfahren StVO, Natur- und Umweltschutz, Lärmschutz, Sondernutzung, Fliegende Bauten, Baurecht etc.
- Verkehr: Planung, Abstimmung und Anordnung von Verkehrsmaßnahmen, Ausnahmegenehmigungen von Verkehrsverboten, Sonn- und Feiertagsrecht, Abstimmung mit Baustellen im Stadtgebiet, Taktung und Umleitung ÖPNV etc.

Für die Veranstaltungsleitung ist ein vierter Themenbereich von Bedeutung:

- Logistik/Infrastruktur: Wasserver- und -entsorgung, Energieversorgung, Abfallmanagement, Belieferung Catering, sanitäre Anlagen, Auf- und Abbaulogistik, Logistik VIPs oder besondere Teilnehmergruppen etc.

Die Organisation der Genehmigung liegt nicht allein in den Händen des Veranstalters, sondern ist abhängig von den Zuarbeiten der Dienstleister, so wie z. B. das Verkehrskonzept für die Logistik der Aufbauarbeiten von den Terminvorgaben und den Konstruktionsplänen der technischen Dienstleister abhängt. Die Planung muss frühzeitig beginnen, denn es sind häufig eine größere Zahl von Behörden einzubeziehen.

- Das Ordnungsamt ist in der Regel zentrale Anlaufstelle für alle Veranstaltungen im Freien unter Nutzung von öffentlichem Verkehrsflächen. In vielen Fällen ist das Ordnungsamt auch die verfahrensführende Stelle, bei der die Kommunikation und die einzelnen Genehmigungen weiterer Behörden zusammenlaufen.

Abnahme

- Bauordnungsbehörde bzw. Bauaufsichtsbehörde überwachen die Einhaltung der Bauvorschriften und die Abnahme genehmigungspflichtiger, baulicher Anlagen. Sie sind erste Anlaufstelle und auch verfahrensführende Stelle bei der Genehmigung von Veranstaltungen, die gemäß § 1 MVStättVO in dessen Anwendungsbereich fallen.

Straßenverkehrsbehörde

- Die **Straßenverkehrsbehörde** ist zuständig für die Gewährleistung der Sicherheit und Ordnung des öffentlichen Straßenverkehrs. In Abhängigkeit vom Umfang der notwendigen Verkehrsmaßnahmen und der betroffenen Straßen sind Ordnungsamt des Kreises, Straßenverkehrsbehörde des Bundeslandes oder das Bundesministerium für Verkehr und digitale Infrastruktur zuständig. Da bei Veranstaltungen häufig durch Auf- und Abbauarbeiten, Veranstaltungslogistik oder An- und Abreise von Besuchern eine verkehrsübliche Nutzung des öffentlichen Straßenlandes behindert wird, ist häufig ein entsprechender Antrag bei der zuständigen Verkehrsbehörde erforderlich.
- Umweltamt und Naturschutzamt, in Abhängigkeit von der Zuständigkeitsverteilung in den Kommunen auch das Ordnungsamt, werden bei Vorhaben mit musikalischen Darbietungen mit elektronischer Verstärkung und möglicher Lärmentwicklung durch andere hinzugezogen, um die Zulässigkeit zu überprüfen, Maximalwerte für die Veranstaltungen tagsüber und während der Nachtruhe festzulegen und Ausnahmegenehmigungen gemäß § 48 BImSchG (Bundes-Immissionsschutzgesetz) bzw. § 11 LImSchG (Landes-Immissionsschutzgesetz) nach Kap. 6 der TA Lärm (Technische Anleitung zum Schutz gegen Lärm) bzw. der Freizeitlärmrichtlinie des Länderausschuss für Immissionsschutz zu erhalten.
- Sind durch die Veranstaltung direkt, durch Nutzung als Veranstaltungsgelände oder mittelbar durch Belastungen während der An- oder Abreise Parks oder Grünflächen betroffen, muss das Grünflächenamt einbezogen werden, um den Schutz der jeweiligen Anlage und ihrer Fauna und Flora zu überprüfen.
- Die Feuerwehr ist generell bei Veranstaltungen zu informieren. Bei der Genehmigung von Veranstaltungen, die gemäß § 1 MVStättVO in deren Anwendungsbereich fallen, ist nach § 42 Abs. 1 MVStättVO eine Brandschutzordnung aufzustellen und eventuell nach § 41 MVStättVO eine Brandsicherheitswache bei der örtlichen Feuerwehr oder privaten Brandschutzorganisationen zu bestellen. Auch bei einer Mehrzahl weiterer Veranstaltungen wird eine Überprüfung der geplanten Veranstaltung unter Berücksichtigung der Flucht- und Rettungswege durch die Genehmigungsbehörde verlangt.

- Die Polizei sollte bei einer Veranstaltung mit Gefährdungsbelastung informiert werden, damit die Veranstaltung bei der Einsatzplanung berücksichtigt werden kann. Sie ist nicht Genehmigungsbehörde, sondern leistet subsidiäre Hilfe, wenn Genehmigungen und Auflagen anderer Behörden durchgesetzt werden müssen und kommt zum Einsatz, wenn die Lage dies erforderlich macht. Die Bundespolizei ist bei der Planung der An- und Abreise zu berücksichtigen, wenn dies vermehrt über die Deutsche Bahn erfolgt. Treten bei Veranstaltungen politische Würdenträger auf, ist das LKA bzw. BKA ebenfalls Gesprächspartner, da diese den Personenschutz leiten.
- Bei Veranstaltungen mit Verkaufsständen muss diese dem Gewerbeamt angezeigt werden. Hier sind entsprechende Gestattungsanträge gemäß § 12 des Gaststättengesetzes (GastG) zu stellen. Gestattungen ermöglichen bei Veranstaltungen den Betrieb eines erlaubnisbedürftigen Gaststättengewerbes unter erleichterten Voraussetzungen. Die Erlaubnis kann ausschließlich für einen Stand auf einer Veranstaltung oder für einen bereits bestehenden Betrieb erteilt werden.

Gesundheitsamt

- Das Gesundheitsamt überprüft die Einhaltung der Gesundheits- und Hygienevorschriften beim Umgang mit Nahrungsmitteln und Getränken. Die Prüfung eines Infektionsschutz- und Hygienekonzepts, wie es nach Infektionsschutzverordnungen der Länder gefordert wird, kann durch das Gesundheitsamt ebenfalls erfolgen. Hier ist die Handhabung auf kommunaler Ebene unterschiedlich. Es muss aber vorliegen.
- Der GEMA gegenüber ist eine Veranstaltung mit einer genauen Aufstellung der KünstlerInnen bzw. Interpreten, der voraussichtlich gespielten Titel, der Besucherzahl und der Zeitdauer anzuzeigen. Bei angemeldeten Versammlungsstätten ist die Vorgehensweise mit dem Betreiber abzustimmen.
- Das Luftfahrtbundesamt ist bei allen Veranstaltungen zu berücksichtigen, die den Luftraum gefährden z. B. durch den Aufstieg einer großen Anzahl von Luftballons oder Sky-Beamer gefährden bzw. die Veranstaltung selbst durch den Einsatz von Helikoptern und Fallschirmsprüngen eine Nutzung des Luftraumes erforderlich macht.

- Das Veterinäramt ist bei Veranstaltungen, in denen Tiere auftauchen, wie z. B. bei Zirkusveranstaltungen, zu berücksichtigen.
- Für Material, technische Ausstattung oder Equipment der KünstlerInnen aus dem Nicht-Schengen-Raum müssen entsprechende Unterlagen (Carnet ATA) beim Zollamt eingereicht werden, um eine temporäre Einfuhr von Gütern zu ermöglichen.
- Bei der Prüfung und Abnahme von technischen Geräten und Einrichtungen, z. B. bei Gasgeräten oder elektrischen Anlagen, sind die Technischen Überwachungsvereine (TÜV) hinzuzuziehen.

Abnahme

1.4.2 Koordination BOS

Da die Veranstaltungsleitung erster Ansprechpartner für die BOS ist, muss sie die unterschiedlichen Betrachtungsschwerpunkte kennen.

Feuerwehr [5]

Feuerwehr

- Anfahrtswege (Alternative Anfahrten, Störungsanfälligkeit durch Falschparker)
- Zu- und Durchfahrtsflächen (Querender Verkehr durch Besucher, Stationäre Positionierung von Einsatzfahrzeugen)
- Löschwasserversorgung (Anzahl und Platzierung mobiler Löschgeräte, Versorgung mit 48 m³/h, Veranstaltungsfläche und Nebenflächen)
- Flucht- und Rettungswege (Gesetzl. Vorgaben Rettungswegbreite und -länge, Entleerungszeit zwischen 5–10 Min., Ort und Lage der Entfluchtungsflächen)
- Kommunikation (Erreichbarkeit, Ort)
- Brandszenarien (Brandentstehung und -entwicklung auf Basis Menge und Position brennbarer Materialien)
- Feuergefährliche Handlungen
- Feuerlöscheinrichtungen (Ort, Anzahl)
- Allgemeine Anforderungen an Abstände, Materialien, Aufbauten.

5 Maurer 2005: 92f.

Sanitäts- und Rettungsdienst

Sanitäts- und Rettungsdienst [6]

- Zu- und Durchfahrtswege
- Einsatzphasen (Einlassphase in Abhängigkeit von Durchlauf- und Wartezeiten; Durchführungsphase mit Hilfsfrist ca. 5 Min., Versorgung der zumeist ehrenamtlichen Kräfte, Abschlussphase unter Beachtung der Erschöpfung der eingesetzten Kräfte)
- Unfallhilfsstelle (UHS): Größe und Ausstattung in Abhängigkeit von Veranstaltungsgröße, Witterungsverhältnisse und Art der Veranstaltung
- Behandlungsplatz (BHP): Einrichtung, an der Verletzte notfallmedizinisch behandelt und für den Transport vorbereitet werden können; Puffer zwischen Erste Hilfe am Schadensort und Krankenhaus
- Mobile Sanitäts- und Rettungsteams
- Massenanfall von Verletzten (MANV): Einsatzleitung örtl. Kräfte und öffentlichem Rettungsdienst; Integration der Kräfte und der Führungsorganisation; Kontaktstelle Angehörige und Presse.

Polizei

Polizei [7]

- Subsidiäre Aufgabe der Gefahrenabwehr bzw. Sicherstellung der allgemeinen Sicherheit und Ordnung
- Eigenständige Einsatzleitung (Landesbehörde zu kommunalen BOS bzw. Privatwirtschaftlichen Hilfsorganisationen)
- Aufklärung (Ermittlung Gefahrenquelle, Personen- und Sachschäden feststellen)
- Unterstützen beim Retten und Bergen (Menschenrettung vor Tatortdokumentation)
- Warnung und ggf. Räumung
- Größere Gefahrenlagen, Schadenslagen und Katastrophen (Deeskalation Veranstaltungsbesuche, Personenauskunftsstellen, Beweissicherung)
- Verkehrsmaßnahmen (Einsatzabschnitt wie Frei machen und Frei halten von Not- und Rettungswegen, Bewertung der Verkehrslage, Einrichtung einer Verkehrsleitstelle, äußere Absperrung).

6 Granitzka 2005: 113f.

7 Tietz 2005: 144f.

1.5 Krisenfall

Der Koordinierungsstab ist das Leitungsgremium des Veranstalters in einem Krisenfall. Der Koordinierungsstab entscheidet über das Zusammenkommen des Krisenstabes. Der Krisenstab lenkt die Veranstaltung in Notfällen und hat folgende Aufgaben:

- Operative Führung im Notfall
- Gewinnung eines einheitlichen Lagebildes
- Entscheidung über die Anforderung zusätzlicher Kräfte (insbesondere Polizei, Feuerwehr, Sanitätsdienst)
- Information der BesucherInnen (Sprachalarmierungssystem, Durchsagen), der Beschäftigten und Beteiligten (Betriebsfunk, Telefonie, Codewörter in Durchsagen oder auf Anzeigetafeln)
- Information an externe Stellen bzw. hinzuziehende Abteilungen wie z. B. Presse und Öffentlichkeitsarbeit, SprecherIn der Verwaltungseinheit, Facility Management, Krisenstab der Gemeinde
- Anordnung geeigneter Maßnahmen wie Abbruch, Räumung oder (Teil-)Evakuierung.

Der Koordinierungsstab wird in der Regel gebildet aus Leitung des Sicherheits- und Ordnungsdienstes, Veranstaltungsleitung, Leitung Sanitäts- und Rettungsdienst, Einsatzleitung Feuerwehr (oder weisungsbefugte Vertretung) und Einsatzleitung (oder weisungsbefugte Vertretung) Polizei. Bei Bedarf werden zusätzliche Personen wie die Technische Leitung (TL) bzw. der Verantwortliche für Veranstaltungstechnik (VfV) hinzugezogen. Bei Eintritt eines gravierenden Notfalls wird der Koordinierungsstab durch einen gesetzlichen Vertreter des Veranstalters bzw. Betreibers erweitert.

Aufgaben des Koordinierungsstabs

Der Koordinierungsstabs hat die aufgabe der operativen Führung im Krisenfall. Erste Aufgabe ist hierfür ein möglichst genaues Bild der Lage zu erhalten, um beschreiben zu können, was, wo und mit welchen Folgen passiert ist, um auf dieser Grundlage die erforderlichen Maßnahmen einzuleiten. Die Umsetzung der Maßnahmen muss in der Regel unmittelbar durch den Stab eingeleitet und durch geeignete Mittel (Funk, Sprachalarmierungsanlage, Veranstaltungsapp, Social Media Kanäle, InterCom) kommuniziert werden. Der Koordinierungsstab muss entscheiden, ob

- zusätzliche Kräfte der polizeilichen und nicht-polizeilichen Gefahrenabwehr angefordert werden müssen,
- welche Informationen an die BesucherInnen weitergegeben werden,
- welche Schutzmaßnahmen oder schadensmindernde Maßnahmen sofort zu treffen sind und
- welche zusätzlichen Maßnahmen umzusetzen sind (Betriebseinstellung, Evakuierung, Einsatz von Ordnungskräften).

Auslösekriterien

Im Sicherheitskonzept sind die Auslösekriterien für das Zusammenkommen des Koordinierungsstabes zu definieren. Diese beruhen zumeist auf einer Risikoanalyse der Gefährdungen. Auslösekriterien können sein:

- Betriebliche Störungen im Sinne § 38 Abs. 4 MVStättVO
- Brandfälle, die nicht unmittelbar und sofort durch Brandschutzhelfer (Sicherheits- und Ordnungsdienstkräfte) gelöscht werden können
- Unwetterwarnungen oder andere wetterbedingte Störungen
- Wiederholt störendes, gefährliches Verhalten von BesucherInnen wie z. B. Pyrotechnik, Vandalismus, körperliche Auseinandersetzungen, Besteigen von Einrichtungen
- Externe Störungen mit unmittelbarer Bedrohung von außen (Bombendrohung, Ankündigung eines Attentats)
- Todesfall oder schwere Verletzung eines/r BesucherIn oder einer/s Beteiligten.

Koordinierungsstab

Die Leitung des Koordinierungsstabs übernimmt die Veranstaltungsleitung, da diese die Befugnis zum Abbruch einer Veranstaltung hat. Zur Führung in Krisensituationen kann sich die Veranstaltung auf Führungsgrundsätze nach DV 100, der Dienstvorschrift zu Führung und Leitung im Einsatz, stützen[8], die hier auf die Situation im Krisenfall bei einer Veranstaltung übertragen wurden:

8 AFKzV 1999

- Aufgaben, Befugnisse und Mittel aller an der Umsetzung von Maßnahmen zur Schadensvermeidung oder -minderung Beteiligten müssen aufeinander abgestimmt sein
- Aufgabenbereiche müssen vor dem Krisenfall definiert, überschaubar und klar abgegrenzt sein
- Unterstellungsverhältnis und Weisungsrecht müssen klar festgelegt werden
- die Zusammenarbeit mit den BOS und anderen Stellen muss technisch und organisatorisch gewährleistet sein
- die Pflicht zur Fürsorge und zur Erhaltung der Leistungsfähigkeit gegenüber Beschäftigten, Beteiligten und BesucherInnen muss beachtet werden
- auch bei Anwendung eines kooperativen Führungsstils bleibt die Gesamtverantwortung bei der Veranstaltungsleitung unberührt
- bei Übernahme der Krisensituation durch die Einsatzleitung der Feuer bzw. der Polizei unterstützt die Veranstaltungsleitung alle notwendigen Maßnahmen durch Bereitstellung von Einsatzkräften (Sicherheits- und Ordnungsdienst, EvakuierungshelferInnen), Einsatzmittel (Absperrband, Megafon, Warnwesten, EvacChair) und Informationen.

In einer Krisensituation sind Entscheidungen schnell herbeizuführen. Hier gilt es nach einem einfachen Schema aus Lagefeststellung, Planung und Befehl Aufgaben an Dritte anzuordnen, statt über verschiedene Möglichkeiten zu diskutieren.

- Lagefeststellung
  - Erkundung der Lage
  - Kontrolle der Informationen
- Planung
  - Beurteilung der Lage durch operative Ebene und Beteiligte
  - Abstimmung des Entschlusses im Koordinierungsstab
- Befehlsgebung

Die Lagefeststellung besteht aus der Erkundung und der Kontrolle. Die Erkundung ist die erste Phase einer Führungsentscheidung in einer Krisensituation. Sie ist die Grundlage für die Entscheidungsfindung und umfasst das Sammeln und Aufbereiten der erreichbaren Informationen über Art und Umfang der Gefahrenlage beziehungsweise des Schadensereignisses sowie über die Dringlichkeit und die Möglichkeit einer Abwehr und Beseitigung vorhandener Gefahren und Schäden. Als Kontrolle gilt die Überprüfung der vorhandenen Informationen.

Die Beurteilung ist die Abwägung, welche Maßnahmen in der Krisensituation zur Gefahrenabwehr oder Schadensbeseitigung mit den zur Verfügung stehenden Einsatzkräften und -mitteln in der bestehenden Gefahrensituation am besten eingesetzt werden können und welche Schritte eingeleitet werden müssen, wie die Hinzuziehung von Polizei und/oder Feuerwehr. Die Beurteilung muss auf einer zielgerichteten Auswertung der Informationen aus der Lagefeststellung beruhen. Durch Abwägen der Vor- und Nachteile der verschiedenen Möglichkeiten muss die Entscheidung zur Durchführung der Gefahrenabwehr oder Schadensbeseitigung vorbereitet werden.

Der Entschluss ist die Entscheidung über die Art der Reaktion auf die Krisensituation. Er ist das folgerichtige Ergebnis der Beurteilung der Lage. Im Entschluss spiegelt sich die Sicherheitsplanung und Risikoanalyse im Sicherheitskonzept wider.

Der Befehl ist die Anordnung an die Einsatzkräfte, Maßnahmen zur Gefahrenabwehr und zur Schadensbegrenzung auszuführen bzw. an die Polizei oder Feuerwehr zu übergeben. Durch den Befehl wird der Entschluss in die Tat umgesetzt.

Die Veranstaltungsleitung im Koordinierungsstab erteilt die Befehle nach einem vorgegebenen Schema schriftlich oder mündlich. Der Befehl muss den Entschluss unmissverständlich und eindringlich zum Ausdruck bringen.

Die Abfassung des Befehls richtet sich nach dem Schema:

- Einheit: Wer handelt?
- Auftrag: Was ist zu tun?
- Mittel: Welche Mittel sollen eingesetzt werden?
- Ziel: Welches Ziel soll erreicht werden?
- Weg: Wie ist das Ziel zu erreichen?

Die Veranstaltungsleitung ist keine ausgebildete Führungskraft in den staatlichen Rettungsdiensten, bei denen Krisen den Berufsalltag darstellen. Auch für die Beteiligten und Beschäftigten stellen Krisen vom Normalfall abweichende Situationen dar. Damit aber im realen Notfall der Übergang von der Krisensituation zum Normalbetrieb störungsfrei erfolgt, sind die technisch-organisatorischen Voraussetzungen zu schaffen, sind aber auch möglichst realistische Übungen notwendig. Eine besondere Rahmenbedingung aber stellt das Vertrauen dar, das die Veranstaltungsleitung im Team und bei den Beteiligten genießt. Das Vertrauen in die sozialen Kompetenzen und in die fachlichen Kompetenzen der Veranstaltungsleitung entscheidet, ob eine Veranstaltungsleitung auch im Krisenfall handlungsfähig ist.

1.6 Quellen

[1] AFKzV (1999) Feuerwehr-Dienstvorschrift 100. Führung und Leitung im Einsatz. Ausschuss Feuerwehrangelegenheiten, Katastrophenschutz und zivile Verteidigung (AFKzV). Online unter: https://www.bbk.bund.de/SharedDocs/Downloads/BBK/DE/FIS/DownloadsRechtundVorschriften/Volltext_Fw_Dv/FwDV%20100.pdf?__blob=publicationFile [2020-08-20]

[2] Funk, S. (2015): Veranstaltungsleiter. Online unter: http://www.basigo.de/handbuch/Grundlagen/private_Akteure/Veranstaltungsleitung. [2020-08-20]

[3] Granitzka, U. (2005): Aufgaben des Rettungs- und Sanitätsdienstes. In: H. Peter und K. Maurer (Hrsg.): Gefahrenabwehr bei Großveranstaltungen. Edewecht, Wien 2005. S. 99–128.

[4] Maurer, K. (2005): Aufgaben im Brandschutz und in der technischen Leitung. In: H. Peter und K. Maurer (Hrsg.): Gefahrenabwehr bei Großveranstaltungen. Edewecht, Wien 2005. S. 89–100.

[5] Pham, T. (2020): Verantwortung und Kompetenz eines Veranstaltungsleiters. Vergleich zwischen Kultur- und MICE-Veranstaltungen. Masterarbeit. Berlin: Beuth Hochschule für Technik.

[6] Tietz, K. D. (2005): Aufgaben der Polizei. In: H. Peter und K. Maurer (Hrsg.): Gefahrenabwehr bei Großveranstaltungen. Edewecht, Wien 2005. S. 141–163.

2 Technische Fachplanung für Veranstaltungstechnik

Nikolai Hocke, Thomas Sakschewski

Mit zunehmender Komplexität technischer Lösungen in der Veranstaltungstechnik wächst der Bedarf an einer Technischen Fachplanung für Veranstaltungen. Die Technische Fachplanung umfasst die Transformation einer Konzeption von der Grundlagenermittlung über die Entwurfsplanung in eine Ausführungsplanung sowie die Steuerung der Umsetzung vor Ort.

Spezialisierte Ingenieurbüros

Veranstaltungen sind auf die TeilnehmerInnen bzw. BesucherInnen hin erstellte Dienstleistungsangebote mit einer Nutzenstiftung im Zeitraum des Live-Erlebnisses. Sie sind immer zielgerichtet, geplant und an einem Veranstaltungsort konzentriert und sollen einmalige Erlebnisse für die BesucherInnen schaffen, die eine positive Wahrnehmung der Botschaft, des Angebots, des Produkts, des Inhalts vermitteln und die BesucherInnen teilhaben lassen und so aktivieren. Daher unterliegen Veranstaltungen dem Zwang, sich ständig weiterzuentwickeln und neue Technologien, Organisationen und Umsetzungen zu realisieren. Somit stellen auch wiederholende Veranstaltungen, wie z. B. Messepräsentationen einer Marke auf einer Automobilmesse, ständig Neu- und Weiterentwicklungen dar. Die Komplexität der Lösungen der geforderten Konzepte steigt und somit auch an die Lösungsfindung und Realisierungsplanung der Veranstaltungstechnik. Hier kommen hochspezialisierte Ingenieurbüros zum Einsatz, um in den einzelnen Phasen der Realisierung, wie sie in der HOAI auch hinterlegt sind, mit Know-how und Erfahrungen den Auftraggeber bzw. Kunden zu beraten und Lösungsmodelle zu erarbeiten sowie die Umsetzung vor Ort gemäß der definierten Qualität zu überwachen.

Ein anderer Aspekt ist, dass wiederkehrende Veranstaltungsformate oder -reihen einer ständigen Optimierung und oft auch Kostenreduktion ausgesetzt sind. Hier muss in der Planungsphase gehandelt werden, um ein entsprechendes Preis-Leistungs-Verhältnis zu optimieren und technisch machbare Umsetzungen am Gesamtergebnis zu orientieren. Durch Methoden wie „fit to budget“ wirken sich Änderungen nun auch auf das Ergebnis der Konzeptumsetzung aus.

Wichtige Anforderungen an die Planungsarbeit:

- Wissen um die technische Machbarkeit gemäß aller Vorschriften und Regeln zum sicheren Betrieb
- Marktkenntnisse zur Auswahl standardisierter System-Komponenten im Bereich der temporären Leihstellung (z. B. durch Vermieter)
- Technisch machbare Umsetzung in Bezug auf die Schnittstellen zu korrespondierenden Gewerken, wie z. B. Einbau mit der Architektur oder Strombereitstellung mit der Location
- Gewährleistung einer ausfallsicheren Veranstaltung (da meist einmalig und nicht wiederholbar). Technische und organisatorische Ausfallszenarien sind planerisch zu analysieren und zu vermeiden und Systemaufbauten durch Havarie- und Back-up-Lösungen abzusichern.
- Planung der Systemvorgaben anhand von Funktions-Blockschaltbildern als Vorlage zur Umsetzung durch technische Dienstleister
- Präzise Darstellung von Systemlösungen im CAD-Plan und anhand von Funktionsschemata
- Präzise Formulierung der Anforderungen und Zusammenhänge für die Erstellung der technischen Lastenhefte der entsprechenden Gewerke
- Einsatzplanung zur Errichtung, Probenbetrieb und Veranstaltungsdurchführung mit notwendigem Bedienpersonal, da aufgrund des Prototypenstatus die automatisierte Durchführung mit Fachbedienpersonal umgesetzt wird
- Flexibilität für agile Umsetzungen kurzfristiger Änderungen.

2.1 Abgrenzung

Bühnenplanungsbüro

Vergleichbar ist die Technische Fachplanung mit Planungsbüros, die Beratungsleistungen beim Um- und Neubau von Versammlungsstätten anbieten. Sie planen theater- und veranstaltungstechnische Einrichtungen, also den Bühnenmaschinenbau und die Bühnenelektrotechnik, in Theater-, Opern-, Konzerthäusern, aber auch in Mehrzweckhallen, Stadien und Stadthallen. Als Bühnenmaschinenbau gelten z. B. Versenkeinrichtungen, Drehscheiben, Maschinenzüge oder Transport- und Lagersysteme. Unter Bühnenelektrotechnik werden unter anderem Bühnenbeleuchtung, Sicherheitsbeleuchtung, Beschallungsanlagen, Inspizientenanlagen, Ton- oder Videoregieanlagen zusammengefasst. Zusätzliche Leistungen, die auch von Bühnenplanungsbüros erbracht werden, sind Beratungsleistungen im Bereich der Akustik oder bei anspruchsvollen Sonderkonstruktionen im Dekorationsbau. Der Schwerpunkt von Bühnenplanungsbüros liegt aber in der Planung des Bühnenmaschinenbaus, da hier in der Regel individuelle Lösungen gefunden werden müssen, die für die spezifischen baulichen Gegebenheiten einer Versammlungsstätte konstruiert werden. Bei Festinstallationen liegt der Schwerpunkt der Technischen Fachplanung bei der Veranstaltungstechnik, womit aufwendige Regieanlagen weniger im Vordergrund stehen als die Mediensteuerung und die konfliktfreie Integration in eine bestehende Gebäudetechnik zur Gewährleistung eines standardisierten Dauerbetriebes.

2.1.1 Aufgabenverteilung und Auftragsformen

Rollenverteilungen

Im Zusammenspiel der beiden Rollen Veranstaltungsleitung (VL) und Technische Leitung (TL) sowie den Aufgaben und Pflichten der Verantwortlichen für Veranstaltungstechnik (VfV) übernimmt die Technische Fachplanung (TF) als beauftragte Dienstleistung Planungs- und Koordinationsaufgaben. Die Veranstaltungsleitung übernimmt die gemäß § 38 MVStättVO definierte Rolle als dauerhaft anwesende Vertretung des Veranstalters. Die Technische Leitung wählt aus, kontrolliert und überwacht vor Ort bei der Umsetzung die delegierten oder beauftragten fachlichen Durchführungen, die sich gewerkespezifisch ergeben. Die Veranstaltungsleitung ist im Vorfeld der Veranstaltung koordinierend und steuernd in der Umsetzung tätig. Aus diesen Rollenverteilungen ergeben sich die Verantwortlichkeiten in den beschriebenen Bereichen. Um die Rollen verantwortlich erfüllen zu können, sind den Anforderungen und Aufgaben entsprechende Qualifikationen erforderlich, wie in den jeweiligen Kapiteln ausführlich erläutert.

Drei unterschiedliche Auftragsformen

Aus den Rollendefinitionen bei Veranstaltungen ergeben sich die Zuordnung der Veranstaltungsleitung zum Veranstalter und die der Technischen Leitung zur Realisation, die abhängig vom Betreibermodell beim Veranstalter oder beim Betreiber, personalidentisch mit dem Veranstalter, liegen kann. Die Beauftragung der Technischen Fachplanung erfolgt in der Regel in einem werkvertraglichen Verhältnis als Dienstleistung im Auftrag des Veranstalters. In diesem Fall ist es auch möglich, dass die Technische Fachplanung die Technische Leitung zur Umsetzung des Fachplanungskonzepts stellt. Die Veranstaltungsleitung ist gesamtverantwortliche Vertretung des Veranstalters. Die Technische Fachplanung konzipiert und plant im Auftrag des Veranstalters die Systemumsetzung in Bezug auf Technik, Budget und Konzept. Der Technischen Leitung obliegt die Durchführung und Durchsetzung der technischen Realisierung durch Koordination und Steuerung der ausführenden (technischen) Gewerke. Es ergeben sich abhängig vom Betreiberkonzept drei unterschiedliche Zuordnungen.

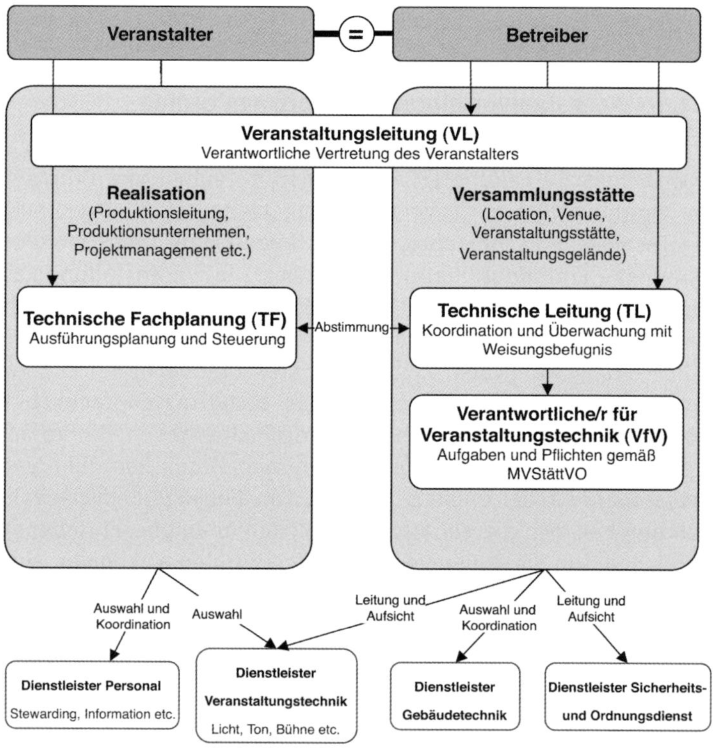

Bild 1: Verantwortungsbeziehung Veranstalter = Betreiber

Sind Veranstalter und Betreiber identisch (siehe Bild 1) übernimmt die Technische Fachplanung die Ausführungsplanung und Steuerung für die technischen Systeme sowie Sonderkonstruktionen und stimmt diese mit der Technischen Leitung der Versammlungsstätte ab. Die Technische Fachplanung steuert die einzelne Produktion, die Technische Leitung koordiniert alle technischen Abläufe im Haus und die Veranstaltungsleitung ist als verantwortliche Vertretung des Veranstalters auf die Umsetzung der Veranstaltung fokussiert.

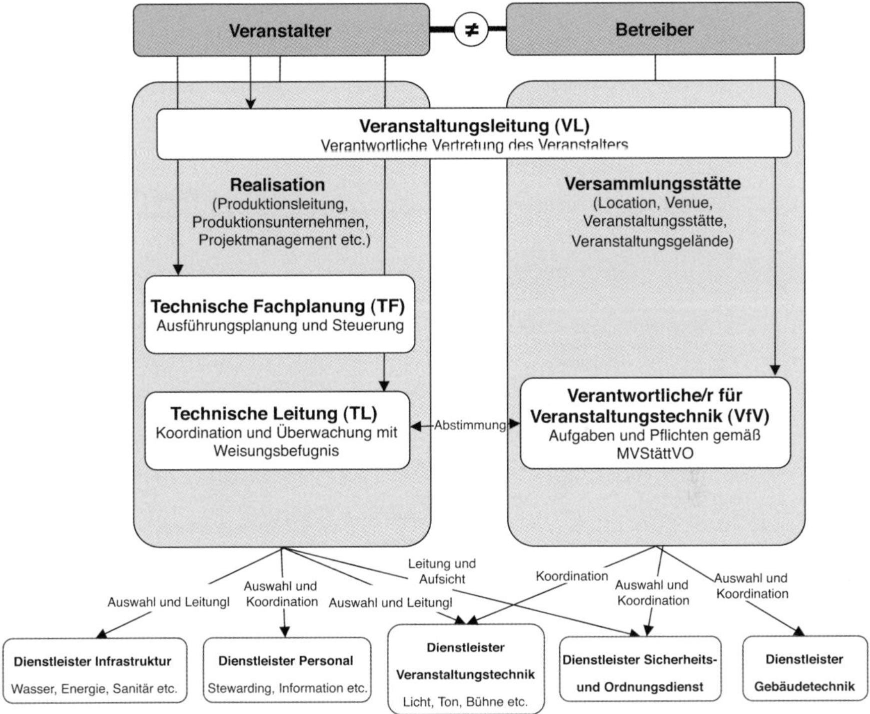

Bild 2: Verantwortungsbeziehung Veranstalter ungleich Betreiber, Technische Fachplanung beauftragt durch Veranstalter

Sind Veranstalter und Betreiber nicht identisch und geht ein Veranstalter in eine Versammlungsstätte, die neben (ausgelagerter) Gebäudetechnik und Sicherheits- und Ordnungsdienst nur die/

den Verantwortliche/n stellt, erfolgt die Koordination und Überwachung der Umsetzung der Technischen Fachplanung durch eine vom Veranstalter beauftragte Technische Leitung (siehe Bild 2). Die Technische Leitung des Fachplanungsbüros stimmt sich hierfür mit der/dem Verantwortlichen für Veranstaltungstechnik des Betreibers ab.

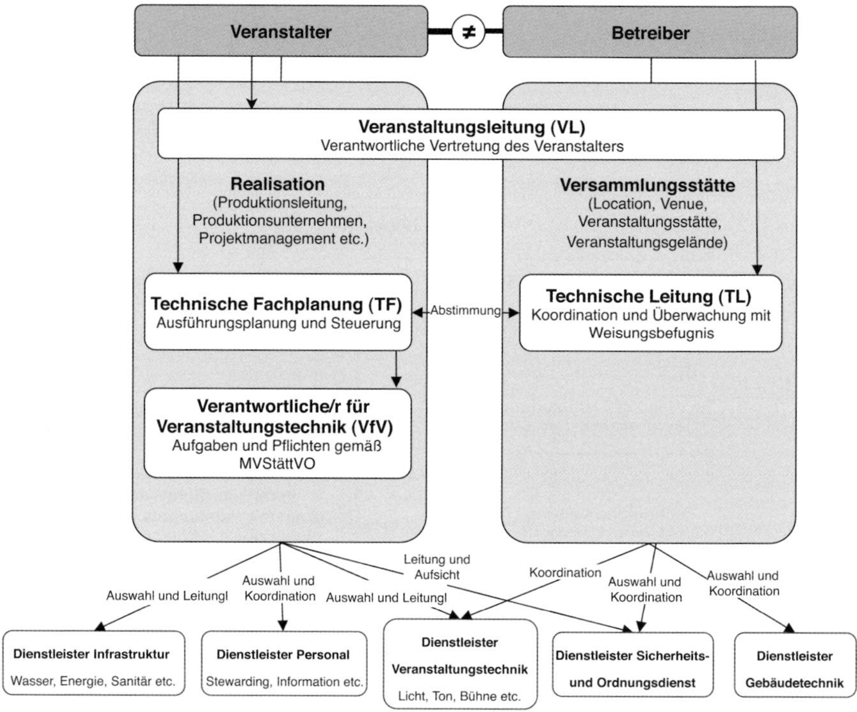

Bild 3: Verantwortungsbeziehung Veranstalter ungleich Betreiber, Technische Leitung beim Betreiber

Sind Veranstalter und Betreiber nicht identisch und geht ein Veranstalter in eine Versammlungsstätte, die selbst eine Technische Leitung stellt, kann die Technische Fachplanung eine/n Verantwortliche/n für Veranstaltungstechnik beauftragen, der die Umsetzung der Fachplanung in der Versammlungsstätte beaufsichtigt (siehe Bild 3). Die Abstimmung erfolgt zwischen Technischer Fachplanung im Auftrag des Veranstalters und der Technischen Leitung des Betreibers.

2.1.2 Übersetzung und Präzisierung

Die Veranstaltungsleitung ist in ihrer Funktion zuständig für die Schaffung von Rahmenbedingungen und Definition der Anforderungen des Projektes anhand derer die Technische Fachplanung nun die Transformation des Konzeptes in eine realisierbare Systemvorgabe im Planungsprozess überführt.

Transformation und Übersetzung

Die Transformation eines künstlerischen Konzeptes und deren technische, organisatorische und personelle Bedarfsplanung im Rahmen der sicherheitsrelevanten, bauordnungsrechtlichen und veranstaltungsspezifischen Regularien und technischen Machbarkeiten ist Teil der Veranstaltungsplanung, die im Auftrag des Veranstalters durch eine Full-Service Agentur (Generalübernahme) oder ein Fachplanungsbüro (Teilleistung und Beratung) erfolgt. Hieraus ergeben sich eine Reihe von Aufgaben und Qualifikationsanforderungen. Die wesentliche Aufgabe besteht in der technischen Machbarkeit und detaillierten Konzeptüberprüfung zu einer vollumfänglichen technischen Realisierbarkeit und deren sicherer Abläufe. Über die Projekt- bzw. Leistungsphasen der HOAI der Entwurfsplanung hin zu der Ausführungsplanung ist der wesentliche Bestandteil die Erstellung von Leistungsverzeichnissen zur realistischen Erfassung aller technisch relevanten Leistungen. Dies bedeutet im praktischen Projektverlauf unterstützende Tätigkeit im Beschaffungsprozess zur Auswahl eines Auftragnehmers mit einer detaillierten Leistungsdarstellung, um vergleichbare Angebote auf Basis einer eindeutigen technischen Detailbeschreibung unter Berücksichtigung des gewünschten Qualitätsstandards zu erhalten. Mit der Steuerung der ausführenden Gewerke (Dienstleister/Lieferant) erfolgt in der Technischen Fachplanung die Finalisierung der ausführenden Tätigkeiten zur Umsetzung.

In diesem Prozess werden die Projekt-Dokumente erzeugt, die zum Erfolg der Umsetzung maßgeblich beitragen:

- Genehmigungspläne in Computer Aided Design (CAD)
- Übersichtspläne in CAD
- Detailpläne zu technischen Lösungen in CAD
- Integrationslösungen von technischen Komponenten in Bau/Architektur
- Funktionsschemata/Blockschaltbilder zur Beschreibung der Funktionslösung

- Leistungsverzeichnis (als Mengen- und Standardgerüst) zur Umsetzung
- Projektzeitplanung
- Bauzeitplanung
- Einsatzplanung vor Ort
- Kostenschätzung, Kostenaufstellung und Kostenverfolgung

Zum Abschluss der Planung erfolgt die Übergabe an die Technische Leitung, falls diese nicht bereits durch die Technische Veranstaltungsplanung in persona gestellt wird. Diese Schnittstelle ist für den Erfolg der Produktion relevant, denn alle Informationen und Hintergründe sind nun Bestandteil der Umsetzung unter Berücksichtigung der relevanten Gesetze, Verordnungen, Vorschriften und Regeln der Technik. Die Technische Leitung führt die technischen Gewerke durch die Realisierungsphase zur erfolgreichen Systemabnahme. Sie stellt die Umsetzung der konzipierten technischen Abläufe sicher und entscheidet auf Basis der sicherheitstechnischen Einschätzung, inwieweit hier auf besondere Situation und Änderungen vor Ort einzugehen ist.

Dies bedingt einen Übergabeprozess von Arbeitsunterlagen durch die Technische Fachplanung an die Technische Leitung, um diese entsprechend ihrer Rolle zu ermächtigen. So reicht es nicht, wenn alle Unterlagen, wie im Wesentlichen das Leistungsverzeichnis, Schaltbilder, Umsetzungslisten und Pläne, zur Verfügung stehen, sondern es ist eben auch eine Einarbeitung in die Realisierungsaufgabe vor Ort nötig. So ist es sinnvoll, der Technischen Leitung vor Ort die Technische Fachplanung als Unterstützung zur Seite zu stellen, vergleichbar dem planenden Architekten zum ausführenden Bauleiter.

Vorbereitung Ausführungsplanung

Die Aufgabe der Technischen Fachplanung stellt also im Wesentlichen die Vorbereitung als Vorstufe zur Ausführung dar. Der gesamte Verarbeitungsprozess eines Veranstaltungskonzeptes zur sicheren technischen Realisierung übernimmt als Aufgabe die Technische Fachplanung. Die Umsetzung dieser Systemvorgaben erfolgt durch die Technische Leitung vor Ort, die idealerweise aus der Technischen Fachplanung hervorgeht und durch entsprechendes qualifiziertes Personal gestellt wird. Im Prozess der Projektrealisierung stellt die Technische Fachplanung die nahtlose Verbindung zwischen den beiden notwendigen Rollen der Veranstaltungsleitung und der Technischen Leitung zur sicheren Umsetzung dar.

Einsatzbereiche der Technischen Fachplanung

- Fachplanung der Technischen Gebäudeausrüstung (TGA), wie Versorgungsnetze und -anlagen im Bereich der Stromversorgungsnetze, EDV, Klimatechnik, Sanitäranlagen. Dieser Fachbereich ist der Vollständigkeit halber gelistet, aber nicht weiter ausgeführt, weil dies eher eine Aufgabe im Hochbau darstellt.
- Fachplanung der Veranstaltungstechnik für Messen, Events, Shows, Sport- und Konzertveranstaltungen sowie Großveranstaltungen.
- Fachplanung der Bühnentechnik und -anlagen, vorrangig in Theatern, Musical- oder Opernhäusern wie auch auf Kreuzfahrtschiffen im Entertainmentbereich.
- Fachplanung von Sonderbauten und Exponatekonstruktionen
- Sicherheitsingenieure/Betriebsingenieure für Spielstätten und mechanische Anlagen
- Fachplanung (Festinstallation wie Konferenzräume, Show-Räume, Retail- und Ausstellungspräsentation, Hochbauprojekte)
- Fachplanung im Auftrag von Spielstätten (i. d. R öffentliche Hand)
- Einsatz als externe Experten für Umbauten, Sanierungen und Instandsetzung und Modernisierungen
- Experten für Gefährdungsbeurteilung und Umsetzung von Produktion sowie Sicherheits- und Hygienekonzepte
- Experten der Betriebsprozesse und -durchführungen im Regelbetrieb von technischen Anlagen mit hohem Automatisierungsgrad und hoher Ausfallsicherheit.
- Beratungsleistungen zu Projektrealisierung mit hochkomplexen technischen Systemen im neuen Umfeld z. B. durch technische Machbarkeitsstudien oder System- und Betriebsanalysen.

2.2 Anforderungen

Im Bereich der Technischen Fachplanung für permanente Installationen (Festinstallation) und temporäre Installationen (Messen, Events, Shows) sind diverse Qualifikationen möglich, die zur erfolgreichen Umsetzung befähigen und in den entsprechenden Bereichen unterschiedlich ausgeprägt sind. Hierbei sind die direkten Qualifikationen einer Technischen Fachplanung gemeint.

Leistungsbild der Projektleitung

Im Kern ist dies das Wissen um und die Anwendung von Methoden des Projektmanagements, ergänzt um grundlegende Kenntnisse zum Bauordnungsrecht, der Betriebssicherheit und des Vergaberechts, in der Theorie und der Praxis. Das bedeutet z. B., Ausschreibungen nicht nur rechtssicher zu formulieren, sondern auch an Ausschreibungen teilzunehmen. Zur Technischen Fachplanung gehören auch fundierte betriebswirtschaftliche Kenntnisse, um Kosten zu kalkulieren, Prognosen durchzuführen und im Rahmen eines Projekt-Controllings mithilfe relevanter Kennzahlen das Projekt zu steuern. Projektmanagement stellt einen wesentlichen Erfolgsfaktor im Prozess für komplexe Projektrealisierungen über alle Leistungsphasen der HOAI oder nur Teile davon gemäß Beauftragungsumfang dar. Zur Orientierung dient hier das Leistungsbild der Projektleitung[9].

- Rechtzeitiges Herbeiführen bzw. Treffen der erforderlichen Entscheidungen sowohl hinsichtlich Funktion, Konstruktion, Standard und Gestaltung als auch hinsichtlich Organisation, Qualität, Kosten Termin sowie Verträgen und Versicherungen
- Durchsetzen der erforderlichen Maßnahmen und Vollzug der Verträge unter Wahrung der Rechte und Pflichten des Auftraggebers
- Herbeiführen der erforderlichen Genehmigungen, Einwilligungen und Erlaubnisse im Hinblick auf die Genehmigungsreife
- Konfliktmanagement zur Ausrichtung der unterschiedlichen Interessen der Projektbeteiligten auf einheitliche Projektziele hinsichtlich Qualitäten, Kosten und Termine insbesondere im Hinblick auf:

9 AHO 2020: 20f.

  - die Pflicht der Projektbeteiligten zur fachlich-inhaltlichen Integration der verschiedenen Projektleistungen und
  - die Pflicht der Projektbeteiligten zur Untersuchung von alternativen Lösungsmöglichkeiten
- Leisten von Projektbesprechungen auf Entscheidungsebene zur Vorbereitung, Einleitung und Durchsetzung von Entscheidungen
- Führen aller Verhandlungen mit projektbezogener, vertragsrechtlicher oder öffentlich-rechtlicher Bindungswirkung für den Auftraggeber
- Wahrnehmen der zentralen Projektanlaufstelle, Sorge für die Abarbeitung des Entscheidungs- und Maßnahmenkatalogs
- Wahrnehmen von projektbezogenen Repräsentationspflichten gegenüber dem Nutzer, dem Finanzier, den Trägern öffentlicher Belange und der Öffentlichkeit.

2.2.1 Ausbildung

Ein expliziter Ausbildungsweg zur Technischen Fachplanung Medientechnik oder Veranstaltungstechnik existiert nicht. Die hohen Anforderungen bei der Konzeption und Planung komplexer Lösungen verlangt ingenieurstechnische Fähigkeiten. Die Breite der möglichen Umsetzung von temporären Events bis zu Festinstallationen spricht unterschiedliche Ausbildungswege an, die Bachelor of Engineering oder Science bzw. den entsprechenden Master of Engineering oder Science abschließen. Geeignet sind Studiengänge, die ingenieurswissenschaftliche Kenntnisse mit den fachlichen Fähigkeiten der Veranstaltungs- bzw. Event- und Medientechnik praxisorientiert verbinden (siehe Bild 4).

Studiengang Theater- und Veranstaltungstechnik und -management

Der siebensemestrige Studiengang Theater- und Veranstaltungstechnik und -management baut in einem Grundstudium sowohl auf ingenieurtechnische Module wie beispielsweise Mathematik und Technische Mechanik, aber auch maschinenbauliche Schwerpunkte wie beispielsweise Werkstoffkunde und Fertigungsverfahren, Elektrotechnik sowie Maschinenelemente und Konstruktion auf. Ein weiterer Teil des Grundstudiums besteht aus fachspezifischen Modulen der Theater- und Veranstaltungstechnik. Zu diesen zählen unter anderem Inhalte wie Grundlagen der

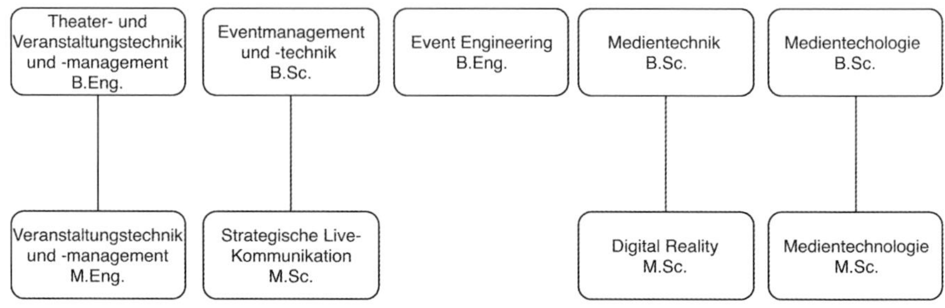

Bild 4: Geeignete Studiengänge für die Technische Fachplanung

Theater- und Veranstaltungstechnik, des Projektmanagements sowie Licht- und Beleuchtungstechnik. Gefolgt wird das Grundstudium von zwei Semestern, in denen die Anzahl der fachspezifischen gegenüber den maschinenbaulichen Modulen zunimmt. Neben konstruktiven Inhalten wie Maschinenelemente und Konstruktion, Leichtbau oder Dekorationsbau werden auch veranstaltungstechnische Inhalte vermittelt. Diese bestehen unter anderem aus Tontechnik, Videotechnik und Veranstaltungssicherheit. Der Studiengang setzt auf die Vermittlung von technisch geprägten Inhalten, gestalterischen Elementen und der Verbindung von Gestaltung und Technik durch ein Management. Das Studium vermittelt die Grundlagen für leitende Funktionen in der Veranstaltungsindustrie, Theatern und Mehrzweckhallen sowie in der Konstruktion wie z. B. die Fachplanung für Veranstaltungseinrichtungen oder Fachplanungsbüros für Bühnen-, Licht- und Medientechnik.

Studiengang Eventmanagement und -technik

Der Studiengang Eventmanagement und -technik (sieben Semester) legt einen Schwerpunkt auf die Vermittlung betriebswirtschaftlicher Kenntnisse wie Marketing und die Positionierung von Unternehmen und Marken über Events. Dabei werden neben Eventmanagement, Grundlagen des Marketings und Marketingmanagement auch Kenntnisse im Projektmanagement vermittelt. Ein zweiter Schwerpunkt bildet die Vermittlung veranstaltungstechnischer Kompetenzen (Beleuchtung, Beschallung, Videotechnik, Rigging und Netzwerktechnik).

Medientechnik

Das ebenfalls siebensemestrige Studium der Medientechnik bzw. Medientechnologie vermittelt die technischen und methodischen Kompetenzen zur Entwicklung digitaler Mediensysteme. Dabei werden im Grundstudium Kenntnisse der Elektro- und Informationstechnik sowie der Informatik, aber auch fachübergreifendes Wissen in den Medien- und Wirtschaftswissenschaften vermittelt. In den Bereichen Licht, Ton und Video mit Anwendung von Nachrichtentechnik und Signalverarbeitung können fachliche Fähigkeiten praxisorientiert vertieft werden. Weitere Vertiefungsmöglichkeiten sind z. B. digitale Bildverarbeitung oder Web Engineering. Das Studium vermittelt die Grundlagen für die technische Planung und Beratung von Produktionen im audiovisuellen Bereich (Bühnen, Studios, Film, Funk, Fernsehen) oder die Planung, Installation und Ausstattung medientechnischer Anlagen.

2.2.2 Erfahrung

Aus- und Weiterbildung schaffen die Grundlagen zur Befähigung einer Technischen Fachplanung. Direkte praktische Erfahrungen in der Branche unterstützen bei der Realisierung einer konkreten Umsetzung. „Wer schon einmal selbst komplexe Verkabelungen einziehen musste, überlegt sich in der Planung sehr genau die Kabelwege und deren Lösungen.“ Die praktische Erfahrung befähigt zur Technischen Fachplanung auch größerer Veranstaltungen, um in konkreten Problemfällen auch pragmatische Wege gehen zu können, die sich häufig erst dann offenbaren, wenn zuvor schon auf Basis des bestehenden Fachwissens ähnliche Probleme gelöst werden mussten.

Tacit Knowledge

Erfahrungen sind häufig schwer zu vermitteln. Anders als eine fachliche Qualifikation, die ein explizites Wissen, das objektiv, versprachlicht, transferierbar und formaler Natur ist, stellen Erfahrungen eine Sammlung von ganz individuellen Erlebnissen dar, die einem Dritten meist nur durch Veranschaulichung zu vermitteln ist. Dieses implizite Wissen ist nur schwer oder gar nicht zu vermitteln, da es nur sehr unzureichend in Dokumenten oder Anleitungen versprachlicht ist. Dieses implizite Wissen basiert auf Erlebnissen, Kultur, Emotionen und Werten und zeigt sich in methodischen und sozialen Kompetenzen mehr als in Qualifikationen. Als sichtbare Handlungsroutinen und individuelle Vorgehensweisen, aber auch in unsichtbaren Überzeugungen, Werten und kulturell festgeschriebenen Schemata bilden sie die Grundlage der unausgesprochenen Übereinkünfte über ein sozial akzeptables Verhalten. Analog wird daher auch der Begriff der

„Tacit Knowledge“ im Sinne eines stillschweigenden Wissens benutzt. Die Explizierung, also der Ausdruck dieser Erfahrungen, ist eine wesentliche Voraussetzung für die Schaffung neuen Wissens.

2.2.3 Kompetenz

Soziale Kompetenzen: Im Wesentlichen muss die Kompetenz zur Teamarbeit und gemeinsamen Bearbeitung zur Lösung von Problemstellungen vorhanden sein, also Sozialkompetenz. Mit der Erweiterung diese auch präzise zu artikulieren und verschiedene Handlungsstränge eindeutig formulieren zu können, ist die Kommunikationskompetenz wesentlich. Auch hier sind neben der eindeutigen Beschreibung auch Listen, Diagramme, Skizzen und Zeichnungen die *‚Sprache des Planers‘*.

Fachlich-methodische Kompetenzen: Fachkompetenz meint das durch Aus- und Weiterbildung sowie Berufserfahrung erworbene, spezialisierte und eingegrenzte Wissen in einem fachlich definierten und abgegrenzten Bereich. Menschen mit hoher Fachkompetenz sind schnell in der Lage Zusammenhänge innerhalb ihres Fachgebietes zu erkennen, ihr Wissen mit anderen Bereichen zu verknüpfen und fachlich präzise zu urteilen. Methodenkompetenz meint Fähigkeiten und Fertigkeiten, die erforderlich sind, um das Fachwissen konkret umzusetzen, Probleme frühzeitig zu erkennen und diese zielorientiert mit dem Einsatz der für dieses Problem angemessener Mittel und Werkzeuge zu lösen. Menschen mit hoher Methodenkompetenz können verschiedene Lern- und Arbeitsmethoden nutzen, um auch in Bereichen, in denen ihr Fachwissen nicht hoch ist, die nächsten Arbeitsschritte zielgerichtet zu planen und im Anschluss anzuwenden.

2.2.4 Skill-Level

Konkrete Skill-Level-Matrix aus der Praxis zur Darstellung der Kompetenzen in Bezug auf die einzelnen Rollen im Planungsunternehmen (hier macomNIYU):

Tabelle 1: Skill Level für eine Technische Fachplanung

Qualifikationsniveau, Beschreibung der Fähigkeiten	Erfahrungsniveau
Top Level Management-Beratung	15+ Jahre Berufserfahrung
Senior Projektleiter im Bereich Engineering Projektleitung im Bereich Beratung Multi-Projektmanagement Qualitätssicherung	10+ Jahre Berufserfahrung
Technischer Projektmanager, verantwortlich für internationale oder inländische Projekte mit Zuständigkeiten u. a.: – Verwaltung der Prozesse rund um Projektinitiierung, Entwurf, Ausschreibung und Lieferung – Zentrale Anlaufstelle für Kunde und Projektteam – Teilnahme an Entwurfs- und Koordinationssitzungen mit dem Kunden und dem Projektteam – Teilnahme an Ausschreibungsbesprechungen mit dem Kunden und dem Projektteam und Leitung dieser Besprechungen – Bereitstellung von Bewertung/Dokumentation über den empfohlenen Bieter – Verwalten der Installations-/Inbetriebnahme- und Übergabephasen mit allen Beteiligten – Erstellen von Geschäftsfällen zur Projektinitiierung	7,5+ Jahre Berufserfahrung Ingenieur in Audiovisueller Technik oder Elektrotechnik Erfahrener Projektleiter

Qualifikationsniveau, Beschreibung der Fähigkeiten	Erfahrungsniveau
– Erstellung von Produktionsrichtlinien für Produzenten von Medieninhalten zur Anpassung an die technische Einrichtung – Erstellung von Entwicklungsrichtlinien und kundenspezifischer Dokumentation – Individuelle Beratungsdienste auf Anfrage	
Beratungs-/Planungsprojekt-Support zur Unterstützung von AV-Senior-Beratern, Unterstützung, die Folgendes umfasst, aber nicht darauf beschränkt ist: – Budget-Validierung durchführen – Detaillierte Pläne und LV-Dokumente erstellen – Angebots-Auswertung und Beschaffungsprozess – Vor-Ort-Management (Verfolgung von Lieferanten/Verfolgung von Liefergegenständen) – System-Layout und technische Beschaffung	5+ Jahre Berufserfahrung Bachelor of Science in Audiovisueller Technologie oder Elektrotechnik
Technische Leitung	5+ Jahre Berufserfahrung Bachelor of Science in Audiovisueller Technologie oder Elektrotechnik

2.2.5 Kenntnisse und Fähigkeiten

Technische Kenntnisse

- LED und Displaysysteme
- Videotechnik
  - Präsentationstechnik
  - Broadcasttechnik
  - Zuspieltechnik inkl. Medienserver Systemen
- System- und Mediensteuerungen
- Audiotechnik
  - Raumakustik/Simulation
  - Lautsprechersysteme (PA und Großanlagen sowie gerichtete Systeme)
  - Mikrofonierung
  - Signalverteilung, Steuerung und Zuspieltechnik
- Lichttechnik
  - Lichtsimulation
  - Event- und Showbeleuchtung mit Steuerung
  - Architekturlicht
- Rigging und Mechanik, inkl. Antriebstechnik und Steuerung
- Netzwerktechnik
- CAD-Planung (AutoCAD/Vektorworks)
- 3-D-Planung (AutoCAD, Blender, Rhino etc.)
- Schaltbildplanung/Systemplanung
  - Video
  - Audio
  - Licht
  - EDV-Netzwerke
  - Stromversorgung

Betriebswirtschaftliche Kenntnisse

- Kosten- und Leistungsrechnung
- Investitionsrechnung

- Nachhaltigkeitsmanagement
- Projektmanagement
    - Projektstrukturierung
    - Terminplanung
    - Projekt-Controlling
- Grundlagen des Vergaberechts
    - Erstellen von Leistungsverzeichnissen
    - Umsetzung von Ausschreibungen

Soft Skills

- Soziale Kompetenz/Teamfähigkeit
- Konfliktfähigkeit
- Selbstorganisation
- Zuverlässigkeit
- Strategische Sichtweisen
- Methodenkompetenz

2.3 Aufgaben

Umsetzungs- und Übersetzungsprozesse

Die Aufgabenbereiche lassen sich als Umsetzungs- und Übersetzungsprozesse beschreiben, in denen künstlerische Ideen in eine ausführbare Planung transferiert werden. Dieser Transferprozess verlangt ein grundlegendes Verständnis von konzeptionellen Gedanken in einer kreativen Ideenphase und vertiefendes Verständnis und eine Übersicht über die sich daraus ergebenden technischen Notwendigkeiten, den organisatorischen Folgen, der notwendigen Personalressourcen und dem resultierenden Kostenrahmen.

- Kreative Konzepte werden in technische Detailpläne transferiert. Das Kreativkonzept trägt die Veranstaltungsbotschaft und macht die Veranstaltung zu einem Erlebnis. Entsprechend hoch ist die Transferleistung, um von einer visionären Beschreibung und dem Verständnis für die gewünschte Wirkung eine Übersetzung aufgrund der technischen Machbarkeit zu planen.

- Dramaturgische Abläufe werden in Funktionsbeschreibungen und betriebliche Abläufe transferiert. Die Auswahl der erforderlichen technischen Geräte und Ausstattung bedingt sich aus ihrer Funktion bei der Umsetzung von inszenierten Event- und Showabläufen. So muss die Auswahl aller technischen Komponenten neben den finanziellen Rahmenbedingungen und der Verfügbarkeit immer der Wirkungsweise in der Anwendung folgen. Aus einer dramaturgischen Idee wird eine logische Abfolge von Prozessen und Funktionen sowie eine Beschreibung des technischen Gesamtsystems.
- Umsetzungsmöglichkeiten des Marktes werden in Systemumsetzungen transferiert. Die Planung orientiert sich stets an der qualitativ höchstwertigen Umsetzung in Bezug auf Verfügbarkeit am Markt, Zuverlässigkeit der technischen Lösungen und der Anbieter sowie Standardisierungsmöglichkeiten und entscheidet dann auf Grundlage eines möglichst optimalen Preis-Leistungs-Verhältnisses. Nicht immer ist hier die neueste oder teuerste Lösung auch diejenige, die für das gewünschte Erlebnis die sinnvollste ist. Dabei orientiert sich die Fachplanung einer Festinstallation frei am Markt der Hersteller, bei einer temporären Installation auf Mietbasis hingegen erfolgt eine fokussierte Auswahl am Markt der Fach-Verleiher.
- Technische Machbarkeit wird übersetzt in eine detaillierte Leistungsbeschreibung in Form von Leistungsverzeichnissen bzw. Lastenheften. Alle Teilsysteme des technischen Gesamtsystems sind im weiteren Planungsverlauf der Ausführungsplanung exakt zu beschreiben. Im Funktionsschema bzw. Blockschaltbild wird diese in der Übersicht mit allen Schnittstellen dargestellt. Damit korrespondierend sind alle Komponenten- und Funktionsbeschreibungen im Leistungsverzeichnis bzw. Lastenheft hinterlegt. Entsprechende Änderungen im Konzept sind somit immer in allen Ausarbeitungen nachzuführen, um jederzeit den aktuellen Leistungsstand der ausführenden Gewerke ermitteln zu können sowie die Dokumentation gegenüber dem Auftraggeber mit einer Kostenverfolgung (Budgetkontrolle) transparent zu halten.
- Ausführungsplanung wird in eine Werksplanung mit Lieferantenführung gemäß Teil 1 der LPH 8 HOAI übersetzt. Die voll- HOAI

ständige Darstellung und Beschreibung aller technischen Einzelsysteme zur Umsetzung inklusive der Personal- und Logistikplanung stellen die Ausführungsplanung dar. Mit Beauftragung der zu errichtenden Gewerke geht diese an die technischen Fachfirmen über, die darauf basierend in enger Abstimmung mit der Technischen Fachplanung eine ausführende Werksplanung erstellen, die alle Funktionsvorgaben erfüllen muss. Änderungen an der Umsetzung oder technischen Detaillösungen sind abzustimmen, bevor die Errichtung vor Ort erfolgt. In diesem Prozess der geplanten Umsetzung zu einer konkreten Realisierung besteht der beste Zeitpunkt die Technische Leitung des Projektes hinzuzuziehen, um zur Steuerung und Überwachung befähigt zu sein.

Exkurs

Maßstab:

HOAI

Baustellenpläne

Gemäß HOAI Anlage 10 im Leistungsbild „Gebäude und Innenräume" gehört zu den Grundleistungen in Leistungsphase 5 (Ausführungsplanung) die zeichnerische Darstellung des Objekts mit allen für die Ausführung notwendigen Einzelangaben im Maßstab 1:50 bis 1:1 bei Gebäuden und bei Innenräumen im Maßstab 1:20 bis 1:1. In der Praxis können Abweichungen von der Maßstabsvorgabe der HOAI für Planstände sinnvoll sein. Pragmatische Lösungen sind gefordert, wenn für die komplexen Installationen einer Versammlungsstätte größere Maßstäbe erforderlich oder Zwischenwerte als die üblichen Maßstäbe wie ein Maßstab 1:25 oder 1:30 sinnvoll erscheinen. Hier sollte die praktische Nutzbarkeit von Plänen auf der Baustelle Entscheidungsgröße sein. Ein DIN A 0 Plan ist vor Ort kaum zu nutzen. Baustellenpläne in der Größe DIN A 3 dagegen sind im Handling einfach, verlangen keinen Plotter und sind mit herkömmlichen DIN A 3 Druckern auszudrucken.

2.3.1 Ausschreibung und Vergabe

Eine Verpflichtung zur Ausschreibung besteht bei Organisationen der öffentlichen Hand also öffentliche Auftraggeber gemäß § 99 Zif. 1 GWB (Gesetz gegen Wettbewerbsbeschränkung) oder juristischen Personen, die zu dem besonderen Zweck gegründet wurden, im Allgemeininteresse liegende Aufgaben nichtgewerblicher Art zu erfüllen oder überwiegend durch eine mehrere dieser Institutionen finanziert werden. Als Institution im Sinne des Gesetz gegen Wettbewerbsbeschränkungen gelten sogenannte Gebietskörperschaften, das sind juristische Personen des öffentlichen Rechts, deren Zuständigkeit und Mitgliedschaft territorial bestimmt sind wie Bund, Länder sowie Städte und Gemeinden und deren Sondervermögen somit unselbstständige, auf gesetzliche oder untergesetzliche Grundlagen gegründete Organisation wie z. B. Eigenbetriebe oder Stiftungen öffentlichen Rechts. Ebenso sind zur Ausschreibung und Vergabe gemäß Vergaberecht Organisationen und Personen verpflichtet, wenn sie Projektmittel erhalten. Dann unterliegen sie dem Haushaltsrecht für die Summen des Projektbudgets nach den Allgemeinen Nebenbestimmungen für Zuwendungen zur Projektförderung (AnBestP). Zur Ausschreibung nicht verpflichtet sind rein privatwirtschaftliche Unternehmungen. Aber auch dann sind Kenntnisse und Erfahrungen in der Ausschreibung und der Vergabe sehr hilfreich, denn auch hier sind Vergaben an Dritte die Regel transparent auf Basis von Leistungsbeschreibungen zu erteilen. Ebenso sind aus eigenem wirtschaftlichem Interesse und aus Fairness gegenüber dem Kunden Eignungs- und Zuschlagskriterien zu definieren und es ist der Vergabeprozess zu dokumentieren. Bei Festinstallationen wird basierend auf der Ausführungsplanung ausgeschrieben. Bei Events wird oft aus der Entwurfsplanung heraus die Leistungsbeschreibung erstellt und ausgeschrieben. Die Ausführungs- und Werksplanung erfolgen dann kleinteiliger verzahnt.

Eignungskriterien

Die Eignungskriterien müssen gemäß § 122 Abs. 4 GWB mit dem Auftragsgegenstand in Verbindung und zu diesem in einem angemessenen Verhältnis stehen. Vorrangig sind hier nach Verfahrensordnung Eigenerklärungen als Nachweis zu führen. Häufig wird die Eigenerklärung durch den Nachweis der technischen und beruflichen Leistungsfähigkeit auf Basis einer Referenzliste von in den letzten drei Jahren erbrachten Leistungen ergänzt. Der Nachteil ist dabei systemisch. Für Unternehmensneugründungen entsteht so eine Markteingangssperre. Dies kann durch Projekterfahrungen der mit der Leistungserstellung beauftragten Beschäftigten vermindert werden. Ebenso kann es nach § 122 Abs. 3 ein Präqualifizierungsverfahren geben. Dies beinhaltet eine generelle Bewertung und Eignungsprüfung durch eine am Vergabeverfahren nicht beteiligte Stelle.

Zuschlagskriterien

Die Definition von Zuschlagskriterien sollte auch bei privatwirtschaftlichen Angebotsanfragen, also ohne vergaberechtlichen Zwang, wohlüberlegt sein. Gemäß § 127 Abs. 1 GWB wird der Zuschlag auf das wirtschaftlichste Angebot erteilt. Wirtschaftlich bedeutet nicht das kostengünstigste Angebot, sondern dasjenige Angebot, das für die angefragte Leistung unter Maßgabe von zuvor definierten Zuschlagskriterien wie Qualität, Rechtskonformität, Zweckmäßigkeit, Zugänglichkeit oder Nachhaltigkeit als beste Lösung erscheint. Transparenz hier kann auch gegenüber dem Budget verwaltenden Kunden gute Argumente liefern, wieso bestimmte Leistungen ihren Preis haben. Häufig werden bei Ausschreibungen die Zuschlagskriterien in Anteile von Hundert gewichtet.

Leistungsbeschreibung

Eine fehlerhafte, ungenaue oder unklare Leistungsbeschreibung kostet Geld. Sie bedeutet in der Regel Mehrkosten durch Änderungsbedarf oder bringt sogar die Gefahr einer Fehl- oder Minderleistung mit sich. Die Leistungsbeschreibung muss daher eindeutig und erschöpfend sein. Ebenso sollte sie produkt- und herstellerneutral sein, soweit dies möglich ist. Abweichungen vom Gebot der Produktneutralität sind auch vergaberechtlich durchsetzbar, wenn sach- und auftragsbezogene Aspekte dies verlangen, wenn also am Markt für eine bestimmte Lösung eigentlich nur ein Hersteller bzw. Anbieter zur Verfügung steht. Aus Gründen der Fairness sollte eine Leistungsbeschreibung den Bietern auch keine unzumutbaren Risiken aufbürden. Was als ungewöhnliches Wagnis gilt, ist im Einzelfall zu klären. Schließlich steht dem Gebot der Nichtauferlegung von unzumutbaren Risiken die Vertragsfreiheit gegenüber, nach der ein Anbieter nach eigener wirtschaftlicher Risikobewertung handeln darf.

Dokumentationspflichten

Neben diesen Aspekten sollten die Dokumentationspflichten ebenfalls im Sinne des Vertragsmanagements berücksichtigt werden, um nachträgliche Kosten bzw. Mängel schon vor Beauftragung dokumentiert zu haben. Auch für Vergaben ohne Vergabepflicht sind folgende Mindestangaben gemäß § 8 Abs. 2 VgV (Vergabeverordnung) bzw. § 20 Abs. 2 VOB/A (Vergabe- und Vertragsordnung für Bauleistungen) und für oberschwellige Bauvergaben nach § 20 VOB/A-EU zu empfehlen:

- Name und Anschrift des Auftraggebers sowie Gegenstand und Wert des Auftrags bzw. der Rahmenvereinbarung
- Namen der berücksichtigten Bieter und Auswahlgründe
- Namen der nicht berücksichtigten Bieter und Ablehnungsgründe
- Gründe für die Ablehnung ungewöhnlich günstiger Angebote
- Name des erfolgreichen Bieters und Auswahlgründe.

Detailpläne werden in eine Bau- und Eventüberwachung nach Teil 2 LP 8 HOAI transferiert. Mit der bestätigten und beauftragten Werksplanung und deren Freigabe durch die Technische Fachplanung greift nun die Rolle der Technischen Leitung zur sicheren und ordentlichen Umsetzung der Aufbauten, der Inbetriebnahme, der Leistungsabnahme aller technischen Gewerke, Überwachung des Probenbetriebes und des Betriebes an sich: dem Event, der Show, der Installation. Zur Rolle und den Aufgaben der Technischen Leitung mehr in Kapitel 3. HOAI

2.3.2 Nachhaltigkeitsmanagement

Entsprechend den gängigen Modellen basiert eine ganzheitliche Betrachtung zur Nachhaltigkeit von Veranstaltungen auf dem ‚Drei-Säulen-Modell' aus sozialer, ökologischer und ökonomischer Nachhaltigkeit.

Die DIN ISO 20121 legt Anforderungen an ein nachhaltiges Veranstaltungsmanagementsystem für jegliche Art von Veranstaltung oder veranstaltungsbezogene Tätigkeiten fest und gibt dazu eine Anleitung zum Erfüllen dieser Anforderungen. Die internationale Norm unterstützt Organisationen dabei, ein nachhaltiges Veranstaltungsmanagementsystem einzuführen, zu verwirklichen, aufrechtzuerhalten und zu verbessern sowie die Einhaltung der erklärten Leitlinien zur nachhaltigen Entwicklung sicherzustellen und eine freiwillige Konformität mit dieser Internationalen Norm zu demonstrieren. Diese internationale Norm wurde gestaltet, um das Management einer verbesserten Nachhaltigkeit während des gesamten Zyklus des Veranstaltungsmanagements zu thematisieren[10]. In der Norm werden die Prozesse definiert und die Ver- DIN ISO 20121

10 DIN ISO 20121:2013-04

fahren beschrieben, wie eine Organisation nachhaltig Veranstaltungen planen und durchführen kann. Dazu werden nicht Indikatoren festgelegt, sondern der Weg hin zur Identifikation und Bewertung organisationsspezifischer Handlungsfelder beschrieben. Die Organisationen sind aufgefordert, eine Methodik zu entwickeln, um zu beurteilen, wie wichtig die direkten und indirekten Handlungsfelder sind und bei der Festlegung der Felder zu helfen, auf die sich die Organisation konzentriert. Die DIN ISO 20121 gewinnt durch die Möglichkeit einer ganzheitlichen Zertifizierung aller drei Säulen, im Gegensatz zur rein ökologischen Orientierung des EMAS (Eco Management Audit Scheme) und dem erklärten Branchenfokus an Bedeutung. Die DIN führt mit ausdrücklichem Verweis auf die DIN ISO 26000:2011-01 eine Liste von Handlungsfeldern auf:

- Zugänglichkeit
- Räumlichkeit
- Tierschutz
- Wettbewerbswidriges Verhalten
- Bestechung und Korruption
- Kommunikation
- Örtliches Gemeinwesen
- Arbeitsrichtlinien
- Zustand des Arbeits- und sozialen Schutzes
- Verbraucherverhalten
- Diskriminierung und gefährdete Gruppen
- Wirtschaftsleistung
- Wahl der Materialien
- Energie
- Essen und Getränke
- Gesundheit und Sicherheit am Arbeitsplatz
- Personalentwicklung und Schulung am Arbeitsplatz
- Illegale Drogen und Anti-Doping
- Indirekte wirtschaftliche Auswirkungen

- Marktauftritt
- Verhinderung der Nutzung verbotener Chemikalien
- Emissionsverminderung
- Artenvielfalt und Umweltschutz
- Ressourcenauslastung
- Sicherheitspraktiken
- Suchen und Beschaffen von Produkten und Dienstleistungen
- Transport und Logistik
- Wasser und Abwasserentsorgung
- Veranstaltungsorte
- Abfall
- Lärm.

DIN ISO 26000

Die DIN ISO 26000 bietet mit dem „Leitfaden zur gesellschaftlichen Verantwortung“ wesentliche Aspekte zur Betrachtung der sozialen Nachhaltigkeit für die Gesellschaft und zukünftige Generationen, die in der Technischen Fachplanung konkret berücksichtigt werden können. So können wesentliche Unternehmenskenngrößen im Rahmen des Ausschreibungsverfahren zu den technischen und organisatorischen Aspekten hinzugezogen werden:

- Wahrung der Menschenrechte in allen Geschäftspraktiken und -beziehungen.
- Fair bezahlte, sichere und umweltschonende Arbeits-, Betriebs- und Geschäftspraktiken
- Beachtung des Umweltschutzes.

Dies impliziert auch die Verantwortung eines Errichters zur Einhaltung dieser Werte durch alle Nachunternehmer. Zur sozialen Nachhaltigkeit gehört aber auch die gesellschaftliche Verantwortung des Veranstalters/Auftraggebers sich dieser zu stellen und umzusetzen. Die **ökologische Nachhaltigkeit** betrachtet im Wesentlichen die Auswirkung aller Maßnahmen und Realisierungen auf die natürliche Umwelt:

- Umweltschutz mit dem Erhalt der biologischen Vielfalt durch Begrenzung der Emissionen
- Schutz und Verbrauchssenkung von natürlichen Ressourcen
- Senkung des Energieverbrauchs.

Ökonomische Nachhaltigkeit (Wertschöpfung von Events)

Aufgrund ihrer besonderen Rolle und Verantwortung zur Umsetzung von kreativen Ideen zu technischen Installation über einen langen Planungsprozess, fällt der Technischen Fachplanung zukünftig verstärkter die Aufgabe zur Verbesserung der Nachhaltigkeit der Veranstaltung in der Planung zu. Im Wesentlichen wird hier die ökologische Auswirkung betrachtet, um Ressourcen zu schonen und den ‚Footprint der Veranstaltung' so gering wie möglich ausfallen zu lassen. Aber nur im Zusammenspiel von sozialer Akzeptanz bei den Auftraggebern und ausführenden Firmen, dies als wichtige Maßnahmenpakete einer Planung mitführen zu lassen, können entsprechende technische Lösungen ökologisch optimiert werden. Dies muss zusätzlich im ökonomischen (meist finanziellen) Einklang geschehen.

Ein Impuls für die Umsetzung der Nachhaltigkeit in der Planung bietet hier die ‚WINN-Strategie'[11]:

- Weniger: Unabhängig von der Optimierung und Effizienzsteigerung eines Produktes soll weniger Material zum Einsatz kommen. Mithilfe von Standardisierungen und Optimierungen der Systeme kommen weniger Geräte (z. B. Leuchten) zum Einsatz, um den nahezu gleichen Effekt zu erzeugen.
- Intelligent: Die gesamte Wertschöpfungskette des Projektes soll in allen Bereichen der Veranstaltungstechnik optimiert werden.
- Nahe: Naheliegende, unkomplizierte Transport- und Bearbeitungsschritte sollen komplexen Lösungen vorgezogen werden.
- Natürlich: ‚Natürliche' Grundprinzipien wie die Beachtung eines ganzheitlichen Ansatzes der Nachhaltigkeit sollen eingehalten werden.

11 Holzbaur 2020: 198f.

Im Planungsprozess erfolgt die Konkretisierung zu den Auswirkungen und Steuerungsmöglichkeiten zur Nachhaltigkeit in den jeweiligen Phasen der Planung. So sind erste Abschätzungen in der Vorplanung und Entwurfsplanung bereits möglich. Entscheidende Parameter zur Verbesserung der Nachhaltigkeit werden als zusätzliche Anforderung, basierend auf der Ausführungsplanung im Leistungsverzeichnis, verbindlich fixiert. Bei der Angebotsabfrage können diese Parameter neben Qualität und Preisgestaltung mit ausgewertet werden. Für große Produktionen können entsprechende Audits mit der Angebotsanfrage verbindlich durchgeführt werden, bei der sich die anbietenden Unternehmen zu den vorher festgelegten Nachhaltigkeitswerten und -zielen äußern müssen. Im weiteren Projektverlauf sind diese Parameter weiter nachzuverfolgen und bei Beendigung des Projektes in einem Abschlussbericht transparent darzulegen.

Erfolgsfaktoren nachhaltiger Planung von Events

Die Praxis zeigt, dass es drei wesentliche Erfolgsfaktoren zu einer nachhaltigen Betrachtung von Events gibt:

- Erstens, eine Veranstaltung wird nur dann nachhaltig umgesetzt werden, wenn sowohl der Auftraggeber als auch die Auftragnehmer bereit sind, sich dem Thema anzunehmen. Neben der gesellschaftlichen Verpflichtung muss dies in der Beauftragungskette ebenso definiert sein.
- Zweitens, die Wahl des Veranstaltungsortes und dessen Grundausstattungen sowie Umfeld hat einen maßgeblichen Einfluss auf die Möglichkeiten, eine Veranstaltung nachhaltig umzusetzen.
- Drittens, die Energiebeschaffung und das Energiemanagement. Für jeden Einsatz von Veranstaltungstechnik wird Strom benötigt. Hier sind Optimierungen auch am einfachsten über Messungen nachzuverfolgen und über sog. CO2-Rechner in Verhältnis zur Auswirkung auf die Umwelt zu bewerten.

Zusammenfassung

Relevante Handlungsfelder einer nachhaltigen Technischen Fachplanung sind:

- Reduktion des Energieverbrauchs durch den Einsatz von energieeffizienten Strom- und Wasserverbrauchern sowie deren optimierter Betriebseinsatz

- Wiederverwendbarkeit von Equipment und standardisierten Baugruppen (Mieteinsatz) sowie die Betrachtung der Recycling-Prozesse
- Reduktion von Transporten des Equipments
- Reduktion von Reisetätigkeiten im Planungsprozess, wie in der Realisierungsphase
- Betrachtung des CO2-Abdrucks einer Veranstaltung, um das Bewusstsein zur verantwortungsvollen Umsetzung zu schärfen und Maßnahmen nach ihrer Wirkung und ggf. Kosten besser bewerten zu können.

2.3.3 Projektmanagement

Zielerreichung und Termineinhaltung haben einen wichtigen Einfluss auf die Ablauforganisation bei der Planung und Durchführung von Veranstaltungen. Die gängige Form der Veranstaltungsplanung und damit der Technischen Fachplanung ist daher das auftragsorientierte Projektgeschäft, das sich durch organisatorische Rahmenbedingungen wie einen geringen Formalisierungsgrad und die Arbeit im Team bedingt. Als auftragsorientiertes Projektgeschäft wird in diesem Zusammenhang die terminorientierte Erstellung von Leistungen im Kundenauftrag verstanden. Ein Projekt wird laut DIN-Norm[12] als ein Vorhaben bezeichnet, das im Wesentlichen durch seine Einmaligkeit der Bedingungen in ihrer Gesamtheit gekennzeichnet ist.

Aufgabenfelder des Projektmanagements

Projektmanagement bedeutet die Gesamtheit von Führungsaufgaben, -organisation, -techniken und -mitteln für die Initiierung, Definition, Planung, Steuerung und den Abschluss von Projekten verstanden werden[13]. Zwei unterschiedliche Aufgabenfelder des Projektmanagements lassen sich aus dieser Definition ableiten. Projektmanagement meint zunächst die Entwicklung eines Leitungskonzeptes, das die Projektleitung dabei unterstützt, die zur Projektdurchführung notwendigen Aufgaben zu definieren und die zur Aufgabenlösung notwendigen Methoden zur Verfügung stellt. Des Weiteren aber ist mit Projektmanagement auch die Organisationsform gemeint, durch die das Projekt in das Unterneh-

12 DIN 69901-1:2009-01

13 DIN 69901-5:2009-01

men optimal eingegliedert wird. Aufgaben des Projektmanagements ergeben sich aus dem Verständnis der DIN-Norm:

- Umsetzung strategischer und operativer Konzepte vom Unternehmen. Veranschaulichung der Projektziele und des Zeitrahmens bei der Projektplanung
- Messung des Aufwands durch geeignete Instrumente und Gewährleistung von Optimierungspotenzial
- Risikoanalysen für die technischen, wirtschaftlichen und ablauforganisatorischen Lösungen
- Aktuelle Kommunikation zwischen den Teilnehmern innerhalb des Projekts und eine Darstellung über den Projektstatus
- Steuerung und Koordination sämtlicher technischen Maßnahmen
- Informationsweitergabe an extern mitwirkende Institutionen und Organisationen
- Effektive Nutzung sämtlicher zur Verfügung stehender Ressourcen
- Darstellung von Erfahrungen aus früheren bzw. aktuellen Projekten.

Die Aufteilung eines Vorhabens in logische und chronologische Zeitabschnitte, die sequenziell aufeinanderfolgen oder die iterative Annäherung an eine Lösung beschreiben und Zwischenschritte zur Ausführung der Projektaufgabe dokumentieren, bildet die terminorientierte Grundlage eines Projektmanagements der Technischen Fachplanung. Die Aufteilung in Phasen ist so einer der wichtigsten ersten Schritte der Projektplanung. Zum Abschluss jeder Phase ist ein Meilenstein einzuplanen. Das Phasenmodell der DIN-Norm führt fünf Phasen auf. Diese sind Initialisierung, Definition, Planung, Steuerung und Abschluss.

Fünf Phasenmodell

Die Initialisierungsphase umfasst den zeitlichen Abschnitt von der Projektidee zum formulierten Projektauftrag. Hier werden die Verantwortlichkeiten definiert und die ersten Organisationsabläufe skizziert. In der Definitionsphase kann der Projektauftrag durch Festlegung der formalen und inhaltlichen Rahmenbedingungen genauer beschrieben werden. Hier werden die Ziele festgelegt, und der Projektumfang durch die Beschreibung der Grobstruktur genauer festgelegt. In der Planungsphase müssen die allgemeinen Vorgaben der Definitionsphase in konkrete Pläne umgesetzt werden. In dieser Phase wird der Projektstrukturplan mit einer Festlegung der Arbeitspakete aufgestellt, woraus sich dann genauere Aufwands- und Kostenplanungen ergeben, die durch eine gleichzeitige Risikokontrolle überprüft werden. Ablauf- und Terminpläne werden entwickelt und die ersten Verträge mit Lieferanten werden abgeschlossen. Die Steuerungsphase bedeutet, das Projekt auf Basis der Pläne zu den definierten Zielen zu führen. Das Berichtswesen und weitere Werkzeuge und Methoden des Projektcontrollings spielen hier eine besondere Rolle. Die Abschlussphase beinhaltet die nachvollziehbare und definierte Beendigung und Auswertung des Projekts. Hierfür ist eine ordentliche Dokumentation, der Wissenstransfer und die soziale Seite der Mitarbeiterführung in besonderem Maße zu beachten.

Prozesse im Projekt

In der Arbeit der Technischen Fachplanung sind viele Prozesse wiederholend und bilden eine beschreibbare Reihenfolge von Arbeitspaketen. Daher ist die Auflösung von Gesamtaufgaben in Prozessen des Projektmanagements hier zielführend. Die DIN 69901-2:2009-01 beschreibt insgesamt 59 Prozesse in Projekten untergliedert in elf Projektuntergruppen, die als Aufgabenbereiche zu verstehen sind und verteilt auf die fünf Projektmanagementphasen: Initialisierung (I), Definition (D), Planung (P), Steuerung (S) und Abschluss (A).

1. Ablauf und Termine: D.1.1 Meilensteine definieren; P.1.1 Vorgänge planen; P.1.2 Terminplan erstellen; P.1.3 Projektplan erstellen; S.1.1 Vorgänge anstoßen; S.1.2 Termine steuern
2. Änderungen: P.2.1 Umgang mit Änderungen planen; S.2.1 Änderungen steuern
3. Information/Kommunikation/Dokumentation: I.3.1 Freigabe erteilen; D.3.1 Information, Kommunikation und Berichtswesen festlegen; D.3.2 Projektmarketing definieren; D.3.3 Freigabe erteilen; P.3.1 Information, Kommunikation, Berichtswesen und Dokumentation planen; P.3.2 Freigabe erteilen; S.3.1 Information, Kommunikation, Berichtswesen und Dokumentation steuern; S.3.2 Abnahme erteilen; A.3.1 Projektabschlussbericht erstellen; A.3.2 Projektdokumentation archivieren

4. Kosten und Finanzen: D.4.1 Aufwände grob schätzen; P.4.1 Kosten- und Finanzmittelplan erstellen; S.4.1 Kosten und Finanzmittel steuern; A.4.1 Nachkalkulation erstellen
5. Organisation: I.5.1 Zuständigkeit klären; I.5.2 PM Prozesse auswählen; D.5.1 Projektkernteam bilden; P.5.1 Projektorganisation planen; S.5.1 Kick-off durchführen; S.5.2 Projektteam bilden; S.5.3 Projektteam entwickeln; A.5.1 Abschlussbesprechung durchführen; A.5.2 Leistungen würdigen; A.5.3 Projektorganisation auflösen
6. Qualität: D.6.1 Erfolgskriterien definieren; P.6.1 Qualitätssicherung planen; S.6.1 Qualität sichern; A.6.1 Projekterfahrungen sichern
7. Ressourcen: P.7.1 Ressourcenplan erstellen; S.7.1 Ressourcen steuern; A.7.1 Ressourcen rückführen
8. Risiko: D.8.1 Umgang mit Risiken festlegen; D.8.2 Projektumfeld/Stakeholder analysieren; D.8.3 Machbarkeit bewerten; P.8.1 Risiken analysieren; P.8.2 Gegenmaßnahmen zu Risiken planen; S.8.1 Risiken steuern
9. Projektstruktur: D.9.1 Grobstruktur erstellen; P.9.1 Projektstrukturplan erstellen; P.9.2 Arbeitspakete beschreiben; P.9.3 Vorgänge beschreiben
10. Verträge und Nachforderungen: D.10.1 Umgang mit Verträgen definieren; D.10.2 Vertragsinhalte mit Kunden festlegen; P.10.1 Vertragsinhalte mit Lieferanten festlegen; S.10.1 Verträge mit Kunden und Lieferanten abwickeln; S.10.2 Nachforderungen steuern; A.10.1 Verträge beenden
11. Ziele: I.11.1 Ziele skizzieren; D.11.1 Ziele definieren; D.11.2 Projektinhalte abgrenzen; S.11.1 Zielerreichung steuern

Tabelle 2: Übersicht Projektphasen und Prozesse gemäß Kapitel 4.2 DIN 69901-2:2009-01

Aufgaben-bereiche/Phasen	Initialisierung	Definition	Planung	Steuerung	Abschluss
Ablauf und Termine		D.1.1 Meilensteine definieren	P.1.1 Vorgänge planen; P.1.2 Terminplan erstellen P.1.3 Projektplan erstellen;	S.1.1 Vorgänge anstoßen; S.1.2 Termine steuern	
Änderungen			P.2.1 Umgang mit Änderungen planen	S.2.1 Änderungen steuern	
Information/ Kommunikation/ Dokumentation	I.3.1 Freigabe erteilen	D.3.1 Information, Kommunikation und Berichtswesen festlegen; D.3.2 Projektmarketing definieren; D.3.3 Freigabe erteilen	P.3.2 Freigabe erteilen	S.3.1 Information, Kommunikation, Berichtswesen und Dokumentation steuern; S.3.2 Abnahme erteilen	A.3.1 Projektabschlussbericht erstellen; A.3.2 Projektdokumentation archivieren
Kosten und Finanzen		D.4.1 Aufwände grob schätzen	P.4.1 Kosten- und Finanzmittelplan erstellen	S.4.1 Kosten und Finanzmittel steuern	A.4.1 Nachkalkulation erstellen

Aufgaben-bereiche/Phasen	Initialisierung	Definition	Planung	Steuerung	Abschluss
Organisation	I.5.1 Zuständigkeit klären; I.5.2 PM Prozesse auswählen	D.5.1 Projektkernteam bilden; P.5.1 Projektorganisation planen	P.5.1 Projektorganisation planen	S.5.1 Kick-off durchführen; S.5.2 Projektteam bilden; S.5.3 Projektteam entwickeln	A.5.1 Abschlussbesprechung durchführen; A.5.2 Leistungen würdigen; A.5.3 Projektorganisation auflösen
Qualität		D.6.1 Erfolgskriterien definieren	P.6.1 Qualitätssicherung planen	S.6.1 Qualität sichern	A.6.1 Projekterfahrungen sichern
Ressourcen			P.7.1 Ressourcenplan erstellen	S.7.1 Ressourcen steuern	A.7.1 Ressourcen rückführen
Risiko		D.8.1 Umgang mit Risiken festlegen; D.8.2 Projektumfeld/Stakeholder analysieren; D.8.3 Machbarkeit bewerten	P.8.1 Risiken analysieren; P.8.2 Gegenmaßnahmen zu Risiken planen	S.8.1 Risiken steuern	

Aufgaben-bereiche/Phasen	Initialisierung	Definition	Planung	Steuerung	Abschluss
Projektstruktur		D.9.1 Grobstruktur erstellen	P.9.1 Projektstrukturplan erstellen; P.9.2 Arbeitspakete beschreiben; P.9.3 Vorgänge beschreiben		
Verträge und Nachforderungen		D.10.1 Umgang mit Verträgen definieren; D.10.2 Vertragsinhalte mit Kunden festlegen	P.10.1 Vertragsinhalte mit Lieferanten festlegen	S.10.1 Verträge mit Kunden und Lieferanten abwickeln; S.10.2 Nachforderungen steuern	A.10.1 Verträge beenden
Ziele	I.11.1 Ziele skizzieren	D.11.1 Ziele definieren; D.11.2 Projektinhalte abgrenzen		S.11.1 Zielerreichung steuern	

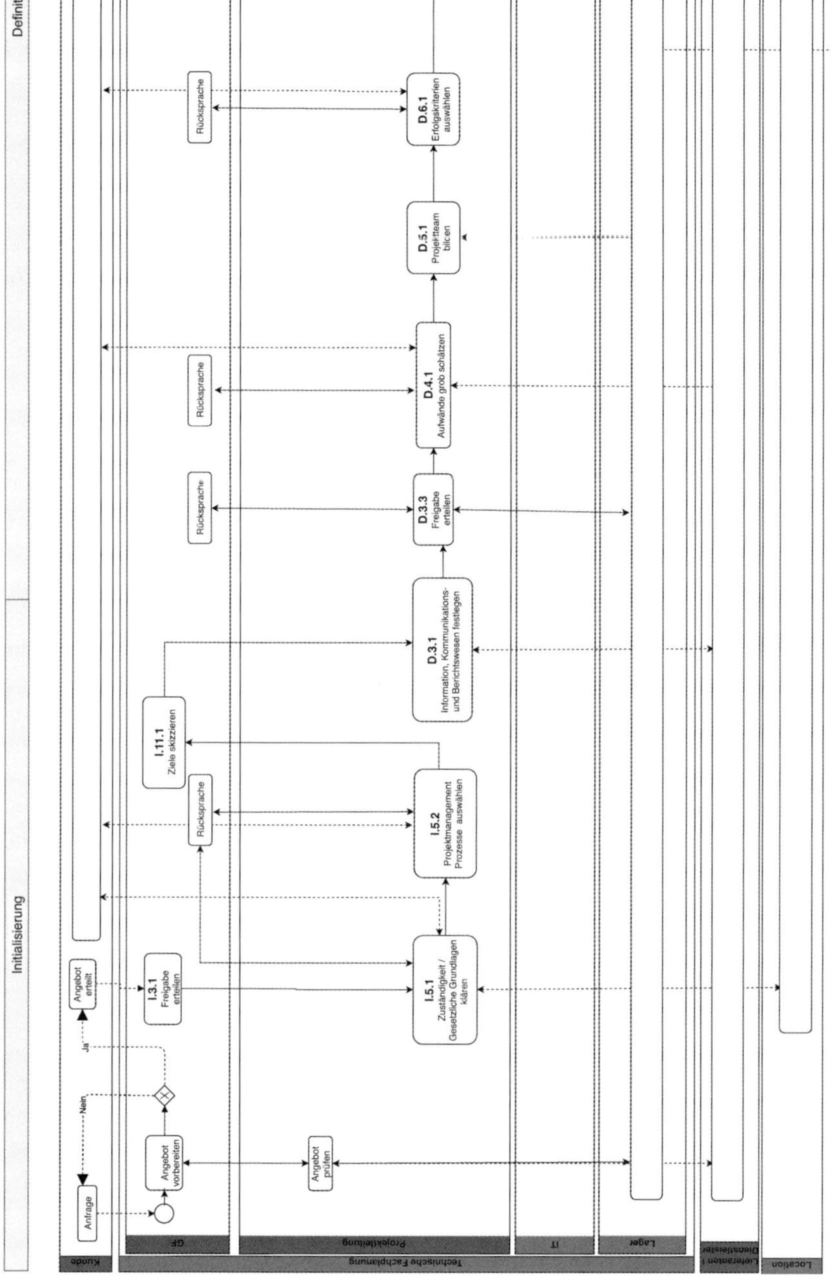

Bild 5: Ausschnitt aus einem Prozessdiagramm

2.3.4 Veranstaltungslogistik

Projektzeitpläne und Bauzeitenpläne

In Anlehnung an die DIN 69901:2009-01 „Projektmanagement – Projektmanagementsysteme" kommen in der Technischen Fachplanung meist komprimiert Projektzeitpläne und Bauzeitenpläne für alle an der Produktion beteiligten Gewerke zum Einsatz. Hierbei ist es wichtig, die beeinflussenden Arbeitsschritte in Übersichten zusammenzustellen, um eine Steuerung der Gesamtabläufe zu ermöglichen. Detailabläufe innerhalb der einzelnen Gewerke mit den Arbeitsschritten zur Errichtung sind den Teilprojektleitern zu überlassen.

Im Rahmen der Gesamtlogistik tragen Personal- und Materialeinsatz sowie die optimierten Abfolgen der Einzelleistungen zur Errichtung der Produktion maßgeblich zum Erfolg bei. Dazu dient im Gesamtprojekt die zeitliche Eingliederung aller Prozesse im Projektzeitplan für alle Beteiligte.

Da die Errichtung vor Ort meist in kleinen Zeitfenstern unter Betrachtung optimierter Prozesse des Material- und Personaleinsatzes erfolgt, ist die Abfolge der Arbeiten im Bauzeitenplan gesondert auszuweisen. Während im Projektzeitplan die wichtigsten Meilensteine aufgeführt sind, beschreibt der Bauzeitenplan die zeitliche Abfolge aller korrespondierenden Tätigkeiten und deren Fertigstellung. Insbesondere aufeinanderfolgende Arbeiten sowie Arbeiten am gleichen Ort/Objekt sind zu berücksichtigen und im Vorfeld der Planung mit den beteiligten Gewerken abzustimmen, um Konsens zu erzielen. Der Bauzeitenplan soll die termintreue Inbetriebnahme der technischen Anlagen und Geräte und damit die termingerechte Durchführung der Veranstaltung gewährleisten und frühzeitig Abweichungen erkennen, um Gegenmaßnahmen einzuleiten.

2.3.5 Inbetriebnahme und Abnahme

Leistungsstandfeststellung

Auf Basis der Bauzeitenplanung begleitet und steuert die Technische Leitung die Aufbauten, um frühzeitig terminliche Abweichungen in der Fertigstellung und mögliche Fehlfunktionen zu erkennen und zu beheben. Im nächsten Schritt erfolgt die Inbetriebnahme aller Einzelsysteme anhand der Spezifikation der Technischen Fachplanung und der gültigen Leistungsaufstellung mit einem detaillierten Funktions-Check. Nach Inbetriebnahme aller Einzelsysteme, einem Volllasttest bzw. Stresstest sowie der Havarie- und Back-up-Tests erfolgt der Gesamtsystemtest im Rahmen der technischen Proben. Fehlfunktion und/oder fehlende Leistungen werden im Mängelprotokoll schriftlich festgehalten – mit einer Frist zur Nachbesserung. Damit korrespondierend erfolgt die finale Leistungsstandfeststellung. Leistungsstand bedeutet die Kostenfeststellung und spätere Abrechnung.

Die erfolgreiche Planung und Errichtung des Gesamtsystems durch die Technische Leitung erfolgt mit der formalen Übergabe des Systems an den Veranstalter (inkl. Haftungsanspruch und Betriebsverantwortung).

2.4 Produktion und Qualität

Anforderungen an Auftragnehmer

Die DIN 15750:2013-04 nennt einige allgemeine Anforderungen an Auftragnehmer in der Veranstaltungstechnik, die sich auf die Technische Fachplanung übertragen lassen (Abschnitt 4.3 DIN 15750).

- Sicherstellung des beauftragten Leistungsumfangs sowie deren termingerechte Durchführung
- Einhaltung der gesetzlichen Vorschriften, Bestimmungen der gesetzlichen Unfallversicherungsträger sowie die anerkannten Regeln der Technik, insbesondere für die eingesetzten Arbeitsmittel und Personal, einhält. Dazu gehören auch die notwendige Dokumentation und Nachweise.
- Leitung und Aufsicht der Ausführung der Leistungen durch eine zuverlässige und fachkundige Person. Eine fachkundige Person kann die fachliche Qualifikation für die ordnungsgemäße Wahrnehmung der übertragenen verantwortlichen Aufgaben nachweisen (§ 13 Abs. 2 ArbSchG) oder über einschlägiges Fachwissen und die praktische Erfahrung verfügen, um die ihnen obliegenden Aufgaben sachgerecht auszuführen[14].
- Fachkundig also ist, wer zur Ausübung einer bestimmten Aufgabe über die erforderlichen Fachkenntnisse verfügt. Die Anforderungen an die Fachkunde sind abhängig von der jeweiligen Art der Aufgabe. Zu den Anforderungen zählen eine entsprechende Berufsausbildung, Berufserfahrung oder eine

14 DGUV R 100-001

zeitnah ausgeübte entsprechende berufliche Tätigkeit. Die Fachkenntnisse sind durch Teilnahme an Schulungen auf aktuellem Stand zu halten (§ 2 Abs. 5 BetrSichV). Damit reicht zum Nachweis eine nachweisbare Qualifikation nicht aus, sie muss durch Erfahrung ergänzt und durch regelmäßige Schulungen aktuell gehalten werden.

Leistungsbeschreibung

Die DGUV V 215-310 ergänzt in Kapitel 2.2 die Art der Leistungsbeschreibung um weitere Merkmale:

- Organisatorische und zeitliche Rahmenbedingungen
- Örtliche Voraussetzungen
- Erforderliche Arbeitsmittel, Einrichtungen
- Persönliche Schutzausrüstungen und deren Bereitstellung sowie deren Benutzung
- Besondere Anforderungen der Betriebssicherheit von Arbeitsmitteln und Einrichtungen
- Erforderliche Materialeigenschaften – zum Beispiel Brandschutz, Witterungsbeständigkeit, Transportfähigkeit
- Gegebenenfalls besondere Kompetenzen und Fachkunde des Personals
- Informationspflichten bezüglich Gefährdungen durch eingebrachte Leistungen und Produkte
- Erforderliche Abstimmungen und Koordination der Leistungen mit anderen Beteiligten
- Erforderliche Dokumentationen – Statik, Anleitungen für Auf-, Um- und Abbau, Materialnachweise, Gastspielprüfbuch
- Umfang und Nachweis über Unfallversicherung, Sachversicherung und Haftpflichtversicherung
- Zulässigkeit von Subunternehmen und Solo-Selbstständigen.
- Nachweis der Fachkunde, Leistungsfähigkeit und Zuverlässigkeit müssen durch den Auftragnehmer erbracht werden (siehe hierzu auch Ausbildung in Kapitel 2.2).
- Vertraulicher Umgang mit sämtlichen vom Auftraggeber erhaltenen Informationen und die Notwendigkeit diese Verpflichtung auch im Rahmen ihrer Vertragserfüllung eingeschalteten Dritten aufzuerlegen.

Exkurs

Stand der Technik

Gemäß § 2 Abs. 10 BetrSichV beschreibt der Stand der Technik den Entwicklungsstand fortschrittlicher Verfahren, Einrichtungen oder Betriebsweisen, der die praktische Eignung einer Maßnahme oder Vorgehensweise zum Schutz der Gesundheit und zur Sicherheit der Beschäftigten oder anderer Personen gesichert erscheinen lässt. Bei der Bestimmung des Stands der Technik sind insbesondere vergleichbare Verfahren, Einrichtungen oder Betriebsweisen heranzuziehen, die mit Erfolg in der Praxis erprobt worden sind. Der Stand der Technik meint also ein für Fachleute verfügbares Wissen um Techniken, Methoden, Materialien oder Prozesse, das wissenschaftlich begründet ist, praktisch erprobt und sich auch in der Praxis bereits ausreichend und nachweisbar z. B. durch Fachartikel oder Studien bewährt hat. Der Stand von Wissenschaft und Technik meint den neuesten Stand wissenschaftlicher und technischer Erkenntnisse, die zwar allgemein zugänglich sind und sich auch technisch als durchführbar erwiesen haben, die aber ohne praktische Bewährung sind. Die anerkannten Regeln der Technik hingegen sind durch DIN-Normen, VDI-Richtlinien, Unfallverhütungs- oder VDE-Vorschriften bestätigte, von der Mehrheit der Fachleute anerkannte und ausreichend bewährte Regeln zum Lösen technischer Aufgaben.

- Der Bieter ist anhand der Anfrage verpflichtet, zu prüfen, ob er sowohl die geeigneten Arbeitsmittel und Einrichtungen als auch die befähigten Personen termingerecht zur Ausführung des Auftrags zur Verfügung stellen kann.
- Hinweispflicht, wenn die Technische Fachplanung die gewünschte Leistung aus sicherheitstechnischen oder technischen Gründen für nicht realisierbar hält.
- Hinweispflicht, wenn die Technische Fachplanung beabsichtigt, Subunternehmer oder selbstständige Einzelunternehmer einzusetzen. Bei Einsatz von Solo-Selbstständigen ist der Nachweis über Krankenversicherung, Unfallversicherung, Haftpflichtversicherung, Bescheinigung des Finanzamtes über die Unternehmereigenschaft, berufliche Qualifikation zu dokumentieren und bei Bedarf nachzuweisen.

Aufgaben der Qualitätssicherung

Die **Aufgaben der Qualitätssicherung** im Sinne des Projektmanagements kann aus dem Leistungsbild Projektmanagement[15] und aus dem Leistungsbild Projektcontrolling[16] entnommen werden.

Projektvorbereitung

- Erstellen und Abstimmen eines Nutzerbedarfsprogramms
- Analysieren und Bewerten der Vergabe- und Vertragsstruktur für das Projekt, Aufzeigen von Lücken und Problembereichen

Planung

- Überprüfung der Planungsergebnisse auf Konformität mit den vorgegebenen Zielen
- Analysieren und Bewerten des erreichten Planungsstandes einschließlich Genehmigungsverfahren
- Analysieren und Bewerten der Terminsteuerung in den verschiedenen Projektebenen
- Analysieren und Bewerten der Funktionsfähigkeit der projektspezifischen Kostenverfolgung sowie der Kostensteuerung
- Analysieren und Bewerten des Vertragsmanagements in Planung und Ausführung sowie des partnerschaftlichen Ansatzes zwischen den Parteien

Ausführungsvorbereitung

- Überprüfen der unmittelbaren und mittelbaren Auswirkungen von Nebenangeboten
- Mitwirken bei den erforderlichen Bemusterungen
- Analysieren und Bewerten des erreichten Planungs- und Genehmigungsstandes
- Fortschreiben der Kontrolle der Termin- und Kostenziele
- Analysieren und Bewerten der Inbetriebnahmevorbereitungen

Ausführung

- Kontrollieren der Objektüberwachung

15 AHO 2020

16 AHO 2018

- Analysieren und Bewerten des vorgesehenen Abnahmeprocedere (Mängelerfassung, Mängelbeseitigung etc. Ein Mangel liegt vor, wenn die Leistung eines Auftragnehmers nicht die zugesicherten Eigenschaften hat, nicht den anerkannten Regeln der Technik entspricht oder mit Fehlern behaftet ist, die den Wert oder die Funktionsfähigkeit zu dem gewöhnlichen oder nach dem Vertrag vorausgesetzten Gebrauch aufheben oder mindern (§ 633 Abs. 2 BGB; § 13 Abs. 1 VOB/B).

Qualitätssicherung in der Praxis

Der Technischen Fachplanung stehen im Projektverlauf sechs wesentliche Prozesse aufeinander aufbauender Bausteine zur Steuerung der Systemumsetzung einer Veranstaltung im Sinne einer neutralen Qualitätsdefinition, -bewertung und deren Überwachung zur Umsetzung zur Verfügung.

Definitionsphase

Grundlage für eine qualitätsvolle Veranstaltung ist die Definition aller Rahmenbedingungen zu Beginn des Projektes, an der sich das Ergebnis, also das Event, messen lässt. Da der Initiator eines Projektes wichtige primäre und sekundäre Ziele verfolgt, ist es entscheidend, diese in der Definitionsphase (angelegt an die Leistungsphase 1 und 2 der HOAI) exakt zu benennen und zu fixieren. Dies Erfolgsfaktoren sind dann entscheidende Messgrößen in der Bewertung des durchgeführten Events. Für die Technische Fachplanung sind dies im Besonderen die Anforderung an das System gemäß dem Veranstaltungskonzept und dem Betrieb mit einem Budgetrahmen zum Start des Projektes.

In den Planungsprozessen der Entwurfs-, Genehmigungs- und Ausführungsplanung (Leistungsphasen 3–5) erfolgt die Festlegung der Qualitätsmerkmale des Gesamtsystems auf Basis der Funktionsbeschreibung und Blockschaltbilder. Parallel dazu werden alle einzelnen Komponenten im Lastenheft jeweils beschrieben und somit auch hier die Mindestqualität für eine Hersteller- und Lieferantenneutrale Anfrage definiert. Somit stellt das Leistungsverzeichnis auch ein Qualitätsverzeichnis als Ergebnis der Ausführungsplanung dar.

Leistungsphasen

Mit der Beauftragung eines Errichters, Lieferanten bzw. Integrators durch die Beauftragung (Leistungsphasen 6 und 7) erfolgt die – auch in der HOAI am höchsten – gewichtete Phase der Umsetzung (Leistungsphase 8) bzw. Bauüberwachung in Vorbereitung und Installation vor Ort. In dem Prozess erfolgt die Überführung der Planung in die Werks- und Montageplanung. Da nun über die final zum Einsatz kommenden technischen Komponenten und Systemzusammenstellungen entschieden wird, ist der Prozess strukturiert zu begleiten. Am Ende der Transformation der Planung zu einer konkreten Realisierung, bei der Substitutionen und letzte Änderungen eingeflossen sind, , wird somit auch die Qualität aller Einzelsysteme festgelegt. Besonders in der Festinstallation, bei der die Systemkomponenten nur nach Beauftragung und gemäß erforderlichen baulichen Schnittstellen hin angeschafft werden, sind Änderungen an der Funktion aber auch der Qualität nur mit einem sehr hohen Aufwand umzusetzen. Die Anerkennung der Werksplanung ist somit die letzte Stufe zur Gewährleistung der Qualität, bevor das Projekt in die wesentliche Phase der Errichtung bzw. Installation tritt.

Im zweiten Teil der Bauüberwachung, dem Aufbau aller baulichen und technischen Komponenten zu einem erfolgreichen Veranstaltungssystem müssen zwei Aufgaben nachgekommen werden. Die Technische Leitung gewährleistet per Rollendefinition die Schaffung aller notwendigen Rahmenbedingungen zum sicheren und effizienten Aufbau. Die Technische Fachplanung überwacht die Installation und Inbetriebnahme aller Einzelkomponenten gemäß Werksplanung, basierend auf der Funktionsplanung. So ergibt es auf größeren Produktionen Sinn, die beiden Aufgaben der TFP und der TL personell zu trennen.

Abschließend erfolgt die Funktions- und Leistungserbringungsfeststellung im Abnahmeprotokoll durch die Technische Fachplanung. Somit ist auch die Qualität des technischen Systems gegenüber der Qualitätsanforderung des Kunden/Auftraggebers/Veranstalters nachvollziehbar dokumentiert.

Änderung in einer frühen Phase sind leichter zu verarbeiten. Änderungen in den folgenden Phasen steigern den Aufwand um ein Vielfaches, da zwangsläufig frühere Planungsschritte verloren sind und wiederholt werden müssen. Modifikationen vor Ort sind in der Regel mit dem höchsten Aufwand verbunden, um Qualität weiterhin zu gewährleisten.

2.5 Schnittstellenmanagement

Komplexe Projekte mit einem hohen Innovationsgrad aufgrund des Prototypenstatus benötigen in der Realisierung eine Vielzahl von verschachtelten und korrespondierenden Gewerken, Rollen, Aufgaben und Abläufen mit entsprechenden Schnittstellen zueinander.

- Projektorganigramme definieren die Rollenverteilung und dienen der Übersicht für eine klare Zuordnung von Aufgaben, Rollenverteilungen und Kommunikationsstrukturen.
- Projektzeitpläne definieren wichtige Prozesse, die aufeinander aufbauen zur sicheren Umsetzung.

Schnittstellenplanung und Schnittstellensteuerung

Eine der wichtigsten Aufgaben des Projektmanagements sind die Schnittstellenplanung und Schnittstellensteuerung sowie deren eindeutige Verantwortlichkeit im Projekt. Schnittstellen können als Verbindungs- bzw. Übergangsstelle zwischen zwei Bereichen beschrieben werden. Schnittstellenmanagement beschreibt dann den Übergang an der Grenze zwischen zwei zu verbindenden Einheiten und die Definitionen von Regeln für die Übergabe von Information und/oder Material von einer Einheit zu einer anderen einzelnen oder einer ganzen Reihe von Einheiten, wie die einzelnen Aufgaben bei Aufbau einer Veranstaltung. Als Einheiten können Aufgaben, Tätigkeiten, Verantwortlichkeiten oder Zuständigkeiten der am Projekt Beteiligten gemeint sein.

Kommunikationsebene

Bei Projekten lassen sich drei Systemebenen der Kommunikation identifizieren – Unternehmensebene, Projektebene und Kommunikationsebene. Auf der Unternehmensebene werden strategische Ziele definiert, die Rahmenbedingungen für die einzelnen Veranstaltungen bilden, wie z. B. die ökonomische Bedeutung der Veranstaltung für das Gesamtunternehmen. Auf der Projektebene werden Abläufe geplant und deren Umsetzung kommunikativ begleitet, hier sind in der Technischen Fachplanung die einzelnen Gewerke, die Dienstleister, Projektbeteiligte wie Architekten, Agentur sowie Nachunternehmer zu fassen. Auf der Kommunikationsebene sind die unterschiedlichen Gesprächskulturen und das Verhalten von Beteiligten, wie z. B. der individuelle Umgang mit persönlichen Informationen zu betrachten. Informationen müssen in unterschiedlichen Planungsphasen und für die unterschiedlichen Akteure in einer Form aufbereitet sein, dass sie den jeweiligen Interessenten auch erreichen. Während die Technische Leitung die Übersicht behalten muss, braucht die Technische Fachplanung die Detailpläne, um die Ausführungsarbeiten kontrollieren zu können. Für die Aufbereitung von Informationen ergeben sich also Probleme bei der Informationstiefe, der Informationsbreite und der Visualisierung von Informationen.

Das Kommunikationsumfeld, die Situation und Kommunikationspartner ändern sich von den entwerfenden Leistungsphasen (Leistungsphasen 1–3), zu den planenden Leistungsphasen (Leistungsphasen 4–7) und der Objektüberwachung (Leistungsphase 8) zu der Objektbetreuung (Leistungsphase 9). Jede Phase kennt unterschiedliche Akteure und Kommunikationsorte. Während in der Entwurfsphase Absprachen mit dem Kunden und/oder den Künstlern erfolgen, finden in der Planungsphase Treffen beim Veranstalter oder der Agentur statt sind, wird in der Objektüberwachung am Veranstaltungsort gearbeitet und werden mit der Inbetriebnahme Anlagen und Geräte in den Betrieb übergeben (Objektbetreuung). Unterteilen wir veranstaltungsspezifisch in sieben Phasen (Initialisierung, Start, Vorplanung, Anlauf, Aktiv, Nachlauf und Nachbereitung) umfasst die Objektüberwachung Anlauf-, Aktiv- und Nachlaufphase. In diesen drei Phasen ist der Veranstaltungsort auch Kommunikationsort. Das Produktionsbüro ist die für alle Anfragen Externer, Raum für Besprechungen und Informationszentrum.

Gewerkebeziehungsmatrix

Die Auflistung aller Teilschnittstellen im Projektverlauf lässt sich am übersichtlichsten und verbindlich in einer Schnittstellen- oder Gewerkebeziehungsmatrix darstellen. Dabei werden nur Teilaufgaben oder -leistungen erfasst, die auf Ergebnissen und Zuarbeit anderer basieren und so in ihrer Abhängigkeit zueinander dargestellt. Eine Gewerkebeziehungs- oder Schnittstellenmatrix zeigt also die möglichen Abhängigkeiten. Sie lässt früh erkennen, in welcher Form die Gewerke zueinander in Verbindung stehen und nennt auch die Berührungspunkte. Die einzelnen Elemente sollten immer ergebnisorientiert und präzise formuliert werden, denn Ziel ist Konfliktpotenzial frühzeitig zu erkennen, einen reibungslosen Übergang in die Nutzungsphase zu ermöglichen und frühzeitig Anforderungsänderungen zu erkennen. Bei komplexen Projekten mit verzahnten Arbeitsabläufen sollte die Formulierung so gewählt werden, dass es in jeder Zeile immer nur einen Verantwortlichen für diesen Teilbereich gibt. In der Zuarbeit und/oder

Informationspflicht können mehrere Beteiligte benannt werden. Die Matrix dient als Grundlage für einen Schnittstellenkatalog, in dem nicht nur die Abhängigkeiten erfasst werden, sondern auch der Zeitpunkt der Leistungserbringung sowie der Leistungsparameter, um eine Qualitätsprüfung durchzuführen.

Exkurs

Erläuterung RACI-Methode

Die RACI-Methode leitet sich von den englischen Begriffen „Responsable“ (Verantwortlich), „Accountable“ (Gesamtverantwortlich, genehmigend), „Consulted“ (Beteiligt, zuarbeitend) und „Informed“ (informiert) ab.

Aufgrund von langen Laufzeiten und gravierenden Auswirkungen auf Meilensteine, auf die verschiedene Gewerke ergebnisorientiert hinarbeiten müssen, findet diese Methode meist in Bauprojekten und Festinstallationen Anwendung. Dabei werden die Begriffe wie folgt interpretiert:

Responsible: Hauptverantwortlich in der Ergebniserreichung bzw. Durchführungsverantwortung für Prozesse. Verantwortung für die Initiative der Durchführung und wird auch als Verantwortung im disziplinarischen Sinne interpretiert gegenüber dem Auftraggeber und Projektteam.

Accountable: Rechenschaftspflichtige bzw. Instanz, die im rechtlichen oder kaufmännischen Sinne die Verantwortung trägt. Im Projekt ist dies meist der Auftraggeber/der Veranstalter mit der Kosten- bzw. Gesamtprojektverantwortung, verantwortlich im Sinne von „genehmigen“.

Consulted: Zuarbeit/Mitarbeit mit relevanten Informationen oder Teilergebnissen, die aber relevant sind, damit die Rolle R(esponsible) die Erreichung des Ziels zum Abschluss benötigt, oder mindestens konsultiert werden muss. Die Verantwortung diese Zuarbeit zu steuern, liegt primär bei der Rolle R.

Informed: Weist auf eine Informationspflicht hin, da diese relevant für diese Rolle sind und in anderen Teilprojekten zur weiteren Verarbeitung vorliegen müssen. Gleichzeitig weist dies auch ein Auskunftsrecht (Informationsrecht) zu.

Sind die Aktivitäten zielorientiert über die Zeilen abgetragen, erfolgt die Definition der Verantwortlichkeit jeder Projektrolle und welche Beteiligung dazu erfolgt. Es empfiehlt sich, dies in Anlehnung an den Projektstrukturplan zu entwickeln und so Klarheit durch die Beschreibung von Verantwortlichkeiten und Zuständigkeiten zu schaffen.

Grundregel der Matrix ist es pro Aktivität nur eine Person (Rolle) A(accountable) und nur eine R(responsible) zu definieren. Dagegen können mehrere Rollen bei einer Aktivität als C(consulted) oder I(informed) deklariert sein. Erfolgt die Definition im Vorfeld durch die Auftraggeber, sondern im verantwortlichen Planungsstab können so auch „Beauftragungslücken" festgestellt werden, so keine Person/Rolle in einer Aktivität als R(responsible) definiert ist, nennt man dies „Lack of responsibility".

Im Projektmanagement einer Veranstaltungsplanung können so Teilprojekte, Projektphase und Projektprozesse gegliedert und für das gesamte Projektteam verbindlich strukturiert mit den entsprechenden Verantwortlichkeiten hinterlegt werden. Dies ist ein wichtiges Steuerungsinstrument der Gesamtprojektleitung bzw. der Projektsteuerung.

Beteiligte Gewerke mit unterschiedlichen Rollen in der Projektrealisierung und Schnittstellen zueinander sind:

- Veranstalter/Kunde
- Veranstaltungsleitung
- Projektsteuerung
- Technische Fachplanung
- Technische Leitung
- Kommunikationsleitung, meist Agentur
- Architekturplanung/Messebauplanung
- Ausführenden Gewerke/Lieferanten (primäre Lieferanten/ Dienstleister)
- Location/Betreiber
- Sekundäre Dienstleister/Lieferanten

Nach Veröffentlichung im Projektteam und der Zustimmung aller aufgeführten Gewerke gilt dieser als verbindlich zur Umsetzung im Projekt und dient so der Gesamtprojektleitung als Steuerungs- und Kontrollinstrument. Der Aufbau einer Schnittstellenmatrix für vereinfachte Verantwortlichkeit-Beziehungen (V/Z, Verantwortlich und Zuarbeit) oder komplexere RACI Darstellungen ist prinzipiell gleich. In der Primärspalte wird die Teilaufgabe präzise formuliert und über die Zeilen den entsprechenden Parteien zugeordnet.

In der Projektrealisierung kann dies in verschiedenen Ausbaustufen wie in Tabelle 3 aufgebaut sein:

Tabelle 3: Beispielhafte Darstellung der Schnittstellenmatrix per RACI (R = verantwortlich, A = genehmigen, C = zuarbeiten, I = informierend)

Planungsschritt/ -bereich	Administration			Planungsstab			Ausführung		
	Veranstalter	Veranstaltungsleitung (VL)	Technische Leitung (TL)	Konzeption Agentur	Architektur	Technische Fachplanung (TF)	Gewerk 1 Licht	Gewerk 2 Ton	Gewerk 3 Video
Projektziel Definition für alle Bereiche	R	I	I	I	I	I			
Raumgestaltung Veranstaltungs-Layout	A			C	R	C			
Detailplanung Infrastrukturvorgaben (Medienkabel)	I	I	I		C	R			
Bereitstellung von Kabelwegen		I	I		R	C			
Medienverkabelung auf bereitgestellten Trassen	I	I	I		I	A	I	I	R

Planungsschritt/-bereich	Administration			Planungsstab			Ausführung		
	Veranstalter	Veranstaltungsleitung (VL)	Technische Leitung (TL)	Konzeption Agentur	Architektur	Technische Fachplanung (TF)	Gewerk 1 Licht	Gewerk 2 Ton	Gewerk 3 Video
Erstellung einer Montage- und Werkplanung der Medieninstallation		I	I			A	I	I	R
Installation, Inbetriebnahme, Programmierung der Medientechnik	C	I	A			I		I	R
Anlagentest Erstellung der Dokumentation	C	I	A			I		I	R
Abnahme der Medientechnischen Anlagen	A	I	R	I	I	I	C	C	C

Exkurs

Integrationsplanung

Die Besonderheit der Integration liegt nicht allein an der technischen Funktionserstellung von Geräten und Systemen am Installationsort, sondern vielmehr auch die aufwendige Integration in der Architektur von Gebäude und Bühnen-Set-ups, sodass sich die Technik dem Anspruch nach unauffällig in die Aufbauten einfügt und optisch verschwindet. Dazu kann es vorkommen, dass hier Geräte entgegen ihrer eigentlichen Bestimmung integriert werden müssen, um die Sichtbarkeit zu verringern, aber immer den sicheren Betrieb gewährleisten.

Zum Beispiel könnte eine Vorgabe sein, Bildschirme flächenbündig in die Wand einzulassen, statt sich mit einer Halterung auf die Wand zu setzen. Diese Anforderung wirkt sich auf die Konstruktion der Wand aus mit entsprechender Bauabfolge. Ebenso muss die Halterung eine Montage des Gerätes sowie Revisionierbarkeit erlauben inkl. der flexiblen Kabelführung sowie eine konstante Betriebstemperatur gewährleisten durch genügend Durchströmung mit ggf. aktiver Ventilation oder gar Klimatisierung. Besonders bei kompletten Einhausungen von Screens ist dies zu berücksichtigen – wie auch die Bedienbarkeit und Einstellmöglichkeit.

Ein anderes Beispiel betrifft die Lichttechnikplanung, bei der große Tageslichtscheinwerfer für die Ausleuchtung eines Fahrzeuges innerhalb eines Gebäudes erfolgen soll, bei dem die Deckenbeschaffenheit keine Aufbauten zulässt und somit integriert werden müssen. Aufgrund der Größe, Gewicht und Temperaturentwicklung müssen besondere Bedingungen geschaffen werden, dies oberhalb der sichtbaren Deckenebene zu platzieren. Hier ist der Anspruch das optische Erscheinungsbild nur die Lichtaustrittöffnungen sehen zu können, auf der anderen Seite steht die sichere Gewährleistung der technischen Funktionen, der sicheren Installation, einer sicheren Verkabelung im Betrieb und Reparaturmöglichkeiten vor Ort an oberster Stelle.

Im Wesentlichen ist die Integrationsplanung in der Verantwortung der Architekturplanung mit Zuarbeit aller notwendigen Parameter durch die Technische Fachplanung. Aufgrund der komplexen Funktionsweise, mechanische und technische sowie thermische Eigenschaften von verbauter Technologie, verschiebt sich hier sehr stark der Fokus der Einbauplanung hin zur Technischen Fachplanung. Es werden Vorschläge und Detailplanungen entwickelt, die dann in Abstimmung mit der Architektur zur messebaulichen Integration freigegeben werden und gemeinsam vor Ort errichtet werden. Diese Schnittstelle zum gemeinsamen Erfolg um ein technisches Bauteil ist entscheidend.

2.6 Berufsbild des/der Technischen Fachplaners/in

Die Technische Fachplanung der Veranstaltungstechnik plant unter Berücksichtigung der rechtlichen (VStättVO), der technischen (Regel der Technik und Möglichkeiten des Marktes) und organisatorischen Rahmenbedingungen die Realisierung im Vorfeld. Die Technische Fachplanung stellt die Verbindung der Rollen der Veranstaltungsleitung und der Technischen Leitung vor Ort dar.

Aufgabe: Planung und Projektierung medientechnischer Anlagen aus den Bereichen Audio, Beleuchtung, Kameratechnik, LED-Displays und Projektion, Kalkulation, Organisation und Koordination sowie Führung von technischen Gewerken. Verantwortlich für Sicherheit und Arbeitsschutz. Direkter Ansprechpartner des Auftraggebers und der korrespondierenden Gewerke.

Grund-Qualifikation: Ingenieur/Bachelor für Veranstaltungstechnik, Meister der Veranstaltungstechnik oder vergleichbare Ausbildung und Erfahrung, die ihn/sie zur Planung des jeweiligen Projektes befähigt.

Fach-Qualifikation: Kenntnisse der Bild-, Video-, Ton- und Lichttechnik inklusive Rigging, der EDV- und Energieversorgungstechnik sowie im Bühnen- und Sonderbauten.

Exkurs

BIM-Tools in der technischen Planung

BIM = „Building Information Modeling“, bedeutet aus dem Hochbau kommend frei übersetzt das Modellieren eines Gebäudes auf Basis all seiner Informationen (im fertig gestellten Zustand). Dabei handelt es sich um eine digitale Methode des Bauprojektmanagements.

Hinter dem sogenannten BIM-Ansatz steckt die statistische Erkenntnis aus vielen Projekten, dass die Einflussmöglichkeit auf Änderungen logarithmisch über die Phasen des Projektes abnimmt, wohingegen die Kosten einer Änderung über die gleichen Phasen logarithmisch zunehmen. Entsprechend liegt es auf der Hand ein Tool zu etablieren, welches die Planungen gesamtheitlich abbildet. Hier ist BIM nicht nur ein Werkzeug, was fälschlicherweise oft mit einer CAD-Anwendung missverstanden wird, sondern vielmehr ein Ansatz einer gesamtheitlichen Betrachtung des Ergebnisses und der korrespondierenden Arbeiten daran.

Wesentliches Merkmal ist zunächst die Betrachtung von Körpern und deren räumlichen Verknüpfung innerhalb eines logischen Systems, meist in 3-D-CAD-Anwendungen. Eine Weiterentwicklung von der standardisierten 2-D-Plan als Einzelelement von Plansätzen. Das BIM-Modell eines Vorhabens ist somit immer der Gesamtplan, in dem alle Elemente und Disziplinen integriert werden. So wird es beispielhaft möglich sein, in komplexen Gebäuden Leitungswege über mehrere Etagen exakt zu planen und auf Kollision mit anderen Bauteilen hin frühzeitig zu prüfen.

Der zweite Ansatz beim BIM ist der, dass jedes Element im BIM-Modell exakt über Eigenschaften, Attribute sowie Beschaffenheit und Rahmenbedingungen definiert ist. Über dieses zentrale Bauwerks-Modell ermöglicht die BIM-Arbeitsmethode das interdisziplinäre Planen, Bauen und Betreiben von Bauwerken oder auch komplexen Veranstaltungsaufbauten. Da alle relevanten Informationen und deren Verknüpfung vorliegen, können diese zu einer frühen Planungsphase sehr genau analysiert werden. Entsprechend steigt der Aufwand zur Erfassung der notwendigen Daten und deren Eingabe im System.

Einsatz von BIM

In der Praxis wird der Einsatz von BIM meist durch das Projekt bestimmt, da die Methode bereits implementiert ist und/ oder zur Erfüllung der Planung gefordert wird. Entsprechend dem hohen Aufwand an Detailerfassung und dem technischen Zugriff auf das BIM-Modell für alle Projektbeteiligte, erfolgt dies aktuell meist in Großbauprojekten oder z. B. dem Kreuzfahrtschiffbau. Die Technische Fachplanung führt hier ein Teilmodell der entsprechenden Umfänge als Bestandteil des Gesamtsystems. Besonders bei den genannten Kreuzfahrtschiffen muss die Installation über mehrere Decks und Schiffsabschnitte mit allen Gewerken abgestimmt werden und aufgrund der räumlichen Komprimierung aller Bauteile, frühzeitig auf Kollisionen, Gewichtsverschiebungen, Strombedarf und Klimatisierung wie auch dem Prozess des Einbringens analysiert werden.

Hinweis: Entsprechend der höheren Aufwände in den frühen Phasen des Projektes (Vorplanung) basierend auf dem gestiegenen Aufwand an Datenerfassung, Präzisierung in den Darstellungen und die Tiefe der Informationen hin zum Koordinationsaufwand, wäre die Bewertung der Leistungsphasen in der HOAI in der aktuellen Form zu überdenken.

2.7 Quellen

[1] AHO (2020): Heft 9. Untersuchungen zum Leistungsbild, zur Honorierung und zur Beauftragung von Projektmanagementleistungen in der Bau- und Immobilienwirtschaft. 5. Aufl. Berlin: Bundesanzeiger.

[2] AHO (20218): Heft 19. Ergänzende Leistungsbilder im Projektmanagement für die Bau- und Immobilienwirtschaft. 2. Aufl. Berlin: Bundesanzeiger.

[3] Holzbaur, U. (2020): Nachhaltige Entwicklung: Der Weg in eine lebenswerte Zukunft. Wiesbaden: Springer Fachmedien.

3 Technische Leitung

Thomas Sakschewski

Die Technische Leitung Veranstaltungstechnik, kurz Technische Leitung (TL), bezeichnet eine Führungsrolle, die in der Regel personal- und budgetverantwortlich mit technischen Aufgaben bei einer Veranstaltung oder in einer Versammlungsstätte betraut ist. Die Technische Leitung taucht sowohl bei Veranstaltungen in temporären Veranstaltungsstätten, also in der Regel Open-Air-Veranstaltungen, als auch bei Versammlungsstätten auf. Bei den regelmäßigen Veranstaltungen in dafür vorgesehenen und genehmigten Sonderbauten, die in den Anwendungsbereich der jeweiligen Landesfassung der VStättVO fallen, hat die Technische Leitung jedoch eine größere Bedeutung. Wie bei der Veranstaltungsleitung ist auch für die Technische Leitung eine Qualifikationsanforderung gesetzlich nicht verankert. Diese ergibt sich aber aus den Aufgaben und Anforderungen des Verantwortlichen für Veranstaltungstechnik (VfV) und somit aus § 40 MVStättVO.

3.1 Position

Die Technische Leitung wird gemäß Abschnitt 4.6 der DIN 15750:2013-04 dem Veranstalter zugeordnet, dieser wählt aus und setzt ein. Daraus ergibt sich eine doppelte Rollenbesetzung mit einem/r Verantwortlichen für Veranstaltungstechnik, der oder die vom Betreiber ausgewählt und eingesetzt wird und einem/r Technischen LeiterIn des Veranstalters. Hierbei wird eine natürliche Person analog dem/r Verantwortlichen vorausgesetzt. Dies ist aber mangels einer gesetzlichen Vorgabe eine unzulässige Annahme. Eine Technische Leitung ist weder an eine Qualifikation noch an eine Person gebunden, sondern kann ebenso durch eine Stabsstelle, ein Team oder eine Abteilung besetzt werden. Da die Rolle der Technischen Leitung mit der Gesamtverantwortung für bühnen-, studio-, beleuchtungstechnischen und sonstigen technischen Einrichtungen einhergeht, wird die Rolle bei Auf- und Abbau, bei Proben und bei Veranstaltungen von einer Person besetzt sein. Dabei kann diese in Doppelfunktion auch gleichzeitig als Verantwortliche für Veranstaltungstechnik fungieren. Die Technische Leitung muss nicht in einem Dienstverhältnis zu Betreiber oder Veranstalter stehen, sondern kann ebenso auf werk-

DIN 15750

vertraglicher Basis regelmäßig oder einmalig durch Veranstalter oder Betreiber eingesetzt werden, wenn sie mit den Einrichtungen der Versammlungsstätte vertraut ist. Die DIN 15750:2013-04 nimmt als Regelfall ein Betreiberkonzept an, bei dem Veranstalter und Betreiber nicht identisch sind und in einer (miet-)vertraglichen Rechtsbeziehung stehen. Dies stellt jedoch nur eine der möglichen Varianten dar.

Drei unterschiedliche Modelle der Rollenverteilung

In der Kulturwirtschaft, in der in der Regel der Betreiber auch Veranstalter ist, wird die Technische Leitung durch den Betreiber eingesetzt werden. Die Leitmessen der Branchen werden zumeist durch diejenigen Messegesellschaften an den Standorten veranstaltet, an denen diese auch stattfinden. In der Messewirtschaft sind daher die Messegesellschaften ebenfalls häufig in Personalunion als Betreiber und Veranstalter zu finden. Hier erfüllt die Technische Leitung im Auftrag des Betreibers ganz andere Aufgaben. Bei kleineren Veranstaltungen wiederum wird zwischen einer Technischen Leitung und der/dem Verantwortlichen für Veranstaltungstechnik nur selten unterschieden. Der oder die Verantwortliche leitet hier die komplette Veranstaltungstechnik und ist somit auch Technische Leitung. Dadurch ergeben sich drei weitere Varianten, neben der in Abschnitt 4.6 DIN 15750:2013-04 dargestellten Zuordnung der Technischen Leitung zum Veranstalter:

– **Betreiber = Veranstalter, Auswahl und Einsetzung der Technischen Leitung durch den Betreiber**

  Die Technische Leitung plant, koordiniert und stellt Ressourcen bereit. Die Technische Leitung ist weisungsbefugt, koordiniert und delegiert Aufgaben an die Verantwortlichen für Veranstaltungstechnik. Die Technische Leitung ist hierbei weisungsbefugter Dienstherr des kompletten technischen Personals und damit auch ausdrücklich der Verantwortlichen für Veranstaltungstechnik.

– **Betreiber ≠ Veranstalter, Auswahl und Einsetzung der Technischen Leitung durch den Betreiber**

  Die Technische Leitung plant, koordiniert und stellt Ressourcen bereit. Die Technische Leitung ist weisungsbefugt, koordiniert und kann Aufgaben an die Verantwortlichen für Veranstaltungstechnik delegieren. Die Technische Leitung ist hierbei weisungsbefugter Dienstherr des technischen Personals des Betreibers und damit nicht zwingend weisungsbefugt den Verantwortlichen für Veranstaltungstechnik. Diese und zusätzliches für die Veranstaltung notwendiges technisches Personal werden durch den Veranstalter ausgewählt und eingesetzt.

– **Betreiber ≠ Veranstalter, Auswahl und Einsetzung der Technischen Leitung durch den Veranstalter**

  Die Technische Leitung plant, koordiniert und stellt Ressourcen bereit. Die Technische Leitung ist weisungsbefugt, koordiniert und kann Aufgaben an die Verantwortlichen für Veranstaltungstechnik delegieren. Die Technische Leitung ist hierbei weisungsbefugter Dienstherr des technischen Personals. Der Betreiber stellt ein Mindestmaß an technischem Personal, die durch einen/r Verantwortlichen für Veranstaltungstechnik in der Doppelrolle einer Technischen Leitung koordiniert werden.

Schnittstellen

Die drei unterschiedlichen Modelle in der Rollenverteilung zwischen Veranstalter und Betreiber bzw. Technischer Leitung und Verantwortlichen für Veranstaltungstechnik bewirken Unterschiede in den Verantwortungsketten und Delegationswegen, wobei wir zwischen den organisationsinternen Delegationswegen und organisationsübergreifenden Abstimmungen unterscheiden müssen. Bei den organisationsinternen Delegationswegen folgen die Verantwortungsketten den formalen organisationsinternen Hierarchien. Die Technische Leitung ist hier dem/der Verantwortlichen für Veranstaltungstechnik weisungsbefugt und hat Auswahl- und Kontrollverantwortung. Der/die Verantwortliche für Veranstaltungstechnik hat im Rahmen der zugewiesenen Aufgaben Durchführungsverantwortung sowie Auswahl- und Kontrollverantwortung gegenüber ausführende Dritte. Bei den organisationsübergreifenden Abstimmungen sind Auswahl- und Kontrollverantwortung von Technischer Leitung und Verantwortlichen für Veranstaltungstechnik Vertragsbestandteile der mietvertraglichen Rechtsbeziehung zwischen Veranstalter und Betreiber und damit anhängig vom Detaillierungsgrad der dort gemachten Ausführungen. Die Übergabepunkte und Schnittstellen sind hier in der Regel als Vertragsanhang oder in Form von Abnahmeprotokollen definiert, wodurch sich Verantwortungsbereiche mehr oder weniger präzise erschließen. Schnittstellen können hier z. B. die maschinentechnischen Einrichtungen der Versammlungsstätte sein, die zur Verfügung gestellten Räumlichkeiten oder die auf Basis von langfristigen Vertragsbeziehungen durch den Betreiber mitangebotenen Services Dritter wie Veranstaltungstechnik, Catering-oder Security-Dienstleister. Die Verantwortlichkeiten sind bei organisationsübergreifenden Abstimmungen auf Basis werkvertraglicher Bestimmungen zu regeln und werden nicht delegiert, wodurch sich die Gefahr von sich überschneidenden Verantwortungsbereichen ergeben.

Betreiber und Veranstalter

Sind Betreiber und Veranstalter identisch liegen organisationsinterne Delegationswege in dem Verhältnis von Technischer Leitung und Verantwortlichen für Veranstaltungstechnik vor. Sind Betreiber und Veranstalter nicht identisch bestehen sowohl organisationsinterne Delegationswege aufseiten des Veranstalters und des Betreibers als auch organisationsübergreifende Abstimmungen zwischen den einzelnen Hierarchieebenen beim Veranstalter und bei dem Betreiber. Die Aufgaben, Anforderungen und Verantwortungsbereiche der Technischen Leitung sind dementsprechend unterschiedlich zu definieren.

Beteiligte

Aus diesem Grund wird an derselben Stelle der DIN 15750:2013-04 ausgeführt, dass die Technische Leitung allen Beteiligten bekannt gemacht werden muss. Ihre Aufgaben und Pflichten muss den am Abstimmungsprozess beteiligten Organisationen und Personen also bekannt sein, um die Verantwortlichkeiten zweifelsfrei zu klären. Da aber hier bauordnungsrechtliche, betrieblich-organisatorische und arbeitsschutzrechtliche Gesetzessphären ineinandergreifen, wie schon in der verschiedenartigen Benennung der Adressaten erkennbar ist, sind weitere Ausführungen notwendig. Zum einen sprechen Arbeitsschutzgesetz (ArbSchG) und Betriebssicherheitsverordnung (BetrSichV) vom Arbeitgeber und von den Beschäftigten, zum anderen berufsgenossenschaftliche Schriften vom Unternehmer, die MVStättVO wiederum nennt Betreiber und Veranstalter sowie deren Delegationsmöglichkeiten an Veranstaltungsleiter und Verantwortlichen für Veranstaltungstechnik und die DIN 15750 führt Auftraggeber und Auftragnehmer als Akteure an. So ist es möglich, dass eine vom Veranstalter beauftragte externe/r MeisterIn für Veranstaltungstechnik als Auftragnehmer Verantwortliche/r für Veranstaltungstechnik ist und gleichzeitig Aufgaben an ihre MitarbeiterIn z. B. mit der Qualifikation einer Fachkraft für Veranstaltungstechnik delegiert, wodurch sie im Sinne von ArbSchG und BetrSichV ebenso Unterweisungspflichten hat, hier als Arbeitgeberpflichten, wie nach MVStättVO ein vom Betreiber beauftragter Technische Leiter im Sinne der Betreiberpflichten. Um hier Transparenz herzustellen, ist die Technische Leitung allen Beteiligten bekannt zu machen. Beteiligte können sein:

- Produktionsleitung und Produktionsteam
- Beschäftigte der veranstaltungstechnischen Abteilungen
- Verantwortliche für Veranstaltungstechnik
- Projektleitungen und Beschäftigte anderer beteiligter Gewerke
- Projektleitungen und Beschäftigte im Rahmen veranstaltungstechnischer Leistungen beauftragter Unternehmen
- Leitung des Sicherheits- und Ordnungsdienstes
- Brandsicherheitswachdienst
- Leitung Sanitäts- und Rettungsdienst.

3.1.1 Verantwortungsbereiche

Aufgaben und Pflichten

Wichtiger noch als die namentliche Bekanntgabe der Position ist die Darstellung einer eindeutigen Verantwortungskette. Anders als das Bauordnungsrecht mit MVStättVO führt die DIN 15750 die Verantwortungsbereiche der Technischen Leitung aus. § 40 MVStättVO kennt nur die Aufgaben und Pflichten der Verantwortlichen für Veranstaltungstechnik. Nach Lesart der DIN 15750 ist die Technische Leitung weisungsbefugt bei allen Aufgaben zur Überwachung der Ausführung aller veranstaltungstechnischen Leistungen. Ausdrücklich stellt die DIN hier fest, dass die Technische Leitung „im Rahmen dieser Aufgaben (...) allen Beteiligten gegenüber weisungsbefugt (ist)“. Dies scheint zunächst im Widerspruch zu § 40 MVStättVO zu stehen, in dem die Aufgaben und Pflichten des/der Verantwortlichen für Veranstaltungstechnik aufgeführt sind, denn auch dort werden Aufsichtspflichten beschrieben. Zu den Aufgaben und Pflichten zählen:

- Gewährleistungspflicht der Sicherheit und Funktionsfähigkeit der bühnen-, studio- und beleuchtungstechnischen Einrichtungen der Versammlungsstätte, insbesondere hinsichtlich des Brandschutzes
- Leitung und Aufsicht bei Auf- und Abbau der bühnen-, studio- und beleuchtungstechnischen Einrichtungen sowie bei wesentlichen Wartungs- und Instandsetzungsarbeiten an diesen Einrichtungen und bei technischen Proben
- Anwesenheitspflicht bei Generalproben, Veranstaltungen, Sendungen oder Aufzeichnungen von Veranstaltungen, nachdem die bühnen-, studio- und beleuchtungstechnischen Einrichtungen bereits aufgebaut sind oder die entsprechende festinstallierte Veranstaltungstechnik eingerichtet ist.

Die Verantwortlichen für Veranstaltungstechnik verantworten selbst und sind anders als die Technische Leitung nicht weisungsbefugt. Sie müssen mit den bühnen-, studio- und beleuchtungstechnischen Einrichtungen vertraut sein (§ 40 Abs. 1 MVStättVO) und sind durch die im § 39 Abs. 1 MVStättVO ausdrücklich genannten Qualifikationen dazu befähigt:

> Verantwortliche für Veranstaltungstechnik sind 1. die Geprüften Meister für Veranstaltungstechnik, 2. technische Fachkräfte mit bestandenem fachrichtungsspezifischem Teil der Prüfung nach § 3 Abs. 1 Nr. 2 in Verbindung mit den §§ 5, 6 oder 7 der Verordnung über die Prüfung zum anerkannten Abschluss „Geprüfter Meister für Veranstaltungstechnik/Geprüfte Meisterin für Veranstaltungstechnik“ in den Fachrichtungen Bühne/Studio, Beleuchtung oder Halle in der jeweiligen Fachrichtung, 3. Hochschulabsolventen mit berufsqualifizierenden Hochschulabschluss der Fachrichtung Theater- und Veranstaltungstechnik mit mindestens einem Jahr Berufserfahrung im technischen Betrieb von Bühnen, Studios oder Mehrzweckhallen in der jeweiligen Fachrichtung, denen die oberste Bauaufsichtsbehörde oder die von ihr bestimmte Stelle ein Befähigungszeugnis nach Anlage 1 ausgestellt hat, 4. technische Bühnen- und Studiofachkräfte, die den Befähigungsnachweis nach den bis zum Inkrafttreten dieser Verordnung geltenden Vorschriften erworben haben oder die Tätigkeit als technische Bühnen- und Studiofachkraft ohne Befähigungszeugnis ausüben dürfen und in den letzten drei Jahren ausgeübt haben.

3.1.2 Qualifikation

Wegen der hier aufgeführten Qualifikation ist eine Delegation der Aufgaben und Pflichten an einen Dritten ohne entsprechende Qualifikation ausgeschlossen, jedoch können die Aufgaben und Pflichten unter bestimmten Bedingungen und abhängig von der Größe der Szenenfläche bzw. der Anzahl der Besucherplätze vom Verantwortlichen auf eine Fachkraft oder auf eine Aufsicht führende Person übertragen werden. Laut § 40 Abs. 3 MVStättVO besteht bei Großbühnen (Szenenfläche hinter der Bühnenöffnung von mehr als 200 m^2 und einer Oberbühne mit einer lichten Höhe von mehr als 2,5 m über der Bühnenöffnung oder einer Unterbühne) sowie Versammlungsstätten, die Szenenflächen mit mehr als 200 m^2 Grundfläche aufweisen, oder mehr als 5.000 Besucherplätze haben, die Anwesenheitspflicht sowohl eines/r für die bühnen- oder studiotechnischen Einrichtungen Verantwortlichen für Veranstaltungstechnik als auch eines/r für die beleuchtungstechnischen Einrichtungen Verantwortlichen. Unter den in § 40 Abs. 5 aufgeführten Bedingungen kann die geforderte Anwesenheitspflicht durch eine Fachkraft für Veranstaltungstechnik gesichert werden. Die drei Bedingungen lauten:

- vom Auf- und Abbau sowie dem Betrieb der bühnen-, studio- und beleuchtungstechnischen Einrichtungen gehen keine Gefahren aus,
- von Art und Ablauf der Veranstaltung gehen keine Gefahren aus und
- die Fachkraft für Veranstaltungstechnik ist mit den technischen Einrichtungen vertraut.

Aufsicht führende Person

Laut § 40 Abs. 4 MVStättVO besteht bei Versammlungsstätten, die Szenenflächen mit mehr als 50 aber weniger als 200 m^2 Grundfläche aufweisen, oder nicht mehr als 5.000 Besucherplätze haben, die Anwesenheitspflicht von mindestens einer Fachkraft für Veranstaltungstechnik mit drei Jahren Berufserfahrung oder erfahrenen Bühnenhandwerkern oder Beleuchtern, die diese Aufgaben bis zum Inkrafttreten der geltenden Verordnung und in den letzten drei Jahren ausgeübt haben. Unter denselben Bedingungen der Gefahrlosigkeit bei Auf- und Abbau und beim Betrieb kann die geforderte Anwesenheitspflicht durch eine Aufsicht führende Person gesichert werden. Die Aufsicht führende Person verlangt keine spezielle Qualifikation, sondern orientiert sich am Kommentar zu § 15 DGUV V 17/18. Hiernach kann das Beaufsichtigen auch einer geeigneten Person (Aufsicht Führender) übertragen werden. Die erforderliche Qualifikation richtet sich nach dem Grad der Gefährdung des Betriebs, was sich aus den gefährdungsbezogenen Bedingungen und der Größe der Versammlungsstätte bzw. der Szenenfläche ergibt. Die Beurteilung der Bedingungen kann ausschließlich durch eine durch die fachliche Qualifikation nachgewiesene Befähigung, also nur durch einen Verantwortlichen für Veranstaltungstechnik erfolgen.

Wie sich anhand der Aufgaben und Pflichten der Verantwortlichen für Veranstaltungstechnik sowie der erforderlichen Qualifikation in Abhängigkeit von der Gefährdungsneigung, der Größe der Szenenfläche bzw. der Anzahl der Besucherplätze gut zeigen lässt, bestehen bauordnungsrechtlich klare Vorgaben zur betreiberseitigen Gewährleistung eines sicheren Bühnengeschehens. Veranstalterseitig können die Aufgaben und Pflichten eines Verantwortlichen nur teilweise übernommen werden, da die bühnen-, studio- und beleuchtungstechnischen Einrichtungen Teil der Versammlungsstätte sind und damit in den Verantwortungsbereich des Vermieters, also Betreibers fallen. Wird in erheblichem Maße Bühnen- und Veranstaltungstechnik durch den Veranstalter in eine Versammlungsstätte eingebracht, wie in Mehrzweckhallen oder Stadien üblich, ergeben sich weitere Aufgaben und Pflichten im Zusammenspiel zwischen den Einrichtungen der Versammlungsstätte und eingebrachter Technik. Ebenso verlangt der starke Fokus auf die szenischen Handlungen ein erweitertes Verständnis einer Leitungsfunktion mit technischem Fokus.

3.1.3 Rollendefinition

Verantwortlicher für Veranstaltungstechnik

Der scheinbare Widerspruch zwischen den bauordnungsrechtlich definierten Verantwortlichen für Veranstaltungstechnik und einer dienstleistungsorientierten Technischen Leitung löst sich auf. Während die Verantwortlichen für Veranstaltungstechnik die bühnen-, studio- und beleuchtungstechnischen und sonstigen technischen Einrichtungen der Versammlungsstätte prüfen und kontrollieren müssen, wird gemäß DIN 15750 der Technischen Leitung durch den Veranstalter die Aufgabe und Verpflichtung übertragen, alle veranstaltungstechnisch relevanten Leistungen zu überwachen und diese aufeinander und mit dem Betreiber abzustimmen. Die Abstimmung der Aufgaben und Zuständigkeiten mit dem Betreiber ist damit nicht mehr nur eine Aufgabe des Betreibers oder Unternehmers, wie es § 15 Abs. 2 DGUV V 17/18 verlangt. Dort heißt es:

> „Der Unternehmer hat dafür zu sorgen, dass vor Gastspielen, Außenaufnahmen oder Nutzung der Veranstaltungs- oder Produktionsstätten durch Dritte die Zuständigkeit hinsichtlich Leitung und Aufsicht festgelegt wird."

Damit obliegt laut der berufsgenossenschaftlichen Vorschrift die Koordinationsverpflichtung allein dem Unternehmer der Veranstaltungsstätte. Gemäß Dienstleistungsnorm in der Veranstaltungstechnik liegen diese Verpflichtungen ebenfalls im Verantwortungsbereich der Technischen Leitung.

Pflicht des Veranstalters

Auch der Veranstalter hat auf dieser Grundlage die Verpflichtung die veranstaltungstechnische Einrichtung, Abläufe und die dafür erforderlichen Prozesse mit dem Betreiber abzustimmen. Ziel ist also die Stärkung der Rolle des Veranstalters gegenüber dem Betreiber. Zum einen erfolgt dies durch die Sicherstellung der Bereitstellung und Funktionsfähigkeit der veranstaltungstechnischen Anlagen und Einrichtungen, die durch den Veranstalter eingebracht werden, zum anderen durch die Gewährleistung des Leistungsumfangs des Veranstalters, der in doppelter Beziehung in einem Dienstleistungsverhältnis steht. Zum einen kann der Veranstalter selbst wiederum Auftragnehmer eines Kunden sein, eines Künstlers, einer Konzertagentur, eines Unternehmens, zum anderen ist der Veranstalter Auftraggeber gegenüber weiteren Dienstleistern wie z. B. Planungsbüros, bühnen- und veranstaltungstechnischen Dienstleistungsunternehmen, Ausstattern und deren Nachunternehmern. Um hier den Fokus der sicheren Probe, der sicheren Produktion, der sicheren Veranstaltung auf einer definierten Szenenfläche zu erweitern, führt die DIN 15750 die Position der Technischen Leitung ein. Technische Leitung und Verantwortliche für Veranstaltungsleitung können sich also sehr gut ergänzen, dabei sind jedoch die Weisungswege zu beachten.

Weisungsbefugnis der Technischen Leitung

Übernimmt die Technische Leitung die Aufgabe, alle veranstaltungstechnisch relevanten Leistungen zu überwachen, so ist sie auch weisungsbefugt gegenüber den Verantwortlichen für Veranstaltungstechnik, obwohl die Abnahme von Teilleistungen, Freigabe der Szenenfläche, Gefährdungsbeurteilung besonderer szenischer Handlungen weiterhin durch die Verantwortlichen erfolgt. Wird die Technische Leitung durch den Veranstalter gestellt und die Verantwortlichen durch den Betreiber, so kann ausschließlich von einer fachlichen Weisungsbefugnis vor Ort geredet werden, keinesfalls jedoch von einer disziplinarrechtlichen Befugnis. Aufgrund der in diesem Fall rein werkvertraglichen Beziehung entfallen im Prinzip, die sich aus ArbSchG oder BetrSichV ergebenden Unterweisungspflichten. Ausführlicher werden die Aufgaben und Pflichten in den Kapiteln 3.4 und 3.5 erläutert.

Zur Definition der Rolle der Technischen Leitung ergibt sich damit folgende Präzisierung:

Definition Technische Leitung

Die Technische Leitung ist diejenige gesamtverantwortliche, zuverlässige und fachkundige Person, die eine Veranstaltung oder Produktion leitet, alle für eine Veranstaltung relevanten technischen Aufgaben koordiniert und deren Durchführung überwacht. Die Technische Leitung kann durch den Veranstalter ausgewählt oder eingesetzt werden. In diesem Fall ist die durch den Veranstalter eingebrachte Bühnen- und Veranstaltungstechnik zu koordinieren und deren Funktionsfähigkeit sicherzustellen und mit dem Betreiber sowie den von ihm beauftragten Verantwortlichen für Veranstaltungstechnik abzustimmen. Wird die Technische Leitung durch den Betreiber ausgewählt und eingesetzt, übernimmt die Technische Leitung eine über das Szenengeschehen hinausgehende Leitungs- und Kontrollfunktion aller technischen Leistungen, die zum Betrieb einer Versammlungsstäte notwendig sind.

3.2 Anforderungen

Gemäß 4.6 DIN 15750:2013-04 leitet sich die erforderliche Befähigung der Technischen Leitung aus der Komplexität und dem Umfang der Veranstaltung ab. Die Befähigung wird an derselben Stelle ergänzt als Qualifikation und Erfahrung. Dabei werden in Bezug auf die Qualifikation mit Verweis auf § 39 MVStättVO namentlich IngenieurInnen für Veranstaltungstechnik, MeisterInnen für Veranstaltungstechnik sowie Fachkräfte für Veranstaltungstechnik aufgelistet und ansonsten auf die DGUV I 215-310 verwiesen.

Das Kapitel 2.1 der DGUV I 215-310 präzisiert die Verpflichtung zur Übertragung der Leitung und Aufsicht Bühnen- und Studiofachkräften oder wie es im § 15 Abs.1 DGUV V 17/18 heißt:

> „Der Unternehmer darf Leitung und Aufsicht der Arbeiten in Veranstaltungs- und Produktionsstätten nur Bühnen- und Studiofachkräften übertragen."

Bühnen- und Studiofachkräfte

Da als Bühnen- und Studiofachkräfte Personen mit unterschiedlichen Bildungsabschlüssen berücksichtigt werden, sind die für eine Veranstaltung jeweils erforderliche Qualifikation bzw. die gemäß Versammlungsstättenverordnung durch dreijährige Berufspraxis nachzuweisende Erfahrung aus dem Gefährdungspotenzial der auszuführenden Aufgaben abzuleiten. Maßgebend für die Einschätzung der Tätigkeiten ist dabei eine Gefährdungsbeurteilung der erforderlichen Verrichtungen und szenischen Handlungen. Dabei erfasst die Fachinformation auch sogenannte kleine und nicht kleine Veranstaltungen und Veranstaltungsstätten, die nicht in den Anwendungsbereich der jeweiligen länderspezifischen Versammlungsstättenverordnung fallen, also Veranstaltungsstätten mit Versammlungsräumen, die einzeln weniger als 200 BesucherInnen fassen oder Veranstaltungsstätten mit mehreren Versammlungsräumen, die insgesamt weniger als 200 BesucherInnen fassen, wenn die Versammlungsräume gemeinsame Rettungswege haben oder Veranstaltungsstätten im Freien mit weniger oder mehr als 1.000 Besucherplätze mit oder ohne Tribünen oder Szenenfläche, die Fliegende Bauten sind sowie Veranstaltungen in Räumen, die dem Gottesdienst gewidmet sind, Unterrichtsräumen in allgemein- und berufsbildenden Schulen oder Ausstellungsräumen. Nicht weiter präzisiert wird in der DGUV I 213-310, was unter „kleine Veranstaltungen" zu verstehen ist. Doch kann angenommen werden, dass die Anzahl der Besucherplätze kleiner als 200 ist, die eingesetzte Technik geringfügig und die für szenische Handlungen genutzte Fläche kleiner als 50 m^2 ist und auch kleiner als 20 m^2 sein kann, was bedeutet, dass wir im Sinne des Bauordnungsrechts nicht mehr von einer Szenenfläche sprechen können (§ 2 Abs. 4 MVStättVO).

DGUV I 213-310

3.2.1 Qualifikationsstufen

§ 40 Abs. 3 MVStättVO

Die DGUV I 215-310 unterscheidet vier Qualifikationsstufen: Erfahrene Bühnenarbeiter, Fachkraft für Veranstaltungstechnik, Meister für Veranstaltungstechnik mit Fachrichtung und ohne Fachrichtung und Ingenieur der Veranstaltungstechnik. Eine Aufsicht führende Person ohne Befähigung wie die Versammlungsstättenverordnung – ein Bühnenarbeiter muss nicht unbedingt eine Qualifikation nachweisen, erlangt aber seine Befähigung durch den Zusatz erfahren – kennt die berufsgenossenschaftliche Information nicht. Die Qualifikationsanforderungen sind dementsprechend hoch. Erfahrene Bühnenarbeiter dürfen lediglich kleine Veranstaltungen leiten und beaufsichtigen, Fachkräfte nur dann auch größere Veranstaltungen leiten und beaufsichtigen, wenn die eingesetzte Technik geringfügig ist, z. B. vorhandene, stationäre Technik, die Bühne bzw. der Szenenbau geringfügig ist, z. B. Standtafeln oder abgehängte Transparente, und in Bezug auf Mitwirkende und BesucherInnen die Bereiche von Aktion und Technik getrennt sind. Uneingeschränkt dürfen nach DGUV I 215-310 nur MeisterInnen für Veranstaltungstechnik ohne Fachrichtung und IngenieurInnen für Veranstaltungstechnik Veranstaltungen leiten und beaufsichtigen, wobei sie in Analogie zur Versammlungsstättenverordnung (§ 40 Abs. 3 MVStättVO) die Leitung und Aufsicht durch zwei Personen (Vier-Augen-Prinzip) fordert. Damit ist gemäß DIN 15750 und DGUV I 215-310 für die Technische Leitung einer Veranstaltung mindestens von einer Qualifikation eines/r MeisterIn für Veranstaltungstechnik mit der Fachrichtung Bühne/Studio, Halle oder ohne Fachrichtung auszugehen. Dafür sprechen auch die Darstellung in der Fachinformation (215-310), denn diese führt in Tabelle 4 für die Qualifikation

Aufgabenfelder

IngenieurIn für Veranstaltungstechnik unter anderem folgende Aufgabenfelder auf:

- Technische Leitung von großen veranstaltungstechnischen Betrieben, Auswahl der Fachfirmen
- Organisation, Koordination und Projektmanagement von umfangreichen Veranstaltungen/Produktionen
- Verantwortliche Gesamtleitung von Großveranstaltungen/ Produktionen.

Für die Qualifikation MeisterIn ohne Fachrichtung oder mit der Fachrichtung Bühne/Studio, Halle werden folgende Aufgabenfelder genannt:

- Technische Leitung von kleinen und mittleren Betrieben
- Leiten von Bereichen der jeweiligen Fachrichtung
- Leiten von Produktionsteams im veranstaltungstechnischen Bereich
- Koordination von verschiedenen Gewerken.

Die Technische Leitung einer Veranstaltung verlangt somit eine zumindest gleichwertige Qualifikation wie die eines/r Verantwortlichen für Veranstaltungstechnik. Die besonderen fachlichen Kenntnisse ergeben sich aus § 10 Veranstaltungstechnikmeister-Fortbildungsprüfungsverordnung (VTMFPrV), die seit der Novellierung im Oktober 2019 die erforderlichen fachlichen Kenntnisse, um technisch leiten zu können, festlegt. VTMFPrV

Dabei soll in der Prüfung die Fähigkeit nachgewiesen werden, dass die Meister und Meisterinnen für Veranstaltungstechnik:

- Planungsvorgaben auf Umsetzbarkeit bewerten können, was beinhaltet präzise Konzepte oder lediglich eine Ideenskizze im Hinblick auf ihre technische Machbarkeit im Sinne einer technischen Lösung unter besonderer Berücksichtigung von Sicherheitsaspekten zu prüfen, ohne die eigene und die Wirtschaftlichkeit des gesamten Vorhabens außer Acht zu lassen;
- Ausführungsplanungen erstellen können, womit ein auf Basis von Entwurfsplanungen erhöhter Detaillierungsgrad gefordert wird, der sich an den Grund- und besonderen Leistungen der Ausführungsplanung gemäß Anlage 10 und 15 der Honorarordnung für Architekten und Ingenieure (HOAI) orientiert (siehe hierzu mehr unter 3.2); HOAI
- Abläufe steuern können, damit ist die Anwendung von Planungs- und Steuerungsinstrumenten des Projektmanagements wie Phasen- und Meilensteinplanung, Ressourcenplanung, Veranstaltungslogistik und die Strukturierung der Veranstaltung in Teilaufgaben und Arbeitspakete durch einen Projektstrukturplan notwendig;

- Arbeiten koordinieren können, was zunächst die effiziente Planung der störungsfreien Arbeitseinsätze unterschiedlicher Gewerke, sodann die Koordination der eingesetzten Ressourcen unter Berücksichtigung des Arbeitsschutzes und der Gesundheit der Beschäftigten sowie die Personalführung von direkt weisungsabhängigen Mitarbeitenden und externen Kräften von nachunternehmerisch tätigen Dritten und/ oder eingesetzten freiwilligen Kräften unter besonderer Berücksichtigung der spezifischen Befähigung und der Sicherheit beinhaltet;

Zielerreichungsgrad

- Zielerreichungsplanung überwachen können, was Kontrolle und Zwischenkontrollen im Sinne der Leitung und Aufsicht bis hin zur Abnahme verlangt sowie die kontinuierliche Prüfung des Leistungsfortschritts und bei wesentlicher Abweichung vom geplanten Ziel die Einleitung und Umsetzung von Gegenmaßnahmen bedeutet;
- Kommunikation gewährleisten und Absprachen treffen können, womit die Planung und Durchführung von Meetings, das Berichtswesen und die Dokumentation, das Informationsmanagement zur Aufbereitung und Weitergabe von relevanten Informationen an unterschiedliche Adressaten sowie die Schnittstellenkommunikation mit direkt beteiligten Akteuren wie Veranstaltungsleitung, Projektleitungen von Dienstleistern und indirekt Beteiligten wie Stakeholdern oder BOS gemeint ist und
- Sicherheitsmanagement beherrschen können, womit die Unterweisung und Einweisung der Beteiligten, die Berücksichtigung der Besuchersicherheit während der Veranstaltung, bei Einlass und Auslass der Veranstaltung, die Risikoanalyse der von der Veranstaltung, durch die BesucherInnen, durch das Veranstaltungsgelände, den Veranstaltungsort und die Veranstaltungsart sowie von externe Einflüssen ausgehenden Gefährdungen.

3.2.2 Kenntnisse

Unter Berücksichtigung der im Kapitel 3.2 genauer erläuterten Aufgaben sind daher folgende notwendigen Kenntnisse und Befähigungen einer Technischen Leitung zu fordern.

Technische Kenntnisse

- Technische Mechanik
- Maschinenbau
- Aufnahmetechnik
- Ausstattung (Film, Fernsehen, Bühne), Szenografie
- Bühnentechnik
- Lichttechnik, Beleuchtung
- Produktion (Bühne, Film, Fernsehen)
- Tontechnik
- Studiotechnik
- Elektrotechnik
- Mediensteuerung
- Videotechnik
- Energieverteilung, Energieversorgung
- Haustechnik

Betriebswirtschaftliche Kenntnisse

- Veranstaltungsmanagement
- Kosten- und Leistungsrechnung
- Projektmanagement
- Investitionsrechnung
- Personalplanung
- Personalführung
- Ausschreibung und Vergabe

Kenntnisse zur Veranstaltungssicherheit

- Arbeitsschutz
- Veranstaltungsrecht
- Genehmigungen
- Besuchersicherheit

Technische Leitung Messen

Als Technische Leitung einer Versammlungsstätte ergeben sich weitere Qualifikationsanforderungen, die sich durch ein erweitertes technisches Aufgabenfeld und die damit einhergehende technische Betriebsleitung ergeben. Hier sind allgemeine Managementkenntnisse, vertiefende Kenntnisse zur Unternehmens- und Personalführung aber auch Spezialisierungen wie im Facility Management erforderlich. Als Bildungsabschluss wird allgemein ein technisches Studium (B. Eng/M. Eng) oder präziser ein Hochschul- oder Universitätsabschluss in den Fachrichtungen Elektro-, Gebäude-, Energie- oder Bautechnik verlangt. Bei der Analyse von Stellenausschreibungen für die Technische Leitung von Objekten, darunter auch Tagungszentren und Messen sind als fachliche Anforderungen genannt worden[17]:

- Kenntnisse im IT- und Telekommunikationsbereich
- Kenntnisse im Projekt- und Kostenmanagement
- Kenntnisse der Energiewirtschaft
- Kenntnisse der VOB (Vergabe- und Vertragsordnung für Bauleistungen)
- Kenntnisse im Umgang mit Verordnungen, Vorschriften und Richtlinien
- Kenntnisse mit Ausschreibungsverfahren
- Kenntnisse von gebäudetechnischen Anlagen bzw. technischer Gebäudeausrüstung (TGA)

3.3 Aufgaben

Die Aufgaben einer Technischen Leitung lassen sich zum Teil aus den Aufgaben und Pflichten der Verantwortlichen für Veranstaltungstechnik ableiten.

- Kontrollieren und Prüfen der bühnen-, studio- und beleuchtungstechnischen und sonstigen technischen Einrichtungen einer Versammlungsstätte wie nach §§ 14–21 sowie 23 und 24 MVStättVO
  - Sicherheitsstromversorgung
  - Sicherheitsbeleuchtung

17 Heß 2020: 38

- Rauchableitung
- Heizungsanlagen und Lüftungsanlagen
- Stände und Arbeitsgalerien für Licht-, Ton-, Bild- und Regieanlagen
- Feuerlöscheinrichtungen und -anlagen
- Brandmelde- und Alarmierungsanlagen, Brandmelder- und Alarmzentrale, Brandfallsteuerung der Aufzüge
- Sicherheitstechnische Einrichtungen in Werkstätten, Magazinen und Lagerräumen
- Schutzvorhang

– Leiten und Beaufsichtigen bei Auf- und Abbau, technischen Proben und wesentlichen Wartungs- und Instandsetzungsarbeiten
  - Einsatz der bühnen-, studio- und beleuchtungstechnischen und sonstigen technischen Einrichtungen
  - Sicherstellung sicherer Auf- und Abbauarbeiten
  - Bewertung szenischer Abläufe und Effekte
  - Kontrolle arbeitsschutzrechtlicher, berufsgenossenschaftlicher und branchenspezifischer Vorschriften und Regeln

Anwesenheit

Die Verpflichtung, Sicherheit und Funktionsfähigkeit der sonstigen technischen Einrichtungen während des Betriebes zu gewährleisten, bedeutet nicht die Übernahme der vollen Verantwortung für alle sicherheitstechnischen Einrichtungen. Für die Funktionsfähigkeit der jeweiligen technischen Einrichtungen ist gemäß BetrSichV der Betreiber und dessen jeweils fachlich Beauftragter z. B. der/die BetriebsleiterIn verantwortlich. Aber die Gewährleistung der Sicherheit und Funktionsfähigkeit bedeutet, dass eine Technische Leitung die Aufgabe der Kontrolle der in der unmittelbaren Verantwortung eines Verantwortlichen für Veranstaltungstechnik stehenden bühnen-, studio- oder hallentechnischen Einrichtungen so betreiben muss, dass dadurch die sicherheitstechnischen Einrichtungen nicht außer Funktion gesetzt werden. Wenn z. B. die Sicherheitsbeleuchtung ausfällt und dieser Mangel nicht unverzüglich behebbar ist, so ist dies Anlass zum Abbruch einer Veranstaltung. Leitung und Beaufsichtigung erfordern nach gängiger Lesart keine ständige Anwesenheit vor Ort, Zwischenkontrollen oder lediglich die Einweisung und Abnahme ohne Kontrollen in der Zwischenzeit sind ausreichend. Anders als die Anwesenheitspflicht, die eine physische Anwesenheit in der Versammlungsstätte, aber nicht unbedingt in direkter Nähe zur szenischen Handlung verlangt, ist eine dauerhafte und unterbrechungsfreie Anwesenheit also nicht zwingend. Leitung und Aufsicht erfordern jedoch, dass die Technische Leitung bei schwierigen Arbeiten oder bei sicherheitsrelevanten Entscheidungen für Rückfragen durch die Verantwortlichen zur Verfügung steht oder selbst die Leitung und Aufsicht wahrnimmt und ist ansonsten von der sicherheitsrechtlich ordnungsgemäßen Ausführung der Arbeiten überzeugt, also eine Abnahme durchführt.

Die Verordnung über die Prüfung zum Geprüfter Meister für Veranstaltungstechnik oder Geprüfte Meisterin für Veranstaltungstechnik führt ausführlicher aus, welche Aufgaben in den Verantwortungsbereich einer Technischen Leitung fallen:

Auswertung von Planungsunterlagen

Auswertung von Planungsunterlagen und technischen Vorgaben z. B. durch einen Technical Rider, um daraus eine technische und eine Personalbedarfsplanung abzuleiten. Dabei sind in Anlehnung an Kapitel 2.2.1 DGUV I 215-310 folgende Einflussfaktoren zu berücksichtigen:

- Organisatorische und zeitliche Rahmenbedingungen
- Örtliche Voraussetzungen
- Besondere Anforderungen der Betriebssicherheit von Arbeitsmitteln und Einrichtungen
- Erforderliche Materialeigenschaften – zum Beispiel Brandschutz, Witterungsbeständigkeit, Transportfähigkeit
- Erforderliche Dokumentationen – Statik, Anleitungen für Auf-, Um- und Abbau, Materialnachweise, Gastspielprüfbuch

Beurteilung von Versammlungsstätten

Beurteilung von genehmigten Versammlungsstätten und von anderen Veranstaltungs- und Produktionsstätten hinsichtlich rechtlicher, technischer und räumlicher Voraussetzungen und eine Bewertung der Möglichkeiten, die diese hinsichtlich der höchstzulässigen Besucherkapazität und der Umsetzung von Szenenbauten und/oder szenischen Effekten bieten. Bei der Prüfung ist zunächst das Veranstaltungskonzept hinsichtlich aller relevanten Rahmenbedingungen wie erwartete Besucherzahl, Art und Ablauf der Veranstaltung, Veranstaltungsgestalt, besondere Sicherheitsanforderungen, Besucherführung bei Einlass, Veranstaltungsablauf und zum Ende der Veranstaltung mit dem gegebenen Veranstaltungsgelände bzw. der Versammlungsstätte zu prüfen. Ein erster Bewertungsschritt ist die Überprüfung, ob es sich um eine genehmigte Versammlungsstätte handelt und ob die geplante Veranstaltung hinsichtlich Besucherzahl, Besucherführung, Szenenfläche und, falls notwendig, Bestuhlungsplan in die Versammlungsstätte passt oder eine temporäre Nutzungsänderung erforderlich ist.

Genehmigungen

Ermittlung von notwendigen Genehmigungen und erforderlichen Anzeigen insbesondere für Fliegende Bauten, temporären Nutzungsänderungen, Anpassen des Bestuhlungsplans sowie Mitwirkung bei Genehmigungen von Veranstaltungen im und außerhalb des Anwendungsbereichs der MVStättVO, insbesondere bei Sicherheits- und Schutzkonzepten. Dabei sind gerade bei Veranstaltungen wie Open-Air bis hin zu Großveranstaltungen auf öffentlichem Straßenland frühzeitig die zuständigen Behörden wie z. B. Bauaufsichts-, Ordnungs- und Straßenverkehrsbehörden, Umwelt- und Gesundheitsämter sowie die Behörden und Organisationen mit Sicherheitsaufgaben (BOS) wie Feuerwehr und Polizei unter Beachtung der länderspezifischen Gesetze sowie kommunaler Verordnungen und Vorschriften einzubeziehen. Alle Beteiligten sind über die Genehmigungen und die darin enthaltenen Nebenbestimmungen zu informieren und entsprechende Maßnahmen zu planen und umzusetzen.

Ausarbeitung technischer Lösungen

Ausarbeitung technischer Lösungen und Durchführung notwendiger Berechnungen zur Umsetzung der Planung, insbesondere zur Beschallungs- und Beleuchtungstechnik, zu temporären und szenischen Aufbauten sowie zur Energieversorgung. Die technische Fachplanung nimmt einen hohen Stellenwert ein. Sie kann auch für Veranstaltungen, die in Bezug auf die Besucherzahl eher klein sind, sehr komplex werden, wenn komplexe technische Anforderungen im Hinblick auf die eingesetzte Veranstaltungstechnik wie eine Produktvorstellung in der Automobilindustrie vor geladenen Gästen und Presse oder in Bezug auf den Einsatzort schwierig umzusetzen ist – wie bei einer technischen Fachplanung für eine Veranstaltung an besonderen Veranstaltungsorten auf Industriebrachen, in Höhlen oder unter Wasser.

Vorbereitung von Ausschreibungen

Vorbereitung von Ausschreibungen, Einholen von Angeboten sowie Auswertung dieser Angebote unter wirtschaftlichen und fachlichen Gesichtspunkten, was die Anwendung betriebswirtschaftlicher Grundkenntnisse zur Bildung von Kennzahlen (Benchmarking) und einen Leistungsvergleich durch eine mehrdimensionale Wirtschaftlichkeitsuntersuchung (Nutzwert-Analyse) bedeutet. Die Anwendung der Kenntnisse des Vergaberechts ist sowohl bei Ausschreibungen unter Schwellenwert als auch bei Ausschreibungen über Schwellenwert notwendig. Die Technische Leitung kann dabei sowohl in der Rolle des Auftraggebers sein, als auch in der Rolle des Auftragnehmers. Damit hat die Technische Leitung sowohl die Aufgabe ausloberseitig unter Berücksichtigung der Vergaberichtlinien rechtskonform auszuschreiben oder ohne öffentliche Ausschreibung Angebote so einzuholen, dass ein Preis- und Leistungsvergleich unter Berücksichtigung zuvor definierter Pflichten und Qualitätsanforderungen (Pflichtenheft) möglich ist. Bieterseitig kann die Technische Leitung im Namen eines veranstaltungstechnischen Unternehmens oder einer Versammlungsstätte an öffentlichen Ausschreibungen oder an privatrechtlichen Angebotsvergleichen teilnehmen und entsprechend Termine, Vergabeverfahren sowie Ausschreibungstexte analysieren und auswerten können sowie unter Berücksichtigung von Wirtschaftlichkeitsaspekten eine wettbewerbliche Preisbildung herstellen.

Erstellung von Zeit- und Ablaufplänen

Erstellung von Zeit- und Ablaufplänen unter Berücksichtigung des Arbeitsrechts, womit zunächst die Planung der Einsätze und Kontrolle der Arbeitszeiten nach Arbeitszeitgesetz (ArbZG) in Bezug auf die Arbeitszeitdauer und die Arbeitszeitlage gemeint ist. Dabei sind die maximalen Arbeitszeiten pro Tag bei Beschäftigten, bei Beschäftigten beauftragter Dritter und bei selbstständigen Kräften und die Arbeitszeiten im Durchschnitt von 24 Kalenderwochen oder sechs Kalendermonaten bei Beschäftigten zu beachten (§ 3 ArbZG). Wichtig ist auch die Überprüfung der notwendigen ununterbrochenen Ruhezeiten von mindestens elf Stunden im Regelfall (§ 5 ArbZG) und von neun Stunden, wenn es die Art der Arbeit erfordert (§ 7 Abs. 1 Zif. 3 ArbZG). Neben den gesetzlichen, können auch weitere tarifliche Rahmenbedingungen wie TVÖD bzw. TVL (Tarifvertrag öffentlicher Dienst, Tarifvertrag der Länder) und NV Bühne (Normalvertrag Bühne) Arbeits- und Ruhezeiten, Fahrzeiten und Übernachtung beeinflussen. Aus berufsgenossenschaftlicher Sicht weist die DGUV I 215-310 (Kapitel 2.2.3) darauf hin, dass „als verantwortliche oder entsprechend beauftragte Person (...) alle am Veranstaltungs- und Produktionsort eingesetzten Personen bekannt sein (müssen) – zum Beispiel über die Ausgabe von Ausweisen oder Personaleinsatzlisten."

Auswählen und Beauftragen von geeignetem Personal

Auswählen und Beauftragen von geeignetem Personal unter Beachtung des Vertrags-, des Arbeits-und des Sozialrechts, womit die Prüfungsverordnung zum einen auf die Berücksichtigung der erforderlichen Qualifikation (Fachkraft, Elektrofachkraft für Veranstaltungstechnik oder Sachkunde für Veranstaltungsrigging nach SQQ2) und zum anderen auf die konsequente Anwendung des Arbeitnehmerüberlassungsgesetzes (AÜG) beim Einsatz von Solo-Selbstständigen und anderen freien Kräften hinweist. Gleichzeitig ergibt sich aus der Auswahlverantwortung die Verpflichtung, nicht nur die Qualifikation festzustellen und zu dokumentieren, sondern auch die Befähigung diese Befähigung im Zweifelsfall vor Ort zu überprüfen. Analog zur DGUV I 215-310 sind mit Personal alle an der Veranstaltung beziehungsweise der Produktion beteiligten Personen, unabhängig von ihrem Status oder den konkreten Beschäftigungsverhältnissen wie Beschäftigte, Selbstständige, freiberuflich Tätige, mitwirkende Besucherinnen und Besucher, ehrenamtlich Tätige oder Studierende gemeint. Ebenso sind erforderliche Arbeitsmittel zu kontrollieren und bereitzustellen sowie die Erfordernis einer Persönlichen Schutzausrüstung (PSA) und deren Benutzung zu prüfen.

Steuerung der Abläufe

Steuerung der Abläufe, insbesondere Beauftragen, Verfolgen und Abnehmen von Arbeitspaketen, Berücksichtigen von Prioritäten, Budgets, Terminen und Qualitätszielen, verlangt ausdrücklich die Anwendung von Werkzeugen und Methoden des Projektmanagements. Zielerreichung und Terminorientierung haben einen wichtigen Einfluss auf die Ablauforganisation in der Veranstaltungsbranche. Die gängige Form der Veranstaltungsplanung ist daher das auftragsorientierte Projektgeschäft, das sich durch organisatorische Rahmenbedingungen wie einen geringen Formalisierungsgrad und die Arbeit im Team definiert. Als auftragsorientiertes Projektgeschäft wird in diesem Zusammenhang die terminorientierte Erstellung von Leistungen im Kundenauftrag verstanden. Ein Projekt wird laut DIN-Norm[18] als ein Vorhaben be-

18 DIN 69901-1:2009-01

zeichnet, das im Wesentlichen durch seine Einmaligkeit der Bedingungen in ihrer Gesamtheit gekennzeichnet ist. Aufgaben des Projektmanagements bei Veranstaltungen sind z. B. Umsetzung strategischer und operativer Konzepte des Veranstalters, Veranschaulichung der Projektziele und des Zeitrahmens gegenüber allen an der Veranstaltung Beteiligten, Messung des Aufwands durch geeignete Instrumente und Gewährleistung, Steuerung und Koordination sämtlicher technischer Maßnahmen oder die effektive Nutzung sämtlicher zur Verfügung stehender Ressourcen. Das Projektmanagement von Veranstaltungen kümmert sich nicht nur um die faktischen Aspekte eines Projektes wie die technische Problemstellung, die finanzielle Ausstattung, die terminlichen Zwänge, sondern auch um die sozialen Umweltfaktoren wie z. B. die Interessenslagen und Meinungen unterschiedlicher Stakeholder, die Prozesse im Team, die informellen Strukturen und Prozesse innerhalb und außerhalb der Projektgruppe. Projektmanagement beinhaltet ein hohes Maß an Kommunikation, denn das Projektmanagement muss für die terminrichtige und inhaltlich genaue Kommunikation zu unterschiedlichen Schnittstellen sorgen, den offenen Informationsfluss für alle Projektbeteiligten steuern und die Vermarktung des Projekts betreiben. Das wichtigste Prinzip im Projektmanagement besteht darin, die in Konflikt stehenden Faktoren – Zeit, Kosten und Qualität – in Einklang zu bringen. Für die Technische Leitung muss ein vierter Faktor ergänzt werden, da das Personal nicht nur als Kostenfaktor, sondern auch interne oder externe Beschäftigte mit eigenen Interessen und Belangen zu berücksichtigen sind. Die Teamorientierung ist daher der vierte relevante Faktor.

Koordination der Arbeiten

Koordination der Arbeiten von eigenem Personal und von Dienstleistern, womit die Prüfungsverordnung die Unterschiede zwischen den übertragenen Arbeitgeberpflichten bei der Bereitstellung von Arbeitsmitteln im Dienstverhältnis und der sich in einem Pflichtenheft darstellenden Leistungserwartungen in einem werkvertraglichen Verhältnis und dessen Folgen für die Personalführung und die Einsatzplanung betont. Bei der Koordination müssen sowohl die Projektziele als auch die Abläufe im Sinne der Anordnungsbeziehungen zwischen Vorgängen berücksichtigt werden. Nicht alle an der Planung einer Veranstaltung Beteiligten sind während der Auf- und Abbauzeiten dauerhaft vor Ort. Einige Planer wie z. B. bei der Konstruktionsplanung der Bühnenaufbauten sind bei der Umsetzung gar nicht vor Ort, sondern liefern lediglich die Planungsgrundlagen für die ausführenden Gewerke. Zwischen Konzeption, Planung und Umsetzung existieren also nicht nur räumliche, sondern auch personelle Unterschiede, die die Tätigkeit an wechselnden Einsatzorten mit wechselnden Partnern befördern.

Nicht stationäre elektrische Anlagen

Leitung und Beaufsichtigung der Errichtung, der Inbetriebnahme und des Abbaus von nicht stationären elektrischen Anlagen, ist eine Anforderung vor allem bei Open-Air-Veranstaltungen. Sowohl die Standortplanung und die Berechnung der Lastanforderung von nicht stationären elektrischen Anlagen, als auch die Rechtsfolgen einer Abnahme und die Bewertung von ökologischen Aspekten bei der Planung der Anlagen sind dabei zu berücksichtigen. Die Inbetriebnahme meint die Organisation des Betriebsgeschehens sowie die Schaffung der Voraussetzungen zur Inbetriebsetzung der Anlage, womit der Nachweis der vertraglich zugesicherten Eigenschaften durch den Auftragnehmer erfolgt. Mit der Abnahme und der Inbetriebnahme schuldet der Auftragnehmer allein für angezeigte Mängel, liegt das Risiko für Beschädigung und Zerstörung beim Auftraggeber und kehrt sich auch die Beweislast um. Bis zur Abnahme ist der Auftragnehmer in der Beweislast, ein mängelfreies Werk entsprechend der vertraglichen Regelungen erstellt zu haben, nach der Abnahme liegt die Beweislast beim Auftraggeber. Daher ist die Errichtung, die Abnahme und die Inbetriebnahme zu dokumentieren.

Leitung und Beaufsichtigung des Aufbaus

Leitung und Beaufsichtigung des Aufbaus, der Inbetriebnahme und des Abbaus von szenentechnischen und veranstaltungstechnischen Einrichtungen, temporären Bauten sowie von Traversensystemen, womit die Prüfungsverordnung ausdrücklich die Führungsaufgabe im Kernbereich der Aufgaben eines Verantwortlichen für Veranstaltungstechnik, nämlich den Auf- und Abbau der szenentechnischen und veranstaltungstechnischen Einrichtungen, herausstreicht. Die Technische Leitung setzt dies nicht um, sondern beaufsichtigt die Umsetzung und die Inbetriebnahme. In Ergänzung sind folgende Teilaufgaben bei einer Inbetriebnahme zu berücksichtigen: Ausarbeitung von Betriebsanweisungen, Übernahme von Steuerungs- und Kommunikationsanlagen, Technische Probeläufe und technische Inbetriebnahme gemäß Maschinenrichtlinie sowie die Übernahme von Dokumentationen.

Erstellung von Gefährdungsbeurteilungen

Erstellung von Gefährdungsbeurteilungen sowie Ableiten und Durchsetzen notwendiger Maßnahmen, insbesondere von Sicherheitsunterweisungen, womit die Technische Leitung in Garantenstellung die Schutzpflicht des Unternehmers gegenüber den Beschäftigten gemäß § 13 ArbSchG vertritt. Als weisungsbefugter Vertreter hat die Technische Leitung „die erforderlichen Maßnahmen des Arbeitsschutzes unter Berücksichtigung der Umstände zu treffen, die Sicherheit und Gesundheit der Beschäftigten bei der Arbeit beeinflussen." (§ 3 ArbSchG) Die Beurteilung ist je nach Art der Tätigkeit vorzunehmen. Hierauf wird in Kapitel 3.5 ausführlicher eingegangen.

Beurteilen von technischen Einrichtungen

Beurteilen von technischen Einrichtungen hinsichtlich ihrer Sicherheit sowie Veranlassen von technischen Prüfungen und von Funktions- und Sicherheitsprüfungen, damit wird auf eine Reihe von Prüfungsanforderungen an veranstaltungstechnische Einrichtungen, bis hin zu Sichtprüfungen vor dem Einsatz sowie Prüfungen sicherheitstechnischer Einrichtungen, deren Planung, Kontrolle und Dokumentation verwiesen. Dazu gehört zum einen die Terminübersicht bei regelmäßig erforderlichen Prüfungen wie z. B. die Prüfung von Feuerlöschern und Wandhydranten (regelmäßig), aber auch von Brandschutztüren (jährlich) oder von Brandmeldeanlagen (Inspektion vierteljährlich, Wartung jährlich) und die Benennung und Bestellung gegebenenfalls von externen PrüferInnen gemäß der Qualifikationsanforderung des Prüfobjekts wie die Elektrofachkraft bei Brandmeldeanlagen oder die Sachkundige Person bei Brandschutztüren.

Überwachung von maschinentechnischen Einrichtungen

Überwachung von maschinentechnischen Einrichtungen, ihren Antrieben und ihren Sicherheitseinrichtungen. Diese erfolgt auf Basis der DIN EN 17206:2020-09 unter Nutzung der Hinweise zur Durchführung der Sicht- und Funktionsprüfung gemäß Anlage A DIN EN 17206:2020-09. Hier werden Prüfkriterien der jeweiligen Prüfgegenstände von maschinentechnischen Einrichtungen und deren Teilen ausführlich dargestellt. In der älteren (2009) DGUV G 315-390 werden Art, Befähigung der Prüfenden, Fristen und Umfang der Prüfungen genannt.

Freigeben der Szenenfläche

Freigeben der Szenenfläche sowie der technischen Aufbauten und Einrichtungen, Überwachen und Gewährleisten von veranstaltungstechnischen Abläufen, Erkennen und Begrenzen von Risiken. In Anlehnung an die DGUV I 215-310 sind vor Beginn von

Proben, Veranstaltungen und Produktionen alle eingesetzten technischen Einrichtungen und Geräte sowie Aufbauten und Dekorationen einschließlich der eingesetzten Effektsysteme zu prüfen. Prüfkriterien sind dabei der ordnungsgemäße Zustand aller zu berücksichtigenden Einrichtungen, Anlagen und Ausstattungen und deren bestimmungsgemäße Verwendung. Die Überwachung des gefahrlosen Betriebes schließt ein[19]:

- Sicherung maschinentechnischer Einrichtungen gegen unbefugtes Benutzen und unbeabsichtigtes Bewegen
- Sicherung von Gefahrstellen an bewegten maschinentechnischen Einrichtungen
- Sicherstellung, dass der Bewegungsvorgang dieser Einrichtungen sowie die Umgebung von Bedienenden vollständig eingesehen werden können
- Überprüfung des gefahrlosen Betretens, Agierens und Verlassens von Bühnenwagen, Laufbänder, Drehscheiben, Hubpodien und Versenkeinrichtungen
- Überprüfung von Treppen oder Schrägen bei Zugängen zu Drehscheiben, Bühnenwagen und Laufbändern, die mehr als 0,2 m über dem Boden liegen
- Bewegungsvorgänge von Bühnenwagen, Laufbändern, Drehscheiben, Hubpodien und Versenkeinrichtungen, die Gefährdungen verursachen können, nur ausgeführt werden, wenn die Geschwindigkeit der Situation angemessen ist
- Kontrolle, dass in Bewegung befindliche Flächen nur von Personen betreten und verlassen werden, die geeignet, geübt und unterwiesen sind.
- Kontrolle, dass feste und bewegliche Teile von Dekorationen und Aufbauten so aneinander vorbeigleiten, dass keine Quetsch- oder Scherstellen entstehen.

Unterweisung

Unterweisung des technischen und des künstlerischen Personals hinsichtlich szenischer Abläufe. Der Unterweisung geht eine Gefährdungsbeurteilung voraus. Diese Unterweisungen dienen der Risikominderung bei Gefährdungen, die durch szenische Handlungen oder sich durch besondere szenische Darstellungen erge-

19 Kapitel 3.2.3 DGUV I 215-310

ben. Bei besonderen szenischen Darstellungen ist immer eine Gefährdungsbeurteilung durchzuführen. Dabei ist auch zu ermitteln, ob diese Gefährdungen mit sich bringen, die besondere Fähigkeiten oder Fertigkeiten bei den Teilnehmenden erfordern. Die Unterweisung zu Sicherheitsanforderungen und Maßnahmen sind zu dokumentieren und durch den Unterwiesenen gegenzuzeichnen.

Sicherheit

Einschätzen und Berücksichtigen des Verhaltens von Beschäftigten, Mitwirkenden sowie von Besuchern und Besucherinnen hinsichtlich Sicherheit und die Durchsetzung sicherheitsgerechten Verhaltens. Damit sind Aufgaben des Arbeitsschutzes, der Betriebssicherheit und der Besuchersicherheit zusammengefasst. Während die Bewertung des Risikos für und von Beschäftigten und Mitwirkenden über eine Gefährdungsbeurteilung erfolgen kann, ist für eine Bewertung der Besuchersicherheit eine Risikoanalyse erforderlich. Die Risikoanalyse geht über eine Gefährdungsbeurteilung hinaus und betrachtet das Besucherverhalten unter Berücksichtigung unterschiedlicher Einflussfaktoren. In der schutzzielorientierten Risikoanalyse von Sakschewski und Paul im Buch „Sicherheitskonzepte für Veranstaltungen“ werden zur qualitativen Gesamtbewertung der Gefährdungsneigung von Veranstaltungen [20] folgende Einflussfaktoren berücksichtigt:

- Erwartete Besucherzahl
- Wiederkehrende Veranstaltungen
- Besucherzahl im Verhältnis zur Einwohnerzahl
- Veranstaltungsdauer
- Anfahrtswege
- Besucherströme mit Orts- und Zeitbezug
- Durchschnittsalter
- Altersvarianz
- Soziale Milieus
- Grad des Involvements
- Anteil starker sozialer Bindungen
- Alkohol- und Drogenkonsum

20 Sakschewski und Paul 2019: 66

- Besondere Besuchergruppen
- Indoor – Outdoor
- Veranstaltungsgestalt
- Betreibermodell
- Veranstaltungsart

Die bislang erläuterten Aufgaben gelten für weisungsbefugte Führungskräfte in der Technischen Leitung personalidentisch oder hierarchisch über den Verantwortlichen für Veranstaltungstechnik und sowohl für eine Technische Leitung im Auftrag des Veranstalters als auch für eine Technische Leitung im Auftrag des Betreibers. Im Folgenden werden die spezifischen Aufgaben in der jeweiligen Funktion zusammengefasst.

Produktionsleitung

Die Technische Leitung im Auftrag des Veranstalters übernimmt dabei weitere Aufgaben einer Produktionsleitung. Die Produktionsleitung ist für alle Aufgaben einer erfolgreichen Umsetzung einer einzelnen Veranstaltung mit einer einmaligen Aufführung wie bei der Eröffnung der Olympischen Spiele 2012 in London oder einer wiederkehrenden, zumeist vorab limitierten Anzahl von Aufführungen wie bei der Welttournee der Band „Rammstein" 2016 verantwortlich. Die Hauptaufgabe der Produktionsleitung ist die Umsetzung der Produktion auf der Bühne, bei den Proben, im Probenvorlauf und der Nachbereitung. Dazu gehören nachfolgende Aufgaben- und Verantwortungsbereiche:

- Projektmanagement bei größeren Veranstaltungen, denn dann wird die gesamte Leitung der Veranstaltung vom Veranstalter an eine Produktionsleitung übergeben
- Umsetzung des Designs mit der Bühne, Licht, Szenografie und allen weiteren gestalterisch-inszenatorischen Elementen
- Venue Management: Vertragsverhandlungen mit dem Veranstaltungsort, Absprachen mit dem dort verantwortlichen Veranstaltungsleiter sowie weiteren Vertretern und die Kontrolle bei der Umsetzung der Vertragsgrundlagen
- Planung der Besucherverteilung und Aufteilung unter Berücksichtigung der Sichtachsen, VIP-Bereiche und Zugänge
- Technische Unterstützung von der grafischen Gestaltung bis zur Anmietung notwendiger technischer Ausstattung

Technische Direktion

Die Aufgaben in der Technischen Leitung des Betreibers lassen sich am ehesten durch das Berufsbild der Technischen Direktion in einer kulturellen Versammlungsstätte wie in einem Theater beschreiben. Die Technische Leitung hier ist für die Betriebsorganisation in den Werkstätten und bei den Technischen Bühnendiensten zuständig. Die Technische Leitung übernimmt damit im erheblichen Maße Personalverantwortung mit den Aufgabenfeldern Einsatzplanung und Personalentwicklung. Hinzu kommen folgende Aufgaben:

- Mitwirken bei der Planung und Einrichtung von Anlagen und Arbeitsstätten sowie bei der Beschaffung von Betriebsmitteln zur technischen Umsetzung und künstlerischer Anforderungen
- Übertragen der Aufgaben unter Berücksichtigung künstlerischer, technischer, wirtschaftlicher und sozialer Aspekte auf die Beschäftigten entsprechend ihrer Leistungsfähigkeit, Qualifikation und Eignung
- Erstellen von Haushaltsplänen für den technischen Bereich unter Berücksichtigung der erforderlichen Maßnahmen zur Instandsetzung und Modernisierung sowie der Wirtschaftlichkeitsbetrachtung von Fremdleistungen
- Abstimmung mit den BOS bei allen sicherheitstechnischen Fragen und mit den Bauaufsichtsbehörden in allen Fragen zu Bühnenbauten oder notwendigen baulichen Veränderungen
- Überwachen der Kostenentwicklung von Produktion durch möglichst bedarfs- und termingerechten sowie wirtschaftlichen Einsatz von Beschäftigten und Betriebsmitteln, Sicherstellen und Kontrollieren der Arbeiten, Proben und Vorstellungen hinsichtlich der Leistungs- und Qualitätsanforderungen
- Durchführen und Kontrollieren der erforderlichen Maßnahmen des Arbeitsschutzes, der Unfallverhütung, des Brandschutzes und Einhaltung der Bestimmungen der Versammlungsstättenverordnung in Abstimmung mit den im Betrieb mit der Arbeitssicherheit befassten Stellen und Personen sowie zuständigen Behörden

3.4 Delegation und Steuerung

Die Technische Leitung bei Veranstaltungen koordiniert und steuert die Umsetzung der Technischen Fachplanung der einzelnen Gewerke. Sie verbindet damit die detaillierte Ausführungsplanung mit den Gewerken vor Ort, die diese umsetzen und entweder als externe Dienstleister handeln, die mit der Umsetzung beauftragt wurden, oder Beschäftigte des Veranstalters bzw. des Betreibers sind. Die Technische Leitung kann:

- extern beauftragt sein,
- durch den Veranstalter gestellt werden,
- vom Betreiber beschäftigt werden,
- beim Full-Service beschäftigt sein oder
- bei einem Technischen Fachplanungsbüro angestellt sein.

Externe Beauftragung

Bei der externen Beauftragung (siehe Bild 6) wird die Technische Leitung vom Betreiber einer Veranstaltungsstätte beauftragt. Die Technische Leitung wird in diesem Fall durch einen freien Mitarbeiter, der nicht in die betriebliche Organisation integriert ist, vertreten. Die Technische Leitung erfolgt hier in einem werkvertraglichen Verhältnis. Die Technische Leitung koordiniert und steuert die technischen Prozesse beim Auf- und Abbau und während der Veranstaltung in der Veranstaltungsstätte sowie bei Anlieferungen im Rahmen der Veranstaltungslogistik im direkten Umfeld der Veranstaltungsstätte und ist temporär Schnittstelle bei allen technischen und sicherheitstechnischen Fragen die Veranstaltungsstätte betreffend.

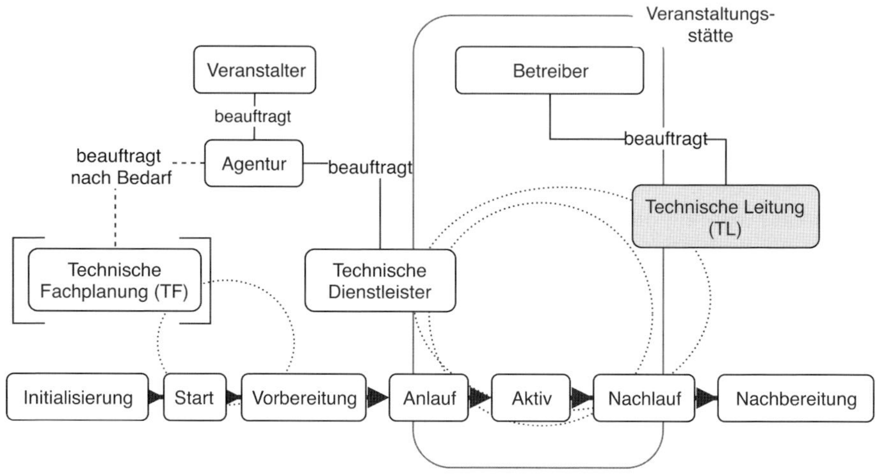

Bild 6: Technische Leitung extern

Technische Leitung des Veranstalters

Wird die Technische Leitung (siehe Bild 7) durch den Veranstalter gestellt, so verantwortet sie wie bei Gastspielen oder beim Tour-Management alle technischen Fragen im Rahmen der Produktion. Die Technische Leitung ist beim Veranstalter z. B. das gastspielende Theater in einem Dienstverhältnis beschäftigt. Sie

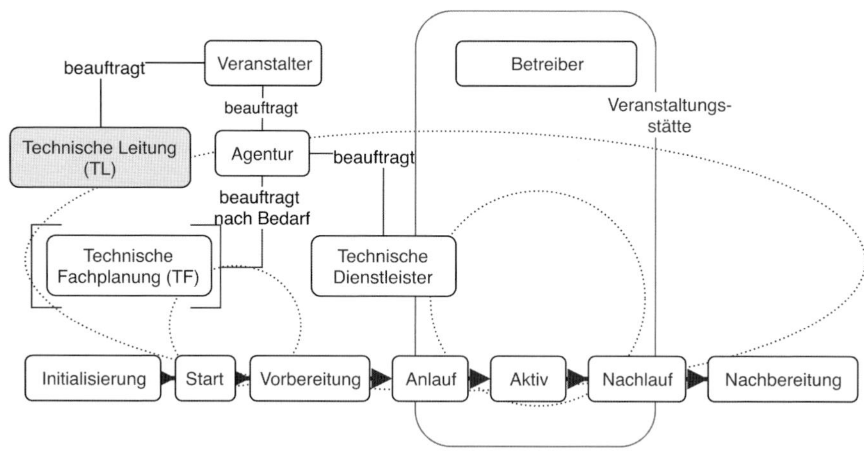

Bild 7: Technische Leitung des Veranstalters

koordiniert und steuert die technischen Prozesse beim Auf- und Abbau der Produktion und überwacht die technisch korrekte Ausführung bei der Umsetzung in der Veranstaltungsstätte. Die Technische Leitung ist in diesem Fall Schnittstelle bei allen technischen und sicherheitstechnischen Fragen die Produktion betreffend.

Technische Leitung beim Betreiber

Ist die Technische Leitung beim Betreiber beschäftigt (siehe Bild 8), so leitet und steuert sie im Dienstverhältnis alle technischen Prozesse in der Veranstaltungsstätte. Die Technische Leitung ist somit vollständig in die betriebliche Organisation integriert und übt auch die Rolle der Betriebsleitung aus. Für externe Veranstalter sowie die von ihnen beauftragten Agenturen und Dienstleister ist die Technische Leitung Ansprechpartner bei allen technischen, logistischen und sicherheitstechnischen Fragen die Veranstaltungsstätte betreffend. Ist der Betreiber auch Veranstalter koordiniert sie Abläufe und steuert die technischen Prozesse.

Technische Leitung des Full-Service Dienstleisters

Full-Service Dienstleister in der Veranstaltungsbranche bieten die gesamte Bandbreite der Konzeption, Planung, Koordination und technische Umsetzung aus einer Hand. Full-Service Dienstleister werden in der Regel direkt durch den Veranstalter beauftragt, ohne dass eine Agentur, beauftragt mit Konzeption und Planung,

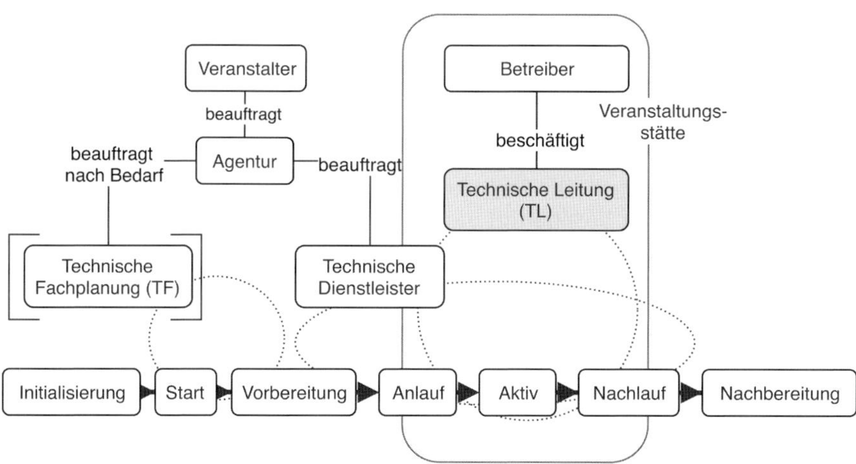

Bild 8: Technische Leitung beim Betreiber

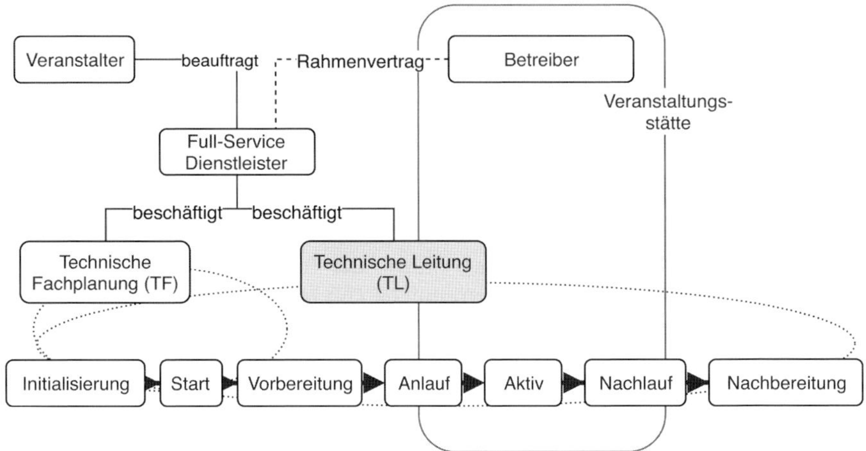

Bild 9: Technische Leitung beim Full-Service Dienstleister

dazwischengeschaltet ist. Full-Service Dienstleister können ebenfalls in der Form eines mehrjährigen Rahmenvertrages der technische Partner für den Regelbetrieb von Veranstaltungsstätten, meist größere Versammlungsstätten sein. In diesem Fall ist die Technische Leitung beim Full-Service Dienstleister beschäftigt und koordiniert die Umsetzung der betriebsinternen Fachplanung der Gewerke vor Ort (siehe Bild 9). Die Technische Leitung ist hier Koordinator der Abläufe und Projektsteuerer der Technischen Fachplanung.

Technische Leitung der Technischen Fachplanung

Übernimmt die Technische Fachplanung die Gesamtkoordination von Veranstaltungen im Auftrag des Veranstalters stellt sie auch die Technische Leitung, die vor Ort die Technischen Dienstleister koordiniert. Die Technische Leitung ist bei der Technischen Fachplanung beschäftigt und kontrolliert die Umsetzung der Fachplanung durch die Dienstleister (siehe Bild 10).

Die Aufgaben, die im Rahmen der technischen Planung und Umsetzung anfallen, muss die Technische Leitung nicht höchstpersönlich wahrnehmen. Sie können von ihr an Dritte delegiert werden. Da die Technische Leitung aber für die Planung und Organisation verantwortlich bleibt, muss sie die Erfüllung durch die beauftragten Dritten und der sich daraus ergebenden Pflichten sicherstellen. Delegation bedeutet nun einmal nicht die Über-

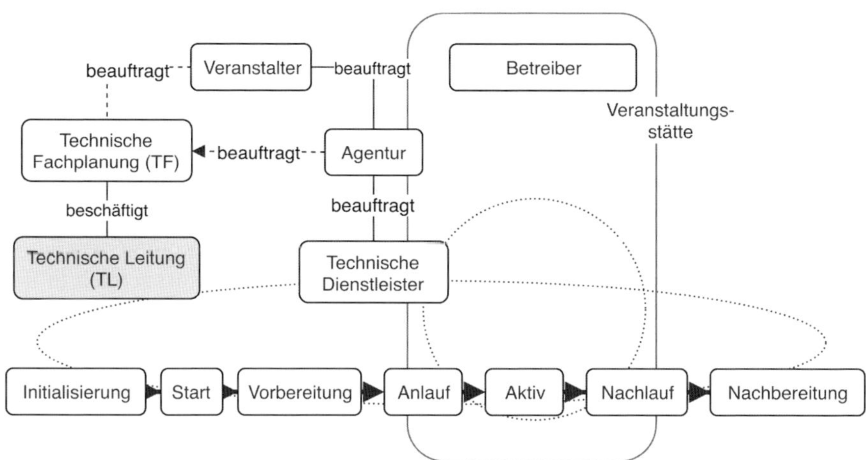

Bild 10: Technische Leitung der Technischen Fachplanung

tragung aller Pflichten, die Übertragung der Verantwortung für Teilbereiche bzw. die Durchführung. Die Technische Leitung muss also auch bei delegierten Aufgaben der technischen Umsetzung sicherstellen, dass diese rechtskonform, ordnungsgemäß, sicher und nach dem Stand der Technik, gemäß zuvor formulierter Qualitäts-, Leistungs- und Terminanforderungen erledigt werden.

Verantwortungsübertragung

Die Übertragung muss nachvollziehbar für den Übertragenden und den Übernehmenden erfolgen. Bei der Übertragung von Verantwortung ist also die Schriftform vorzuziehen und ist z. B. bei der Unterweisung auch gesetzlich vorgeschrieben. Bei einer Delegation von Aufgaben bleibt die Auswahl- und eine Kontrollverantwortung erhalten. Die Auswahlverantwortung umfasst die Kontrolle der erforderlichen Qualifikation und der Überprüfung der Befähigung zur Durchführung der Aufgaben. Die Kontrolle der Qualifikation kann über einen Nachweis der Aus- bzw. Weiterbildung erfolgen. Die Befähigung kann durch Nachweis der für die Aufgabenstellung relevanten Erfahrung erfolgen, dabei sollten diese praktischen Erfahrungen nicht so lange zurückliegen, dass die erworbenen Kenntnisse veraltet sind. Delegation verlangt keine durchgehende oder permanente Kontrolle, doch ist die Schlusskontrolle der ausgeführten Arbeiten auf jeden Fall notwendig und kann durch Zwischenkontrollen bei umfangreichen und komplexen Aufgaben ergänzt werden. Delegation verlangt darüber hinaus auch die Überprüfung der Eignung und der Zuverlässigkeit desjenigen, auf den die Verantwortung übertragen wird.

Eignung Die Eignung umfasst Kompetenzen zur Aufgabenerfüllung, die nicht nur fachlicher Natur sind, die weitere Befähigungen meinen, die für die Aufgabe bedeutend, aber nur schwer nachweisbar sind, wie der Umgang mit Kunden, Auftreten, Kommunikationskompetenz. Die beauftragte Person muss also tatsächlich in der Lage sein, die erforderliche Befähigung im konkreten Umfeld der Aufgabe anzuwenden. Zuverlässigkeit ist erst durch eigene oder Erfahrungen Dritter im Umgang mit der Person einschätzbar. Auch bei qualifizierten, befähigten und geeigneten Personen kann aufgrund mangelnder Zuverlässigkeit eine Delegation ausgeschlossen sein. Daher ist zu berücksichtigen, ob der/die Betreffende in der Vergangenheit solche und andere Aufgaben mit der nötigen Sorgfalt und Umsicht erledigt hat.

3.5 Arbeitsschutz

Artistik Als direkte/r Vorgesetzte/r ist die Technische Leitung verantwortlich für die Wahrnehmung und Durchsetzung der Arbeitgeberpflichten gegenüber direkten Beschäftigten und den Beteiligten. Als Beschäftigte gelten laut § 2 Abs. 2 ArbSchG (Arbeitsschutzgesetz) unter anderem Arbeitnehmerinnen und Arbeitnehmer, die zu ihrer Berufsbildung Beschäftigten und arbeitnehmerähnliche Personen. Die Betriebssicherheitsverordnung fasst den Begriff des Beschäftigten etwas weiter (§ 2 Abs. 4 BetrSichV): Beschäftigte sind demnach Personen, die nach § 2 Abs. 2 des ArbSchG als solche bestimmt sind. Darüber hinaus gelten gemäß Betriebssicherheitsverordnung als Beschäftigte folgende Personengruppen, sofern sie Arbeitsmittel verwenden: Schülerinnen und Schüler sowie Studierende, in Heimarbeit Beschäftigte sowie sonstige Personen, insbesondere Personen, die in wissenschaftlichen Einrichtungen tätig sind. Weitere Beteiligte wie SchauspielerInnen, MusikerInnen oder KünstlerInnen gelten nur dann als Beschäftigte im Sinne des Arbeitsschutzgesetzes, wenn sie in einem Dienstverhältnis stehen, also angestellt sind oder eine Tätigkeit insoweit unselbstständig ausführen, dass von einem arbeitnehmerähnlichen Verhältnis ausgegangen werden kann. Selbstständig Beteiligte fallen damit zunächst nicht in den Anwendungsbereich des Arbeitsschutzes. Sie fallen jedoch in den Anwendungsbereich der Betriebssicherheitsverordnung, da sie in der Regel Arbeitsmittel gestellt vom Veranstalter verwenden. Eine Ausnahme stellen Artisten dar, die mit ihren eigenen Arbeitsmitteln (Artistensysteme) anreisen und diese in eigener Verantwortung nutzen. Ein Artistensystem wird zur Durchführung einer artistischen Darstellung benutzt. Die Artistik setzt ein besonderes artistisches Können der ArtistInnen voraus, das nachvollziehbar durch Ausbildung, Erfahrung und ergänzend durch Zertifikate von externen Stellen nachgewiesen werden kann. Die Geräte und Requisiten werden durch die ArtistInnen selbst überprüft. (Kapitel 3.2 DGUV I 215-315) Die ArtistInnen und alle anderen Beteiligten fallen jedoch über die Versicherungspflicht des Unternehmers in den Anwendungsbereich der berufsgenossenschaftlichen Vorschriften (§ 1 DGUV V 1) sowie über den Ort in den Geltungsbereich der Unfallverhütungsvorschrift Veranstaltungs- und Produktionsstätten für szenische Darstellung (§ 1 DGUV V 17/18): „Diese Unfallverhütungsvorschrift gilt für 1. den bühnentechnischen und darstellerischen Bereich von Veranstaltungsstätten, 2. den produktionstechnischen und darstellerischen Bereich von Produktionsstätten für Film, Fernsehen, Hörfunk und Fotografie." Für die Beschäftigten gelten somit zweifelsfrei die besonderen Schutzpflichten des Arbeitgebers. Für Beteiligte ist hingegen nur eingeschränkt der erweiterte Begriff der Beschäftigten im Sinne der Betriebssicherheitsverordnung übertragbar, wenn Arbeitsmittel verwendet werden, die durch den Veranstalter oder der von ihr beauftragten Technischen Leitung gestellt werden.

Schutzpflicht des Arbeitgebers

Auch wenn die besondere Schutzpflicht des Arbeitgebers gegenüber den Beschäftigten für andere Beteiligte bei Veranstaltungen nicht vollständig gilt, so lassen sich Informations- und Unterweisungspflichten für die Beteiligten aus Betriebssicherheitsverordnung und berufsgenossenschaftlichen Vorschriften ableiten. Die Garantenstellung des Arbeitgebers gilt damit sowohl gegenüber den Beschäftigten als auch gegenüber den Beteiligten. Als Garantenstellung wird eine rechtliche Handlungspflicht, hier die Schutzpflicht verstanden, die unmittelbar umzusetzen ist, indem Personen benannt werden, die die Schutzpflicht ausführen. „Verantwortlich für die Erfüllung (...)sind neben dem Arbeitgeber sein gesetzlicher Vertreter, das vertretungsberechtigte Organ einer juristischen Person, der vertretungsberechtigte Gesellschafter einer Personenhandelsgesellschaft, Personen, die mit der Leitung eines Unternehmens oder eines Betriebes beauftragt sind, im Rahmen der ihnen übertragenen Aufgaben und Befugnisse, sonstige nach Absatz 2 oder nach einer aufgrund dieses Gesetzes erlassenen Rechtsverordnung oder nach einer Unfallverhütungsvorschrift verpflichtete Personen im Rahmen ihrer Aufgaben und Befugnisse.“ (§ 13 ArbSchG) Hier ist zunächst der Arbeitgeber als Garant genannt. Ebenso kann die Garantenstellung des Arbeitgebers aber auf eine durch eine Unfallverhütungsvorschrift berechtigte Person übertragen werden, also nach § 15 DGUV V 17/18 also auf Bühnen- und Studiofachkräfte. Ebenso aber kann der Arbeitgeber die Schutzpflichten auf zuverlässige und fachkundige Personen übertragen, soweit sie schriftlich beauftragt werden (§ 13 Abs. 2 ArbSchG).

Garantenstellung

Die Technische Leitung ist damit sowohl gemäß Arbeitsschutzgesetz als auch gemäß berufsgenossenschaftlichen Vorschriften in Garantenstellung gegenüber Beschäftigten und Beteiligten. Damit fallen auch die allgemeinen Arbeitgeberpflichten in den Verantwortungsbereich der Technischen Leitung:

- Grundlegend sind die Gefahren an der Quelle gemäß Stand der Technik zu bekämpfen. (§ 4 ArbSchG)
- Es muss eine wirksame Erste Hilfe durch eine ausreichende Anzahl von ErsthelferInnen, Notfallplanung und Information an die Beschäftigten und Beteiligten gewährleistet werden. (§ 21.1 SGB VII)
- Die Geschäftsräume und die für den Geschäftsbetrieb bestimmten Vorrichtungen und Gerätschaften sind so einzurichten und zu unterhalten, auch der Geschäftsbetrieb und die Arbeitszeit ist so zu regeln, dass sie vor einer Gefährdung der Gesundheit schützen und der Aufrechterhaltung der guten Sitten und des Anstands dienen (§ 62 HGB).
- Die Räume, Vorrichtungen oder Gerätschaften, die zur Verrichtung der Dienste notwendig sind, müssen so beschaffen sein und sind so einzurichten und zu unterhalten und Dienstleistungen, die unter der Anordnung oder Leitung vorzunehmen sind, so zu regeln, dass keine Gefahr für Leib und Gesundheit davon ausgeht. (§ 618 BGB)

- Der Unternehmer hat die erforderlichen Maßnahmen zur Verhütung von Arbeitsunfällen, Berufskrankheiten und arbeitsbedingten Gesundheitsgefahren zu treffen. (§ 2. 1 DGUV V1)

Exkurs

Freiwillige bei Veranstaltungen

Bei der FIFA Weltmeisterschaft 2006 in Deutschland waren 15.000 Freiwillige bzw. Volunteers beschäftigt. Bei der FIFA Weltmeisterschaft 2018 wurden etwa 21.000 Volunteers eingesetzt. Kamen 2006 in Deutschland noch 50.000 Bewerberinnen und Bewerber auf die 15.000 Plätze (etwa 1:4), bewarben sich bei der FIFA Frauen-Weltmeisterschaft bereits 15.000 Interessentinnen und Interessenten auf die 2843 Stellen (etwa 1:5). 2018 in Russland wollten 177.000 Menschen (etwa 1:8) als Freiwillige mithelfen. Bei Kulturveranstaltungen werden generell weniger Ehrenamtliche beschäftigt. Zuverlässige Zahlen sind weniger leicht zu bekommen. Die re:publica ist eine seit 2007 jährlich stattfindende Konferenz zum Thema Internetkultur. Die re:publica 2018 zählte über 10.000 Besucherinnen und Besucher und beschäftigte 551 Volunteers. Das Wilde Möhre Festival in Brandenburg (etwa 5.000 Besucherinnen und Besucher) setzte in den letzten Jahren zwischen 150 und 200 Volunteers ein. Bei einer Befragung der clubcommission Berlin unter achtzig Festivalorganisatoren zeigte sich, dass bei Festivals eher die kleinen Festivals unter 5.000 Besuchern auf freiwillige Kräfte setzen. Fast zwei Drittel der Organisatoren dieser kleineren Festivals gaben an, mit bis zu 500 oder mehr Freiwilligen zu arbeiten. Das bedeutet, dass bei einer maximalen Besucherzahl auf zehn Besucher ein Freiwilliger kommt. Bei größeren Festivals werden dann wieder weniger Volunteers eingesetzt. Zwar steigt der Bedarf an Arbeitskräften, aber die Professionalisierung der Organisation des Events und der Anspruch, alle Beteiligten angemessen bezahlen zu können, steigt ebenso. Bei einer Besucherzahl von 5.000 scheint mithin durch die Regularien der Musterversammlungsstättenverordnung (MVStättVO) eine Grenze erreicht zu sein. Jedenfalls sinkt der Anteil der beschäftigten Volunteers stark. Ebenso nimmt die Anzahl an Volunteers mit steigender Anzahl an festen Beschäftigten ab. Eine große Anzahl der befragten Festivalorganisationen (fünfundzwanzig von achtzig) gaben an, überhaupt keine festen Mitarbeiter zu beschäftigen, sodass also selbst das Organisationskomitee der Veranstaltung auf ehrenamtlicher Basis arbeitet. Aber auch bei kleinen Unternehmen mit bis zu fünf festangestellten Kräften ist das Verhältnis zwischen Freiwilligen und Festangestellten groß. Fünf Organisatoren mit bis zu fünf Festangestellten erklärten, bis zu 100 Volunteers vor, während und nach dem Festival (ein Verhältnis von Festangestellten zu Freiwilligen von bis zu 1:20) zu beschäftigen und sieben arbeiten sogar mit bis zu 500 Volunteers (Verhältnis Festangestellte zu Freiwilligen bis zu 1:100). [21]

Wie aber steht es mit Freiwilligen und (Solo-)Selbstständigen? Beide Gruppen finden im Arbeitsschutzgesetz und in der Betriebssicherheitsverordnung keine Erwähnung, da sie nicht zu der Gruppe der Beschäftigten gezählt werden.

3.5.1 Garantenstellung gegenüber Freiwilligen

In Übersetzung des englischen Begriffs des Volunteers gelten Freiwillige als unentgeltlich und aus freiem Willen Mitarbeitende, die zum Wohl der Gemeinschaft, des sozialen Zusammenlebens oder im Sinne des Zwecks und der Aufgaben einer gemeinnützigen Organisation tätig werden. Der Begriff der Freiwilligenarbeit wird häufig in Abgrenzung zum Ehrenamt verwendet, da die Tätigkeit kein verliehenes Amt meint, daher förmlich nicht festgelegt und nicht auf Dauer angelegt ist, wie im Vergleich der Vorstandsvorsitz in einem Verein, der durch das Vereinsrecht förmlich festgelegt ist, gewählt wird und für die in der Vereinssatzung festgelegte Zeitdauer mit Amt verbundene Rechten und Pflichten bedeutet.

Für die Gruppe der Freiwilligen bei Veranstaltungen ergibt sich jedoch aus zwei Überlegungen eine Garantenstellung des Veranstalters:

– **Anwendung** Betriebssicherheitsverordnung: Gemäß § 2 Abs. 5 BetrSichV gelten als Arbeitsmittel alle Werkzeuge, Geräte, Maschinen oder Anlagen, die für die Arbeit verwendet wer-

21 Fritz und Sakschewski 2019

den. Sobald daher Freiwillige bei einer Veranstaltung Arbeitsmittel verwenden ist die Betriebssicherheitsverordnung anwendbar – Müllgreifer und Müllsäcke bei der Abfallentsorgung oder die Warnweste bei der Verkehrseinweisung gelten ebenso als Arbeitsmittel wie manuelle Personenzähler oder Schreibblock und Stift. Freiwillige sind damit den Beschäftigten gleichgestellt. Sie sind bei der Gefährdungsbeurteilung zu betrachten, (§ 3 BetrSichV). Es gelten dieselben Anforderungen an Arbeitsmittel (§ 5 BetrSichV) und Schutzmaßnahmen (§ 6 BetrSichV) müssen auch auf Freiwillige angewendet werden.

– **Anwendung Unfallverhütungsvorschriften:** Freiwillige sind, obwohl sie nicht als Beschäftigte gelten, kraft Gesetz versichert. Zum einen sind dies gemäß § 2 Abs. 1 Ziff. 9 und 10 SGB VII alle diejenigen Freiwilligen, die für einen öffentlich-rechtlichen oder gemeinnützigen Träger tätig werden: „9. Personen, die selbständig oder unentgeltlich, insbesondere ehrenamtlich im Gesundheitswesen oder in der Wohlfahrtspflege tätig sind, 10. Personen, die a) für Körperschaften, Anstalten oder Stiftungen des öffentlichen Rechts oder deren Verbände oder Arbeitsgemeinschaften (...) oder für privatrechtliche Organisationen im Auftrag oder mit ausdrücklicher Einwilligung, in besonderen Fällen mit schriftlicher Genehmigung von Gebietskörperschaften ehrenamtlich tätig sind oder an Ausbildungsveranstaltungen für diese Tätigkeit teilnehmen, b) für öffentlich-rechtliche Religionsgemeinschaften und deren Einrichtungen oder für privatrechtliche Organisationen im Auftrag oder mit ausdrücklicher Einwilligung, in besonderen Fällen mit schriftlicher Genehmigung von öffentlich-rechtlichen Religionsgemeinschaften ehrenamtlich tätig sind oder an Ausbildungsveranstaltungen für diese Tätigkeit teilnehmen“. Für private Träger und alle Tätigkeiten, die nicht unter die obengenannten Sachverhalte fallen, kann angenommen werden, dass Freiwillige wie Beschäftigte zu betrachten sind (§ 2 Abs. 2 SGB VII): „Ferner sind Personen versichert, die wie nach Absatz 1 Nr. 1 Versicherte tätig werden. “ Dies wird durch die Unfallverhütungsvorschriften bestätigt. In § 2 Abs. 1 DGUV V 1 heißt es: „Die in staatlichem Recht bestimmten Maßnahmen gelten auch zum Schutz von Versicherten, die keine Beschäftigten sind. “ Damit gelten Freiwillige als

„Versicherte“ und fallen in den Schutzbereich des Rechts der Unfallversicherung (SGB VII), auch wenn sie im Regelfall nicht in den Geltungsbereich des staatlichen Arbeitsschutzrechts einbezogen werden. Über welche Unfallversicherungsträger die Freiwilligen abgesichert sind, hängt vom Arbeitgeber ab. Freiwillige im Auftrag von Kommunen oder Städten sind über kommunale UV-Träger versichert. Der wohltätig-caritative Bereich über die Berufsgenossenschaft für Gesundheitsdienst und Wohlfahrtspflege (BGW), Deutsches Rotes Kreuz und Technisches Hilfswerk nach § 125 SGB VII die Unfallversicherung Bund und Bahn und Kirchen sowie Vereine über die Verwaltungs-Berufsgenossenschaft (VBG).

3.5.2 Garantenstellung gegenüber (Solo-)Selbstständigen

Eine Garantenstellung gegenüber (Solo-)Selbstständigen ergibt sich aus dem Arbeitsschutzgesetz deswegen nicht, da der Adressat der Schutzpflichten gegenüber den ArbeitnehmerInnen der Arbeitgeber ist, der in dem Fall einer Solo-Selbstständigkeit gleichzeitig Adressat und Empfänger des besonderen Schutzverlangens ist. Daher ist zunächst zu klären, inwieweit der/die Selbstständige wirklich selbstständig handelt oder eine Scheinselbstständigkeit vorliegt.

Solo-Selbstständigkeit

Selbständig ist, wer im Wesentlichen frei seine Tätigkeit gestalten und seine Arbeitszeit bestimmen kann (§ 84 Abs. 1 HGB). Der Anteil der Selbstständigen in der Kultur- und Kreativwirtschaft liegt wesentlich höher als in der Gesamtwirtschaft. 97,2 % aller Unternehmen in der Kultur- und Kreativwirtschaft sind Kleinstunternehmen[22]. Besonders auffällig ist die hohe Anzahl von sogenannten Solo-Selbstständigen. Soloselbstständige sind Unternehmer, die keine eigenen Beschäftigten haben. Die Tätigkeitsfelder von Selbstständigen in der Veranstaltungsbranche reichen von künstlerisch-kreativen Bereichen, also der traditionellen Domäne der freischaffenden Beschäftigung und sind z. B. als LichtdesignerIn, AusstatterIn oder „Conceptioner“, also KoordinatorIn unterschiedlicher technischer Disziplinen, in Agenturen tätig oder arbeiten in technisch orientierten Tätigkeiten als Gewerk-

22 Söndermann et al. 2009, S. 63 f.

eleiterIn oder Verantwortliche/r für Veranstaltungstechnik auf selbstständiger Basis. Zusätzlich gibt es viele Hilfskräfte, sogenannte „Stagehands", die als selbstständige Unternehmer handeln. Sie arbeiten nach Anweisung insbesondere bei Großveranstaltungen beim Auf- und Abbau von bühnen- oder szenentechnischen Einrichtungen.

Um diese Ausnutzung der Selbstständigkeit zu verhindern, wurde der Rechtsbegriff der Scheinselbstständigkeit eingeführt. Der Vorwurf der Scheinselbstständigkeit wird erhoben, wenn freie MitarbeiterInnen als Selbstständige tätig sind, aber in Wirklichkeit eine abhängige Beschäftigung ausüben. Die tatsächliche Tätigkeit, nicht die Ausgestaltung des Vertrages, ist entscheidend für die Einordnung zur abhängigen Beschäftigung bzw. Selbstständigkeit. Grundsätzlich steht jedem das Recht auf Vertragsfreiheit zu. Das bedeutet, dass es gleichberechtigten Parteien freisteht, wie sie einen Vertrag abschließen und welchen Inhalt er hat. Der freie Wille wird durch zwingende Rechtsvorschriften eingegrenzt.

Merkmale Beschäftigungsverhältnis

Das Arbeitsrecht in diesem Fall schreibt dem Arbeitgeber soziale und rechtliche Verpflichtungen zu. Auf diese kann ein Arbeitnehmer auch dann nicht freiwillig verzichten, wenn er das ohne Zwang von außen wünscht, wie der Verzicht auf die gesetzlich festgelegte Mindesturlaubszeit oder die freiwillige Tagesmehrarbeit über zehn Stunden hinaus. Eine eindeutige Abgrenzung der Begriffe Arbeitnehmer und Selbstständiger existiert jedoch nicht. Beide sind somit unbestimmte Rechtsbegriffe, die in mehreren Urteilen genauer erläutert worden sind. Demnach gilt als Arbeitnehmer, wer weisungsgebundene, fremdbestimmte Arbeit in persönlicher Abhängigkeit leistet. Als Anhaltspunkte für eine Beschäftigung gelten eine Tätigkeit nach Weisungen und eine Eingliederung in die Arbeitsorganisation des Weisungsgebers. Entscheidend für die Einordnung als abhängige Beschäftigung bzw. der selbstständigen Tätigkeit ist dabei das Maß der persönlichen Abhängigkeit, die sich mit verschiedenen Merkmalen beschreiben lässt, wie in der nachfolgenden Übersicht zusammengefasst:

Tabelle 4: Übersicht Arbeitnehmer – Selbstständiger

Arbeitnehmer	Selbstständiger
Weisungsgebunden	Mehrere Auftraggeber
Arbeitszeit ist fremdbestimmt	Tragen des unternehmerischen Risikos
Einsatzort ist fremdbestimmt	Entscheidungsfreiheit über Kapitaleinsatz
Eingliederung in die Organisation (Betriebliche Sonderregelungen, Kleidung, Mitglied in Sekundärorganisationen etc.)	Eigenständige Preiskalkulation
Feste Gehaltszahlung auf zeitlicher Basis	Delegationsmöglichkeit von Aufgaben an Dritte
Urlaubsanspruch	Gewährleistungspflicht
Kein unternehmerisches Risiko	Bezahlung auf Erfolgsbasis
Kontroll- und Berichtssystem	
Pflicht zur Dienstbereitschaft	

Unterscheidungsmerkmale

- Eine Eingliederung in fremde betriebliche Organisationen ist in der Veranstaltungsbranche alltäglich, denn Arbeitsabläufe, der Arbeitsmittel und die internen Abläufe werden häufig vom Auftraggeber vorgegeben. Auch kommt es zu Arbeiten in den Räumlichkeiten des Auftraggebers, wenn Material im Lager vorkonfektioniert werden muss oder die Projektplanung in Räumlichkeiten erfolgt, die vom Auftraggeber gestellt werden.
- Weisungsgebunden handelt ein Auftragnehmer, wenn der Auftraggeber Einsatzort, Arbeitszeiten und Arbeitsumfang vorgeben kann, auch wenn diese bei Vertragsabschluss nicht abgesprochen wurden und nicht Teil des Auftrages sind.
- Wenn der Einsatzort vom Auftraggeber erst nach Vertragsabschluss bekanntgegeben oder geändert wird, handelt es sich ebenso um ein Anzeichen für ein Dienstverhältnis wie die Geltendmachung von Überstunden durch den Auftragneh-

mer, was nicht zu verwechseln ist mit der Anerkennung von nachträglichen Änderungen beim Leistungsumfang (Werk statt Zeit). Die ausgesprochene oder schriftlich festgelegte Vorgabe von Arbeitsabläufen also eine fachliche Weisungsgebundenheit oder die Anordnung von weiteren und anderen Aufgaben, die bislang nicht Vertragsbestandteil gewesen sind, können ebenfalls als Indizien für eine weisungsgebundene Tätigkeit dienen.

- Die Delegationsfähigkeit ist eingeschränkt – ebenfalls ein Indiz für das Vorliegen eines Angestelltenverhältnisses. Eingeschränkt ist es deswegen, da eine Beauftragung sehr wohl ad personam (personengebunden) erfolgen kann, ohne dass ein Dienstverhältnis vorliegt, wie bei künstlerischen Tätigkeiten üblich.
- Wird vom Auftraggeber verlangt, dass der Auftragnehmer höchstpersönlich den Auftrag ausführt, wird die Delegationsfähigkeit eines Selbstständigen und damit die Möglichkeit des wirtschaftlich eigenständigen Handelns eingeschränkt. Ein Indiz für ein Angestelltenverhältnis.
- Ein wichtiges Kennzeichen stellt die wirtschaftliche Abhängigkeit dar. Ist der Auftragnehmer für mehr als einen Auftraggeber tätig und sind die Einkünfte aus diesen Tätigkeiten mehr als nur marginal, so kann von einer selbstständigen Ausübung der Arbeiten ausgegangen werden. Als Orientierung kann hier weiterhin die 5/6-Regel gelten, die bis 2003 in § 7 Abs. 4 SGB IV zu finden war. Die 5/6-Regel besagt, dass es ein Indiz für ein Dienstverhältnis ist, wenn ein Auftragnehmer 5/6 seines Umsatzes durch einen Auftraggeber erwirtschaftet.

Wirtschaftliche Abhängigkeit

Sind (Solo-)Selbstständige nach diesen Kriterien selbstständig, handelt der (Solo-)Selbstständige als Unternehmer. Auch in diesen Fällen ergeben sich Unterweisungs- und Informationspflichten aus den Unfallverhütungsvorschriften, die sich aus dem Geltungsbereich Veranstaltungsstätten und Produktionsstätten der DGUV V 17/18 ergeben (§ 2 DGUV V 17/18):

> „Veranstaltungsstätten im Sinne dieser Unfallverhütungsvorschrift sind alle Betriebsstätten in Gebäuden oder im Freien mit Bühnen oder Szenenflächen für Darstellungen einschließlich der erforderlichen Einrichtungen und Geräte. Produktionsstätten für Film, Fernsehen, Hörfunk und Fotografie im Sinne dieser Unfallverhütungsvorschrift sind Studios, Ateliers sowie Spiel- und Szenenflächen bei Außenaufnahmen, einschließlich der erforderlichen Einrichtungen und Geräte."

Pflicht zur Kooperation

Eine Pflicht zur Kooperation und zur gemeinsamen Beurteilung der Gefährdungen und bei der Durchführung der Sicherheits- und Gesundheitsschutzbestimmungen und damit indirekt eine Informationspflicht und Unterweisungspflicht des Veranstalters und somit eine Garantenstellung auch gegenüber (Solo-)Selbstständigen ergeben sich nahezu gleichlautend aus Arbeitsschutzgesetz, Betriebssicherheitsverordnung und Unfallverhütungsvorschrift. In § 6 DGUV V 1 heißt es:

> „Werden Beschäftigte mehrerer Unternehmer oder selbstständige Einzelunternehmer an einem Arbeitsplatz tätig, haben die Unternehmer hinsichtlich der Sicherheit und des Gesundheitsschutzes der Beschäftigten (...) zusammenzuarbeiten. Insbesondere haben sie, soweit es zur Vermeidung einer möglichen gegenseitigen Gefährdung erforderlich ist, eine Person zu bestimmen, die die Arbeiten aufeinander abstimmt; zur Abwehr besonderer Gefahren ist sie mit entsprechender Weisungsbefugnis auszustatten."

Informations- und Unterweisungspflicht

Bei Veranstaltungen wäre diese Person die Technische Leitung. § 8 ArbSchG lautet „Werden Beschäftigte mehrerer Arbeitgeber an einem Arbeitsplatz tätig, sind die Arbeitgeber verpflichtet, bei der Durchführung der Sicherheits- und Gesundheitsschutzbestimmungen zusammenzuarbeiten." Auch aus der Betriebssicherheitsverordnung lässt sich eine Informations- und Unterweisungspflicht ableiten. § 13 Abs. 1 BetrSichV führt hier ausdrücklich eine Verpflichtung auch gegenüber Auftragnehmer an:

> „Beabsichtigt der Arbeitgeber, in seinem Betrieb Arbeiten durch eine betriebsfremde Person (Auftragnehmer) durchführen zu lassen, so darf er dafür nur solche Auftragnehmer heranziehen, die über die für die geplanten Arbeiten erforderliche Fachkunde verfügen. Der Arbeitgeber als Auftraggeber hat die Auftragnehmer, die ihrerseits Arbeitgeber sind, über die von seinen Arbeitsmitteln ausgehenden Gefährdungen und über spezifische Verhaltensregeln zu informieren. Der Auftragnehmer hat den Auftraggeber und andere Arbeitgeber über Gefährdungen durch seine Arbeiten für Beschäftigte des Auftraggebers und anderer Arbeitgeber zu informieren."

Aus den Ausführungen ergibt sich eine Garantenstellung des Veranstalters auch gegenüber (Solo-)Selbstständigen, die jedoch keine Weisungsgebundenheit bedeutet, sondern Informations- und Unterweisungspflichten bei der Beurteilung der Gefährdungen und der Durchsetzung von Maßnahmen zum Schutz der Einzelunternehmer und der Beschäftigten von beauftragten Unternehmen. Diese Aufgabe übernimmt die Technische Leitung, die somit z. B. auch (Solo-)Selbstständige auf die Einhaltung der gesetzlichen Arbeitszeitregelungen mit dem Hinweis auf Sicherheits- und Gesundheitsschutzbestimmungen hinweisen und im Zweifelsfall durchsetzen kann, da das Recht auf eigenständiges wirtschaftliches Handeln weder den Bruch geltender Gesetze noch die Selbstgefährdung und Gefährdung Dritter rechtfertigt.

3.5.3 Berücksichtigung der Arbeitszeiten

Die Einhaltung der gesetzlichen Arbeits- und Ruhezeiten gehören zu den Schutzpflichten, die die Technische Leitung als weisungsbefugte Führungskraft auch beim Veranstaltungsaufbau und -abbau mit Nachtarbeit und langen Schichten zu kontrollieren hat. Für die direkt Beschäftigten gilt dies vollständig, für Beteiligte nur eingeschränkt, da zum einen für Beschäftigte beauftragter Unternehmen eine Dokumentation der Arbeitszeiten über die erforderlichen Ausgleichzeiträume nicht vorliegt und zum anderen Selbstständige keine Arbeitnehmer im Sinne des Arbeitszeitgesetzes sind.

Die Arbeitszeiten sind europaweit in der Richtlinie 2003/88/EG geregelt und in nationale Gesetzgebung im Arbeitszeitgesetz (ArbZG) überführt. In Europa gilt:

- Ruhepausen nach 6 Stunden (Art. 4 RL 2003/88/EG)
- Tägliche Ruhezeit von 11 Stunden (Art. 3 RL 2003/88/EG)
- Wöchentliche Ruhezeit von 24 Stunden (Art. 5 RL 2003/88/EG)
- Wöchentliche Höchstarbeitszeit von 48 Stunden (Art. 6 RL 2003/88/EG)
- Jährliche Ruhezeit von vier Wochen (Art. 7 RL 2003/88/EG)
- Abweichungen von der täglichen (11 Stunden) und wöchentlichen Ruhezeit (24 Stunden) nach Art. 17 Abs. 4 RL 2003/88/EG bei Schichtarbeit und bei Tätigkeiten, bei denen die Arbeitszeiten über den Tag verteilt sind.

Arbeitszeit von acht Stunden täglich

Unmissverständlich stellt der Gesetzgeber fest, dass eine werktägliche Arbeitszeit der Arbeitnehmer von acht Stunden nur dann auf bis zu zehn Stunden verlängert werden kann, wenn innerhalb von sechs Kalendermonaten oder innerhalb von 24 Wochen im Durchschnitt acht Stunden werktäglich nicht überschritten werden, also die Mehrarbeit ausgeglichen wird. (§ 3ArbZG) Zum Schutz vor längeren Arbeitszeiten als zehn Stunden wurden hohe Hürden gesetzt. In Tarifvertrag oder aufgrund eines Tarifvertrags in einer Betriebs- oder Dienstvereinbarung können nur dann abweichende Regelungen getroffen werden, wenn die Arbeitszeit in erheblichem Umfang aus Bereitschaftsdienst besteht (§ 7 Abs. 1 Zif. 1 ArbZG), dieser Regelung der Arbeitnehmer schriftlich zugestimmt hat und die durchschnittliche wöchentliche Arbeitszeit innerhalb von zwölf Kalendermonaten 48 Stunden nicht überschreitet (§ 7 Abs. 8 ArbZG). Wird die werktägliche Arbeitszeit über zwölf Stunden hinaus verlängert, muss im unmittelbaren Anschluss an die Beendigung der Arbeitszeit eine Ruhezeit von mindestens elf Stunden gewährt werden (§ 7 Abs. 9ArbZG). Ohne eine entsprechende vertragliche Vereinbarung darf nur dann die Arbeitszeit auf über zehn Stunden verlängert werden, wenn in Notfällen und in außergewöhnlichen Fällen, die unabhängig vom Willen der Betroffenen eintreten und deren Folgen nicht auf andere Weise zu beseitigen sind, Arbeitsergebnisse zu misslingen drohen (§ 14 Abs. 1 ArbZG) oder nur eine geringe Zahl von Arbeitnehmern mit Arbeiten beschäftigt wird, deren Nichterledigung das Ergebnis der Arbeiten gefährden oder einen unverhältnismäßigen Schaden zur Folge haben würden (§ 14 Abs. 2 Zif. 1 ArbZG).

Sonntagsarbeit

Sonntagsarbeit ist erlaubt, jedoch muss gewährleistet sein, dass mindestens 15 Sonntage im Jahr beschäftigungsfrei bleiben und dem Arbeitnehmer ist ein Ersatzruhetag innerhalb von zwei Wochen zu gewähren. Bei einem auf einen Wochentag fallenden Feiertag muss dieser innerhalb von acht Wochen nachgeholt werden können (§ 11 Abs.1 und Abs. 2 Zif. 3 ArbZG). In Verbindung mit einem Tarifvertrag oder einer Betriebs- oder Dienstvereinbarung gelten Ausnahmeregelungen. So darf die Anzahl der beschäftigungsfreien Sonntage beim Rundfunk und im Theaterbetrieb auf acht Sonntage reduziert werden und Ersatzruhetage für auf Werktage fallende Feiertage können wegfallen (§12 Abs.1 ArbZG). Nach Beendigung der täglichen Arbeitszeit steht dem Arbeitnehmer eine ununterbrochene Ruhezeit von mindestens elf Stunden (§ 5 ArbZG) zu. Diese kann jedoch verkürzt werden um eine Stunde bei Ausgleich innerhalb eines Monats und um bis zu zwei Stunden, wenn die Art der Arbeit dies erfordert (§ 7 Abs. 1 Zif. 3 ArbZG).

Die Realität sieht anders aus. Die Veranstaltungsbranche ist geprägt von unregelmäßigen und langen Arbeitszeiten zu jeglicher Tages- oder Nachtzeit. Ruhezeiten von elf Stunden zwischen den Arbeitsphasen sind da nur schwer einzuplanen. In einer Befragung zu den Arbeitszeiten in der Veranstaltungsbranche 2015 antworteten die Arbeitgeber und die Arbeitnehmer sehr unterschiedlich. Der Achtstunden-Arbeitstag mit einer gesetzeskonformen Ausdehnung auf zehn Stunden wird dennoch laut Angaben aus der Arbeitgeberbefragung vom überwiegenden Teil eingehalten. Doch die Arbeitnehmer sehen das anders. Während nach Arbeitgeberangaben mehr als die Hälfte (58 %) von einem durchschnittlichen Arbeitstag von acht Stunden ausgehen, sind laut Arbeitnehmerumfrage nur 39 % der Meinung. Fast die Hälfte jedoch arbeitet nach eigener Bewertung im Durchschnitt bis zu 10 Stunden. Der Unterschied könnte durch das subjektive Empfinden der Arbeitnehmer zu ihren Arbeitszeiten und Arbeitsbelastung begründet sein oder die Arbeitgeber nehmen nicht wahr, dass in ihren Betrieben über den Regelsatz von acht Stunden hinaus gearbeitet wird. Anzunehmen ist, dass beide Tendenzen gleichermaßen wirken. Die Arbeitgeber unterschätzen tendenziell die Arbeitsdauer, die Arbeitnehmer überschätzen sie, weil sie z. B. die Ruhepausen hinzurechnen. Diese Tendenz setzt sich fort. Während fast zwei Drittel der befragten Unternehmen einräumen, dass ihre Mitarbeiter selten also ein- bis zweimal im Monat mehr als zehn Stunden arbeiten, gehen laut Arbeitnehmerbefragung davon nur 45 % aus, denn 26 % der Befragten sagen, dass sie regelmäßig ein- bis zweimal die Woche und 18 %, dass sie oft also acht- bis 15-mal im Monat mehr als zehn Stunden arbeiten. Wohingegen dies nur 11 % (regelmäßig) bzw. 3 % (oft) der Arbeitgeber laut Befragung einräumen. Nahezu alle (96 %) Arbeitgeber geben an, dass die Mitarbeiter ihre Mehrarbeitszeit fristgerecht wieder abbauen können. Doch nur 68 % der befragten Arbeitnehmer stimmen zu, dass ihnen eine Ausgleichsmöglichkeit innerhalb von sechs Monaten eingeräumt wird. Fast ein Drittel sammelt also Überstunden ohne Ausgleich an[23].

Exkurs

Arbeitszeiten der Technischen Leitung

Das ArbZG findet jedoch nicht für alle Arbeitnehmer gleichermaßen Anwendung. So gilt dies laut § 18 Abs. 1 ArbZG nicht für leitende Angestellte. Dies sind nach § 5 Abs. 3 BetrVG Personen, die zur selbständigen Einstellung und Entlassung von Arbeitnehmern im Betrieb berechtigt sind und Arbeitnehmer mit Generalvollmacht oder Prokura. Ebenso sind davon Arbeitnehmer ausgenommen, die Aufgaben wahrnehmen, die für den Bestand und die Entwicklung des Unternehmens von Bedeutung sind und deren Tätigkeit besondere Erfahrungen und Kenntnisse voraussetzt und die dabei Entscheidungen im Wesentlichen frei von Weisung treffen oder diese maßgeblich beeinflussen. Es ist also in der Regel davon auszugehen, dass für die Technische Leitung das Regelwerk des Arbeitszeitgesetzes nicht anwendbar ist.

---

23 Sakschewski und Ragheb 2015

Aufgaben und Pflichten der Technischen Leitung als Vertretung des Arbeitgebers

Vertretung des Arbeitgebers

- Eingreifen bei einer unmittelbaren (Selbst-)Gefährdung durch zu lange Arbeitszeiten von Beteiligten
- Aufzeichnungspflicht der Arbeitszeiten, die über acht Stunden pro Werktag hinausgehen sowie von Sonn- und Feiertagsarbeit vollumfänglich, bei Beschäftigten gemäß § 16 Abs. 2 ArbZG. Nach dem Urteil des EuGH vom 14.05.2019 müssen die Arbeitgeber die gesamte Arbeitszeit und Pausen ihrer Arbeitnehmer erfassen. Das EuGH begründet dies damit, dass nur so die Einhaltung der Arbeitszeitrichtlinie und damit der Gesundheitsschutz der Arbeitnehmer effektiv kontrolliert und durchgesetzt werden kann. Das EuGH Urteil wird zu einer generellen Aufzeichnungspflicht führen, noch aber ist die Einschränkung nach dem Arbeitszeitgesetz gültig, doch empfiehlt sich schon jetzt eine lückenlose Arbeitszeiterfassung, auch wenn diese noch nicht gesetzlich vorgeschrieben ist.
- Verzeichnis der Arbeitnehmer, die in eine Verlängerung der Arbeitszeit eingewilligt haben. (§ 7 Abs. 7 ArbZG)
- Dokumentationspflicht für geringfügig Beschäftigte sowie für Beschäftigte, die dem Arbeitnehmer-Entsendegesetz (AEntG) unterfallen (§ 19 Abs. 1 AEntG), mit Beginn der Arbeitszeit (für jeden Arbeitstag), dem Ende der Arbeitszeit (ebenfalls für jeden Arbeitstag) und der Dauer der täglichen Arbeitszeit. Die Aufbewahrungsdauer der Arbeitszeitdokumentation beträgt zwei Jahre und ist spätestens bis zum Ablauf des siebten auf den Tag der Arbeitsleistung folgenden Kalendertages aufzuzeichnen.

3.5.4 Unterweisung

Tätigkeits- und Arbeitsplatzbezogen

Die Unterweisung soll sicherheits- und gesundheitsgerechte Verhalten im Sinnes des Arbeitsschutzes erzielen sowie fortwährend Erreichtes sichern, indem die Verhältnisse bewertet und verbessert werden. Die Verpflichtung zur Unterweisung ergibt sich aus § 12 BetrSichV. Die Unterweisung wird hier als eine ausreichende und angemessene Information anhand der Gefährdungsbeurteilung beschrieben. Das Betriebsverfassungsgesetz spricht davon, dass der Arbeitgeber den Arbeitnehmer über dessen Aufgabe und Verantwortung sowie über die Art seiner Tätigkeit und ihre Einordnung in den Arbeitsablauf des Betriebs zu unterrichten hat (§ 81 BetrVG). An dieser Stelle ist also nicht ausdrücklich von Gefährdungen die Rede. In Bezug auf § 12 BetrSichV sind in Versammlungsstätten, in den Unternehmen der Veranstaltungsbranche, in den Veranstaltungs- und Produktionsstätten in Gebäuden und im Freien die Beurteilung der Arbeitsbedingungen (Gefährdungsbeurteilungen) und die sich daraus ergebenden Unterweisungen insoweit miteinander zu verzahnen, dass eine Beurteilung nicht ohne Unterweisung erfolgt und Teil der Dokumentation wird. Die bei der Beurteilung der Arbeitsbedingungen festgestellten Gefährdungen und die daraus abgeleiteten Maßnahmen werden dabei zum Unterweisungsinhalt gegenüber den Beschäftigten und Beteiligten. Dazu sind den zu unterweisenden Personen – zum Beispiel Beschäftigte, selbstständige Einzelunternehmerinnen und -unternehmer, Mitwirkende – die Wirkungsweise der sicheren Technik, die mit organisatorischen Maßnahmen verfolgten Ziele und, falls notwendig, die richtige Verwendung der Persönlichen Schutzausrüstung (PSA) zu vermitteln. Die Unterweisung erfolgt tätigkeits- und arbeitsplatzbezogen. Durch die häufig wechselnden Einsatzorte in großen Teilen der Veranstaltungswirtschaft sind bei tätigkeitsbezogenen Unterweisungen die jeweiligen lokalen Verhältnisse zu überprüfen, um eine an den Arbeitsplatz angemessene Gefährdungsbeurteilung vorzunehmen.

Die Unterweisung soll:

- auf die Befähigung der zu unterweisenden hin ausgerichtet sein (§ 7 ArbSchG) bzw. angepasst an deren körperlicher Eignung wie z. B. nach § 4 LasthandhabV,
- für Sicherheitsfragen sensibilisieren und zur Umsetzung von Schutzmaßnahmen, auch wenn sie lästig sind, motivieren,
- Wachrütteln bei wiederkehrenden Tätigkeiten und Arbeitsroutinen,
- Selbstverantwortung als eine Pflicht des Arbeitnehmers stärken,
- Transparenz schaffen, um personenabhängig ein sicheres Verhalten bei allen Tätigkeiten und an allen Arbeitsplätzen zu erreichen und

- Prävention fördern durch eine vorausschauende, sicherheitsorientierte Planung von Abläufen.

Eine Unterweisung ist notwendig[24]:

- Vor Aufnahme der Tätigkeit oder neuer Aufgaben (Erstunterweisung)
- Bei Veränderung innerhalb der Aufgabenbereiche (Wiederholungsunterweisung)
- Nach Einrichtung einer Arbeits-, Veranstaltungs- oder Produktionsstätte (Anlassunterweisung)
- Bei Einführung neuer Arbeitsmittel, neuer Arbeitsstoffe oder Verfahren (Anlassunterweisung)
- Nach Unfällen (Anlassunterweisung)
- Durch eine ergänzende Unterweisung am Veranstaltungs- oder Produktionsort. Diese Unterweisung berücksichtigt die zusätzlichen Gefährdungen, die sich durch die Umgebung, die eingesetzte Technik und die Abläufe der Veranstaltung oder Produktion ergeben können (Wiederholungsunterweisung)
- Allgemeine Unterweisung mindestens einmal jährlich (Wiederholungsunterweisung).

Die Anforderungen an Unterweisungen sind nach § 12 BetrSichV die ausreichende und angemessene Information zu den Tätigkeiten bzw. dem Arbeitsplatz anhand der Gefährdungsbeurteilung in einer für die Beschäftigten verständlichen Form und Sprache. Inhalte der Unterweisung sind:

- Über vorhandene Gefährdungen bei der Verwendung von Arbeitsmitteln einschließlich damit verbundener Gefährdungen durch die Arbeitsumgebung zu informieren.
- Erforderliche Schutzmaßnahmen und Verhaltensregelungen zu nennen.
- Maßnahmen bei Betriebsstörungen, bei Unfällen und zur Ersten Hilfe bei Notfällen aufzuführen.

---

24 Kapitel 1.7 DGUV I 215-310

Die Aufgaben der Technischen Leitung sind:

- Prüfung der Unterweisungspflichten tätigkeits- und arbeitsplatzbezogen bei Veranstaltungen und in Veranstaltungs- und Produktionsstätten
- Kontrolle und Aufsicht der Kenntnisnahme und der Dokumentation der Unterweisungen
- Leitung und/oder Erstellung von Unterweisungsunterlagen
- Planung der Umsetzung von Erst- und Wiederholungsunterweisung
- Definition der anlassbezogenen Unterweisungen.

3.5.5 Gefährdungsbeurteilung

Arbeitsschutzgesetz

Eine Gefährdungsbeurteilung meint die systematische Ermittlung und Bewertung von Gefährdungen für die Beschäftigten, die nach fachkundiger Einschätzung und vorliegender Erfahrung des Arbeitgebers bei der Verwendung von Arbeitsmitteln auftreten und berücksichtigt werden müssen. Die Gefährdungsbeurteilung dient dem Ziel, die notwendigen und geeigneten Schutzmaßnahmen für Sicherheit und Gesundheitsschutz festzulegen. Dabei sind auch vorhersehbare Betriebsstörungen und Notfallsituationen zu berücksichtigen[25]. Die Pflichten zur Erstellung einer Gefährdungsbeurteilung ergeben sich aus § 3 Abs. 1 ArbSchG und § 3 Abs. 1 BetrSichV. Im Arbeitsschutzgesetz heißt es, dass der Arbeitgeber verpflichtet ist, die erforderlichen Maßnahmen des Arbeitsschutzes unter Berücksichtigung der Umstände zu treffen, die Sicherheit und Gesundheit der Beschäftigten bei der Arbeit beeinflussen. In der Betriebssicherheitsverordnung (§ 3 Abs. 1 BetrSichV) wird ausdrücklich eine Gefährdungsbeurteilung gefordert:

> „Der Arbeitgeber hat vor der Verwendung von Arbeitsmitteln die auftretenden Gefährdungen zu beurteilen (Gefährdungsbeurteilung) und daraus notwendige und geeignete Schutzmaßnahmen abzuleiten."

25 Kapitel 2 Technische Regel zur Betriebssicherheit TRBS 1111

Inhalte der Gefährdungsbeurteilung sind einen Absatz weiter aufgelistet (§ 3 Abs. 2 BetrSichV):

- die Arbeitsmittel selbst,
- die Arbeitsumgebung und
- die Arbeitsgegenstände, an denen Tätigkeiten mit Arbeitsmitteln durchgeführt werden.

Bei der Gefährdungsbeurteilung ist insbesondere Folgendes zu berücksichtigen:

- die Gebrauchstauglichkeit von Arbeitsmitteln einschließlich der ergonomischen, alters- und alternsgerechten Gestaltung,
- die sicherheitsrelevanten einschließlich der ergonomischen Zusammenhänge zwischen Arbeitsplatz, Arbeitsmittel, Arbeitsverfahren, Arbeitsorganisation, Arbeitsablauf, Arbeitszeit und Arbeitsaufgabe,
- die physischen und psychischen Belastungen der Beschäftigten, die bei der Verwendung von Arbeitsmitteln auftreten und
- vorhersehbare Betriebsstörungen und die Gefährdung bei Maßnahmen zu deren Beseitigung.

Erstellung einer Gefährdungsbeurteilung

Nach Art der Tätigkeit (Verhalten) und der Arbeitsumgebung (Verhältnis) ergeben sich aus Ermittlung, Bewertung und Beurteilung der Gefährdungen Belastungen für Beschäftigte und Beteiligte, die durch technische, organisatorische und personenbezogene Maßnahmen (TOP-Rangfolge) gemindert werden können, denn Schutzmaßnahmen sind – möglichst schon vor der Beschaffung der Arbeitsmittel – mit dem Ziel zu planen, Technik, Organisation und sonstige, personenbezogene Verhältnisse fachgerecht zu verknüpfen, damit Gefährdungen bei allen von Beschäftigten durchgeführten Tätigkeiten und dem dabei nach den betrieblichen Erfahrungen vorhersehbaren Verhalten vermieden oder minimiert werden. Technische Schutzmaßnahmen sollen so ausgewählt und umgesetzt werden, dass sie willensunabhängig wirksam sind und eine sichere Verwendung des Arbeitsmittels gewährleisten. Durch organisatorische Schutzmaßnahmen kann sichergestellt werden, dass alle für die sichere Durchführung von Arbeiten erforderlichen Ressourcen rechtzeitig zur Verfügung stehen, Arbeitsabläufe sicher, fachgerecht geplant und durchgeführt werden sowie Arbeitsmittel und persönliche Schutzausrüstungen bestimmungsgemäß verwendet und überprüft werden. Personenbezogene Schutzmaßnahmen können begleitend zu technischen oder organisatorischen Schutzmaßnahmen festgelegt werden. Wenn technische oder organisatorische Schutzmaßnahmen in Ausnahmefällen nicht oder nur mit unverhältnismäßigem Aufwand angewendet werden können, dürfen personenbezogene Schutzmaßnahmen als alleinige Schutzmaßnahme angewendet werden[26]. Die Vorgehensweise zur Erstellung einer Gefährdungsbeurteilung ist in der Technischen Richtlinie Betriebssicherheit (TRBS 1111) dargestellt:

Notwendige Informationen beschaffen

- Tätigkeiten unter Berücksichtigung aller Phasen der Verwendung der Arbeitsmittel
- Überprüfung Anwendbarkeit BetrSichV, TRBS oder anderen Veröffentlichungen des Ausschusses für Betriebssicherheit (ABS)
- Bereits vorliegende Gefährdungsbeurteilungen oder Dokumente
- Informationen über die Beschaffenheit des Arbeitsmittels
- Übernahme vom Hersteller mitgelieferter Informationen

Gefährdungen ermitteln

- Für jede Verwendung der Arbeitsmittel
- Angemessenheit zur Komplexität
- Alle Gefährdungsfaktoren erfassen
- Erkennbarkeit und Abgrenzung der Prozesse bzw. Tätigkeiten
- Berücksichtigung der Angaben des Herstellers
- Berücksichtigung weiterer Rechtsvorschriften

Gefährdungen bewerten

- Berücksichtigung der Expositionsdauer und der Belastung (Intensität, Schadenshöhe, Stärke)
- Bewertung anhand gesicherter Daten wie z. B. Verordnungen, Vorschriften, Regelwerke, Branchenstandards, Stand der Technik

26 Kapitel 5.5.4 TRBS 1111

- Betriebserfahrungen
- Expertenmeinungen
- Messergebnisse
- Prüfergebnisse

Schutzmaßnahmen festlegen

Technik: Gewährleistung (willensunabhängig) einer sicheren Verwendung und keine Störung der Tätigkeiten durch die Maßnahme (Überprüfung Manipulationsanreiz) z. B.:

- trennende und nichttrennende Schutzeinrichtungen,
- ergonomische Gestaltung von Anzeigen, Eingabemasken, Bedienelementen und Stellteilen,
- Einrichtungen zur Begrenzung der Energie,
- Ausrüstung von Anlagen mit Mess-, Steuer- und Regelvorrichtungen,
- sicherheitsorientierte Steuerungen.

Organisation: Sicherstellung der erforderlichen Ressourcen zum Einsatzzeitpunkt, Planung der Arbeitsabläufe in allen Phasen der Verwendung sowie des Einsatzes persönlicher Schutzausrüstungen in bestimmungsgemäßer Verwendung, z. B.:

- Erteilung von Anweisungen und Bereitstellung von Betriebsanweisungen
- Zugangsberechtigungen, Freigabeverfahren, Beauftragungen von Beschäftigten unter Berücksichtigung der jeweils erforderlichen Qualifikation für die übertragenen Aufgaben
- Prüfungen von Arbeitsmitteln, Kontrolle durch Inaugenscheinnahme und ggf. Funktionskontrolle auf offensichtliche Mängel vor jeder Verwendung

Person: Alleinige Schutzmaßnahme, wenn technische oder organisatorische Schutzmaßnahmen nicht oder nur mit unverhältnismäßigem Aufwand angewendet werden können z. B.:

- Schutzhelm, Schutzschuhe oder Gehörschutz
- Vorgaben zum Verhalten von Beschäftigten
- PSA Benutzungsverordnung (Branche Klasse 2)
- CE-Kennzeichnung

- Schutz gegen Gefährdung bieten, aber selbst keine Gefährdung darstellen
- Entsprechung der ergonomischen und gesundheitlichen Erfordernisse der Beschäftigten.

Schutzmaßnahmen umsetzen

- Schaffung der Voraussetzungen
- Festlegung von Terminen und Verantwortlichkeiten
- Überprüfung der Wirksamkeit des Einsatzes der Schutzmaßnahmen und während des gesamten Zeitraums der Verwendung, also der dauerhaften Wirksamkeit
- Prüfung der Eignung der Maßnahmen und
- Prüfung der Gefährdungen aus diesen Maßnahmen.

Ergebnisse dokumentieren. Erforderliche Angaben sind mindestens:

- die bei der Verwendung der Arbeitsmittel auftretenden Gefährdungen,
- die zu ergreifenden Schutzmaßnahmen,
- wie die Anforderungen der BetrSichV eingehalten werden, wenn von den nach § 21 Absatz 4 Nummer 1 bekanntgegebenen Regeln und Erkenntnissen abgewichen wird,
- Art und Umfang der erforderlichen Prüfungen sowie die Fristen der wiederkehrenden Prüfungen (§ 3 Absatz 6 Satz 1 BetrSichV),
- das Ergebnis der Überprüfung der Wirksamkeit der Schutzmaßnahmen gemäß § 4 Absatz 5 BetrSichV.

Aufgaben der Technischen Leitung:

- Verantwortliche festlegen,
- Koordination mit anderen Arbeitgebern (sofern erforderlich, siehe § 13 BetrSichV),
- Abläufe planen,
- Schutzmaßnahmen festlegen,
- Qualifikation der Beschäftigten sicherstellen,
- Anweisungen erteilen und Beschäftigte unterweisen,

- Informations- und Meldepflichten festlegen,
- sich nach § 3 Abs. 7 Zif. 3 BetrSichV von der Wirksamkeit der Maßnahmen überzeugen,
- sicherstellen, dass die Beschäftigten ihren Mitwirkungspflichten nachkommen können,
- Kontrollpflichten gestalten.

Aufsicht der technischen Umsetzung

Die Aufsichtsaufgaben der Technischen Leitung bei der technischen Umsetzung ergeben sich im Sinne des Arbeitsschutzes aus den Kontrollaufgaben der DGUV V 17/18.

Flächen und Aufbauten

- Aufnahmefähigkeit für die vorgesehenen statischen und dynamischen Lasten
- Standfestigkeit und Tragfähigkeit (§ 4 DGUV V 17/18)
- Standsicher auch bei Auf- und Abbau
- Während des Auf-, Um- und Abbaus kein unnötiger Aufenthalt (§ 19 DGUV V 17/18)
- Überprüfung des Zustandes (§ 24 DGUV V 17/18)
- Sichere Begehbarkeit (§ 5 DGUV V 17/18)
- Bühnenboden eben, splitterfrei und fugendicht
- Technisch notwendige Fugen von mehr 20 mm Breite abdeckbar
- Sicherung gegen Verrutschen und Auseinandergleiten sowie zu benachbarten nicht tragfähigen Flächen
- Sichere Orientierung in verdunkelten Räumen
- Geeigneter Fußschutz auf Schnürboden (§ 18.1 DGUV V 17/18)
- Einwandfrei und sauber (§ 24 DGUV V 17/18)
- Neigung von Szenenflächen unter 8° (3.1.1 DGUV I 215-310)
- Absturzsicherung (§ 6 DGUV V 17/18) nach vorne

Arbeitsplätze, Szenenfläche, Verkehrsflächen und Zugänge

- Wirksame Einrichtungen gegen Abstürze bei mehr › 1,0 m Unterschied
- Einzelfall, zwingende szenische Gründe: Sicherung nicht möglich, sind Auffangeinrichtungen vorzusehen
- Einzelfall, zwingende szenische Gründe: Auffangeinrichtung nicht möglich, ist Absturzkante deutlich hervorzuheben
- Pflicht zum Anbringen von Hinweisschildern bei Vorbühnenauftritten
- Schutz gegen herabfallende Gegenstände (§ 7 DGUV V 17/18)
- Arbeitsplätze, Verkehrs- und Szenenfläche
- Schutzvorrichtungen bei Lagerung von Gegengewichten auf Arbeitsgalerien
- Verkleidung der Laufbahn von Gegengewichten
- Auffangvorrichtung unter Laufbahnen mit veränderbaren Gegengewichten
- Ortsveränderliche Beleuchtungs-, Bild- oder Beschallungsgeräte müssen durch zwei unabhängig voneinander wirkende Vorrichtungen gesichert sein
- Verschiebesicherung (3.1.1 DGUV I 215-310)
- Geeignete Hilfsmittel für Kleinteile bei Arbeiten in Höhen (§ 18.2 DGUV V 17/18)
- Sicherung gegen unbeabsichtigte Bewegung (§ 8 DGUV V 17/18)

Ober- und Untermaschinerie

- Sicherungen bei beweglichen Einrichtungen
- Sicherungen bei unbeabsichtigten Auf- und Abwärtsbewegungen
- Stillstand bei Fehlern bzw. bestimmungsgemäßer Ablauf bei sicherheitstechnischen Einrichtungen

Allgemeiner Betrieb

- Ausreichende Bemessung und Beschaffenheit nach dem Prinzip der Eigensicherheit

- Verdopplung des Betriebskoeffizienten bei Lasten über Personen (2.1 DGUV I 215-313)
- Kennzeichnung mit Hersteller, CE-Kennzeichnung, Norm und Tragfähigkeit (2.1 DGUV I 215-313)
- und Anschlagmittel (§ 9 DGUV V 17/18)
- Betriebsbedingt bewegte Einrichtungen (§ 10 DGUV V 17/18)
- Szenenfläche, Ober- und Untermaschinerie
- Sicherung von Gefahrstellen
- Ohne Sicherung ausreichender Abstand zwischen bewegten und unbewegten Teilen oder Sicht- bzw. Sprechverbindung zwischen Steuerstelle und bewegten Teil
- Hinweis mit unverwechselbaren, deutlich sichtbaren Zeichen
- Schutzvorrichtungen bei Betreten
- Angemessene Geschwindigkeit, eingewiesene Personen, Kontrollierbarkeit durch Maschinenführer (§ 26 DGUV V 17/18)
- Freigabe der Szenenfläche notwendig

3.6 Quellen

[1] Heß, David (2020): Aufgabenfelder und Qualifikationen technischer Leitungen in der Messewirtschaft, Bachelorarbeit, Berlin: Beuth Hochschule für Technik

[2] Fritz, G. / Sakschewski, T.: Was motiviert zum freiwilligen Arbeiten. Untersuchung von ehrenamtlichen Aktivitäten bei Veranstaltungen. Bühnentechnische Rundschau 4/2019. S. 36-39.

[3] Sakschewski, T. / Paul, S. (2019): Typisierung von Veranstaltungen. In Sakschewski, Thomas et al. (Hrsg.) Sicherheitskonzepte für Veranstaltungen. Grundlagen für Behörden, Betreiber und Veranstalter. 3. Aufl. Berlin et al.: Beuth Verlag. 8–70.

[4] Sakschewski, T. / Ragheb, M. (2015): Die Regelungen sind besser als ihr Ruf. Bühnentechnische Rundschau. 2/2015.

[5] Söndermann, M., Backes, C., Arndt, O., & Brünink, D. (2009): Kultur- und Kreativwirtschaft. Ermittlung der gemeinsamen charakteristischen Definitionselemente der heterogenen Teilbereiche der „Kulturwirtschaft“ zur Bestimmung ihrer Perspektiven aus volkswirtschaftlicher Sicht. Berlin: Bundesministerium für Wirtschaft und Technologie.

4 Verantwortung

Thomas Sakschewski

Wenn von Verantwortung gesprochen wird, dann wird der Begriff zumeist nicht im moralisch-ethischen Sinne verstanden. Der Mensch gilt hier als ein zur Verantwortung(sübernahme) fähiges Wesen. Stattdessen wird die Verantwortung in einem rechtlichen Verständnis begriffen. In diesem Begriffszusammenhang wird Verantwortung durch eine Rolle, eine Aufgabe, eine Stelle als „für etwas zuständig sein" verstanden. Verantwortung in diesem Sinne benötigt zwar zunächst eine Person, der Kraft ihrer Rolle Verantwortung übertragen wird, zweitens aber eine Organisation, in deren Rahmen die Verantwortung umgesetzt wird, und drittens ein normatives Umfeld, das die Art der Verantwortung umschreibt. Die Person muss also die Beschaffenheit und das Gewicht der Verantwortung begreifen können, sonst kann sie die Verantwortung und somit auch die Konsequenzen der eigenen Handlungen nicht tragen. Verantwortung bedeutet juristisch formuliert daher, dass ein Rechtssubjekt, eine natürliche oder juristische Person, eigenes oder fremdes Handeln, auf Basis vorliegender, spezifischer Bedingungen der Zuordnung und Verantwortungsübernahme, gegenüber einem Adressaten vor einer Instanz zu vertreten hat und für die Handlungsfolgen einstehen muss. Verantwortung bezieht sich daher auf die Zurechenbarkeit einer Schuld bzw. einer verschriftlichten und ableitbaren Rechtspflicht. Eine rechtliche Verantwortung muss sich nicht allein auf die verantwortliche Person beschränken, sondern kann sich auch auf die indirekten Formen der Zurechnung des Handelns Dritter beziehen, was die Übernahme der Verantwortung des Handelns Dritter beinhaltet, die in einer Rechtsbeziehung zu dem Verantwortung Tragenden stehen. Verantwortung kann sich auch auf Objekte erstrecken, denn es existiert eine verschuldensunabhängige Produkt- bzw. Gefährdungshaftung, die sich z. B. in der Maschinenrichtlinie oder dem Produktsicherheitsgesetz widerspiegeln. Ebenso ist für die Technische Fachplanung oder die Technische Leitung der Begriff der Systemverantwortung relevant. Systemverantwortung meint die notwendige Erweiterung von Verantwortung auch für Systemdesign und für die Entwicklung von Systemen also Kombinationen im Zusammenwirken verschiedener Technologien, die Prototypen-Charakter besitzen. Dies verlangt sowohl eine disziplinübergreifende Beachtung gegenseitiger Beeinflussung sowie Steuerung und Abstimmung unterschiedlicher Technologien als auch die Beachtung der Umweltverantwortung.

Um Verantwortung zu tragen, muss eine grundsätzliche Freiheit des Handelns bestehen. Wer lediglich ein Auftrag erfüllt, kann nicht vollumfänglich frei handeln. Er trägt trotzdem Verantwortung für sein Handeln und muss die Auftragserfüllung verweigern, wenn diese sittenwidrig ist, einen Straftatbestand darstellt oder der Auftrag einer unmittelbaren Eigen- oder Fremdgefährdung entspricht. Neben der grundsätzlichen Entscheidungsfreiheit verlangt die Verantwortungsübernahme eine Absichtlichkeit und Bewusstheit der Handlung sowie eine Vorhersehbarkeit der Folgen von Handlungen bzw. Unterlassungen. Der Verantwortung Tragende muss sich also der Folgen seines Handelns bewusst sein. Soziologisch bedeutet dies, dass Verantwortung durch Verinnerlichung normativer Anforderungen entsteht, also die Fähigkeit verlangt, Pflichten zu erkennen und sie anzunehmen. Diese Voraussetzung gilt je nach (Verantwortungs-)Bereich in unterschiedlicher Weise bei (realen) Personen als vorgegeben bzw. erfüllt oder kann durch zusätzliche Qualifikationen und Befähigungen ergänzt werden, um eine fachliche Verantwortungsrolle zu übernehmen.

Verantwortung also meint eine durch eine Aufgabe in einer Organisation bestehende Verpflichtung einer natürlichen oder juristischen Person gegenüber weiteren Rechts- oder Schutzgütern mit zumeist strafrechtlichen (Schuld) und zivilrechtlichen (Haftung) Folgen. Eine Gesamtverantwortung kann aufgeteilt werden in z. B.:

- **Organisationsverantwortung**: Die Einrichtungen, Arbeitsmittel und Ausstattungen müssen so beschaffen sein, dass bei sach- und fachgerechter Nutzung keine Gefahr von ihnen ausgeht. Regeln, Dienstanweisungen oder Betriebsanweisungen informieren, unterweisen und schulen über den fachgerechten Gebrauch.
- **Auswahlverantwortung**: Die Verantwortung erstreckt sich auf die Auswahl von Personal oder Dienstleistern, jedoch nicht auf die Ausführung der Leistung. Die Auswahl erfolgt nach

Eignung durch Nachweis, der zur Ausführung der Arbeiten erforderlichen Qualifikation. Die Befähigung wird nach Einweisung getestet.

- **Delegationsverantwortung**: Analog zur Auswahlverantwortung, trägt der Delegierende die Verantwortung und ist zum Ersatz des Schadens verpflichtet, den der andere in Ausführung der Verrichtung einem Dritten widerrechtlich zufügt (§ 831 Abs. 1 BGB).
- **Kontrollverantwortung**: Die Verantwortung erschöpft sich nicht in der Auswahl, sondern verlangt auch die Kontrolle der Durchführung und meint auch Zwischenkontrollen wie bei der Leitung und Aufsicht, in der überprüft wird, ob geplante Abläufe wirksam und sicher und ob die beauftragten Personen geeignet sind.
- **Fachverantwortung**: Die fachliche Verantwortung verlangt Kenntnisse und Befähigungen fachkundig anzuwenden, mögliche Gefahren zu erkennen und im eigenen Fachgebiet richtig zu handeln.
- **Ergebnisverantwortung**: Eine Kontrolle der Durchführung einer Leitung und Aufsicht wird nicht verlangt, aber das Resultat des Handelns ist Verantwortungsgegenstand.

Man kann eine bestimmte Verantwortung haben und sich unverantwortlich verhalten. Andererseits ist auch ohne Verantwortung ein verantwortliches Verhalten wünschenswert. Während die Verantwortung neben der Person (dem Rechtssubjekt) auch eine Organisation und einen normativen Rahmen verlangt, ist die Verantwortlichkeit eine persönliche Eigenschaft unabhängig von ihrer Rolle und einer sich daraus ableitenden abstrakten Verantwortung. Um verantwortlich zu sein, verlangt es einen freien Willen. Daher sind Kinder, die das siebente Lebensjahr nicht vollendet haben, für einen Schaden, den sie einem anderen zufügen, nicht verantwortlich (§ 828 Abs. 1 BGB). Als schuldunfähig gelten Kinder, die noch nicht vierzehn Jahre alt sind (§ 19 StGB). Denn neben dem freien Willen muss der Verantwortliche auch in der Lage sein, die Folgen des eigenen Handelns abzuschätzen. Kinder können dies laut Gesetzgeber nicht.

Ein Ausschluss oder die Minderung der Verantwortlichkeit besteht bei Jugendlichen oder Erwachsenen dann, wenn der Verantwortliche im Zustand der Bewusstlosigkeit oder in einem die freie Willensbestimmung ausschließenden Zustand krankhafter Störung der Geistestätigkeit einem anderen Schaden zufügt. Hat er sich durch geistige Getränke oder ähnliche Mittel in einen vorübergehenden Zustand dieser Art versetzt, so ist er für einen Schaden, den er in diesem Zustand widerrechtlich verursacht, in gleicher Weise verantwortlich, wie wenn er fahrlässig handelt. Die Verantwortlichkeit tritt nicht ein, wenn er ohne Verschulden in den Zustand geraten ist. (§ 827 BGB)

Im strafrechtlichen und im zivilrechtlichen Sinne muss zur Klärung der Schuldfähigkeit und folgenden Haftungsfragen zunächst die Verantwortlichkeit festgestellt werden, um Fragen zur Fahrlässigkeit eines Handelns (siehe Exkurs Fahrlässigkeit) zu beantworten.

Verantwortlichkeit im Projektmanagement

Verantwortlich im Projektmanagement ist diejenige Person oder Rolle, die für eine Aufgabe zuständig ist. Verantwortlich, also accountable gemäß der RACI-Matrix (siehe Exkurs: RACI-Matrix), ist immer nur eine Person, denn nur mit eindeutigen Verantwortlichkeiten und der damit zwingend verbundenen Möglichkeit Entscheidungen zu treffen, besteht die Möglichkeit, Verantwortung auch in der Praxis zu tragen. Hier wird also Transparenz über die Aufgaben-, die Verantwortungsbereiche und die Entscheidungsbefugnisse verlangt. Erst wenn alle drei Elemente geklärt sind,

- A: Aufgabenbereiche (Aufgaben und Ziele)
- V: Verantwortungsbereiche (Ort und Zeit)
- E: Entscheidungsbefugnis (Organisation und Schnittstelle)

entsteht Klarheit im Zusammenspiel der Rollen im Veranstaltungsmanagement, wie in den folgenden Kapiteln erläutert wird.

4.1 Technische Verantwortung (Technische Leitung – Verantwortliche für Veranstaltungstechnik)

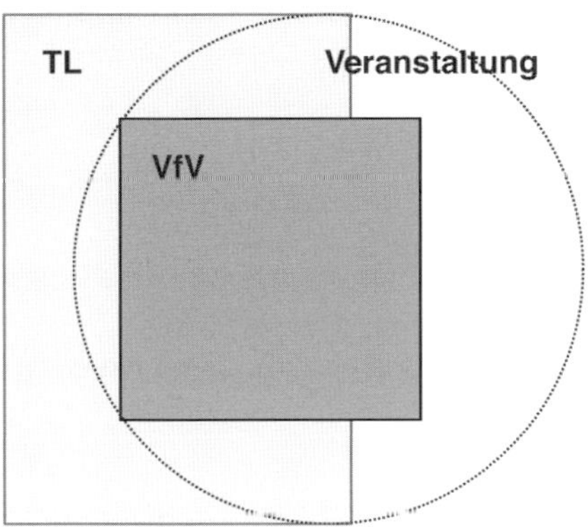

Bild 11: Verantwortungsbereiche Technische Leitung (TL) und Verantwortlicher für Veranstaltungstechnik (VfV)

Die technische Verantwortung umfasst die Betriebssicherheit (Safety) und befasst sich mit vorbeugenden Maßnahmen gegen den Eintritt von Ereignissen wie Unfällen und anderen unerwünschten Zuständen, die ihren Ursprung in unbeabsichtigten menschlichen bzw. technischen Unzulänglichkeiten haben sowie mit der Begrenzung oder Beherrschung der Folgen und Auswirkungen derartiger Vorfälle. Des Weiteren beinhaltet die technische Verantwortung mit allgemeinen Problemen der Arbeitssicherheit, dem Erhalt der Anlagensicherheit sowie dem Brandschutz und weiteren Ereignissen, die unter Ausschluss eines Vorsatzes eintreten können.

Die **Aufgabenbereiche (A)** im Rahmen der technischen Verantwortung sind:

- Gewährleistung, Sicherheit und Funktionsfähigkeit der technischen Anlagen während des Betriebes
- Leitung und Beaufsichtigung des Auf- oder Abbaus bühnen-, studio- und beleuchtungstechnischer Einrichtungen
- Prüfung eingebrachter Materialien, Arbeitsmittel, Anlagen und Geräte

- Sicherheit der Beschäftigten und Beteiligten arbeitsplatz- und tätigkeitsbezogen
- Systemverantwortung in Bezug auf eine Technische Fachplanung mit Prototypen-Charakter (siehe Kapitel 2)

Ziele

- Gefährdungsminderung
- Betriebsfähigkeit
- Gesetzeskonformität
- Nachhaltigkeit

Die technischen **Verantwortungsbereiche (V)** sind:

Ort

- Szenenfläche
- Besucherfläche
- Technikräume z. B. Schnürboden und Untermaschinerie
- Technische Leitung (TL) des Betreibers: gesamte Versammlungsstätte

Zeit

- Verantwortlicher für Veranstaltungstechnik (VfV): Auf- und Abbau, technische Einrichtung, Generalproben, Veranstaltungen, Sendungen, Wartung und Instandhaltung
- Technische Leitung (TL): Auch außerhalb der Betriebszeiten

Die **Entscheidungsbefugnis (E)** der beiden wichtigsten Rollen mit technischer Verantwortung ist:

Organisation

- Technische Leitung (TL) des Betreibers ist weisungsbefugt gegenüber Verantwortlichen für Veranstaltungstechnik im Sinne einer Delegationsverantwortung. Die Fachverantwortung in Bezug z. B. auf die Freigabe der Szenenfläche bleibt beim VfV. Weisungsbefugt ist sie insbesondere gegenüber Mitarbeitenden in der Technik und den Werkstätten.
- Technische Leitung (TL) des Veranstalters ist nicht weisungsbefugt gegenüber Verantwortlichen für Veranstaltungstechnik. TL des Veranstalters verantwortet die Auf- und Einbauten

im Rahmen der Veranstaltung mit der notwendigen Logistik. VfV verantwortet die technischen Einrichtungen der Versammlungsstätte.

- Verantwortlicher für Veranstaltungstechnik (VfV) ist gegenüber Beschäftigten und Beteiligten während Veranstaltungen, Auf- und Abbau sowie Proben und Aufnahmen weisungsbefugt.

Schnittstellen

- Verantwortlicher für Veranstaltungstechnik (VfV)
  - KünstlerInnen
  - Beteiligte
  - Technische Dienstleister
  - Technische Prüfstellen
  - Werkstätten
  - Ensemblemitglieder
  - Beschäftigte
  - Brandsicherheitswache
  - Sanitätsdienst
- Technische Leitung (TL) des Betreibers
  - Facility Management
  - Besucherservice
  - Künstlerische Leitung
  - Fachkraft für Arbeitssicherheit
  - Feuerwehr
  - Baubehörde

4.2 Baurechtliche Verantwortung (Veranstaltungsleitung – Betreiber – Veranstalter)

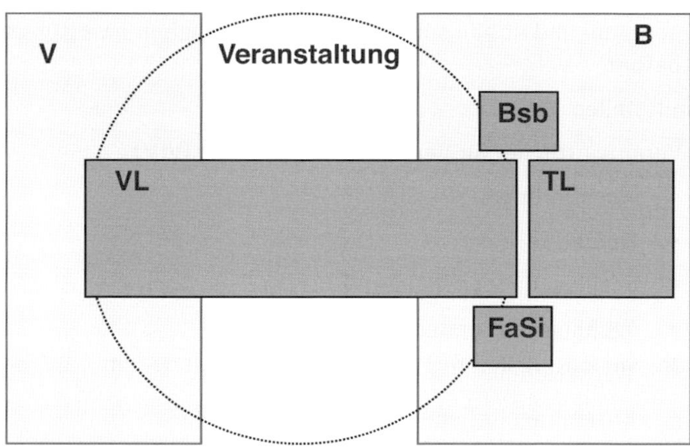

Bild 12: Verantwortungsbereiche Veranstaltungsleitung (VL), Betreiber (B) und Veranstalter (V)

Die baurechtliche Verantwortung umfasst die Pflichten, die sich aus der allgemeinen Verkehrssicherungspflicht und der Versammlungsstättenverordnung ergeben und beschreibt die Möglichkeit der Delegation der Betreiberverantwortung an den Veranstalter bzw. an die Veranstaltungsleitung. Betreiberverantwortung meint insbesondere:

- Sicherheit (§ 38 Abs. 1 MVStättVO)
- Anwesenheitspflicht (§ 38 Abs. 2 MVStättVO)
- Koordination und Kommunikation mit BOS (§ 38 Abs. 3 MVStättVO)
- Einstellung des Betriebes (§ 38 Abs. 4 MVStättVO)
- Delegationspflichten (§ 38 Abs. 5 MVStättVO)
- Anmeldung staatlicher Sanitäts- und Rettungsdienst (§ 41 Abs. 3 MVStättVO)
- Brandschutzordnung und Feuerwehrpläne (§ 42 MVStättVO)
- Sicherheitskonzept und Ordnungsdienst (§ 43 MVStättVO).

Nicht übertragbar bleibt die Letztverantwortung des Betreibers, die sich der Auswahlverantwortung der beteiligten Personen gemäß ihrer Qualifikation, beruflicher Tätigkeit und persönlicher Eignung, den Kontrollverpflichtung der angeordneten Maßnahmen und der Managementverpflichtung der unternehmerischen Führungsverantwortung ergibt.

Die **Aufgabenbereiche (A)** im Rahmen der baurechtlichen Verantwortung sind:

Veranstaltungsleitung (VL)

- Leitung des Veranstaltungsablaufs in sicherheitstechnischer Hinsicht
- Kommunikation zwischen den Beteiligten aufrecht halten und unmittelbar zwischen den unterschiedlichen Interessen vermitteln
- Veranstaltungsleitung handelt als Rechtevertreter des übertragenen Hausrechts

Technische Leitung (TL) des Betreibers

- Planung, Koordination und Dokumentation der Prüfung der technischen Anlagen, Einrichtungen und Geräte
- Gewährleistung der Sicherheit und Funktionsfähigkeit der bühnen-, studio- und beleuchtungstechnischen Einrichtungen der Versammlungsstätte, insbesondere hinsichtlich des Brandschutzes
- Gewährleistung der Sicherheit auf Szenenflächen und in Arbeitsstätten, Lager und Magazinen

Ziele

- Sichere und störungsfreie Veranstaltungs- und Sicherheitstechnik
- Erfüllung baurechtlicher Pflichten

Die baurechtlichen Verantwortungsbereiche (V) sind:

Ort

- Versammlungsstätte bzw. Veranstaltungsgelände

Zeit

- Veranstaltungsleitung (VL): Ankunftszeit erste BesucherIn bis Veranstaltungsende (Letzte BesucherIn verlässt Veranstaltungsgelände)
- Technische Leitung des Betreibers (TL): Dauerhaft

Die **Entscheidungsbefugnis (E)** der wichtigsten Rollen mit baurechtlicher Verantwortung ist:

Organisation

- Veranstaltungsleitung (VL) trägt im Namen und im Auftrag des Veranstalters die Gesamtverantwortung und entscheidet im Krisenfall über Weiterführung oder Abbruch der Veranstaltung.
- Veranstaltungsleitung (VL) ist primärer Ansprechpartner.
- Koordinationspflicht zwischen Veranstaltungsleitung (VL) und Technischer Leitung (TL)

Schnittstellen

- Ausführende Gewerke, Ton, Licht, Rigging oder Bühne
- Veranstalter und BOS (Behörden und Organisationen mit Sicherheitsaufgaben)
- Stakeholder wie AnwohnerInnen, Anrainern oder Sekundärbesuchern (Zaunguckern)
- Betreiber
- BesucherInnen
- Sanitätsdienst
- Sicherheits- und Ordnungsdienst

Brandschutz

Der oder die Brandschutzbeauftragte (Bsb) sollte den Brandschutz-Verantwortlichen eines Betriebes (Arbeitgeber/Unternehmer, Betriebsleiter, Behördenleiter) als zentraler Ansprechpartner für alle Brandschutzfragen im Betrieb beraten und unterstützen. Die Ernennung eines Brandschutzbeauftragten ist gesetzlich nicht verpflichtend.

Aufgabenbereich des Brandschutzbeauftragten (Bsb)[27]

- Unterstützung des Brandschutz-Verantwortlichen eines Betriebes in allen Fragen des Brandschutzes
- Aufstellen von Brandschutzordnungen und Einhaltung rechtlicher Vorgaben z. B. Alarm- und Feuerwehrpläne sowie Flucht- und Rettungspläne
- Ausbildung von Mitarbeitenden wie z. B. Brandschutzhelfern
- Überwachung der Benutzbarkeit von Flucht- und Rettungswegen
- Ermitteln von Brand- und Explosionsgefahren
- Durchführung von Brandschutzbegehungen
- Zusammenarbeit mit der Aufsichtsbehörde, der Feuerwehr und den Feuerversicherern
- Organisation der Prüfung und Wartung von brandschutztechnischen Einrichtungen
- Mitwirken bei der Festlegung von Ersatzmaßnahmen bei Ausfall von brandschutztechnischen Einrichtungen
- Mitwirken bei der Implementierung von präventiven und reaktiven (Schutz)

Aufgabenbereich der Fachkraft für Arbeitssicherheit (FaSi)

Die Fachkraft für Arbeitssicherheit soll den Arbeitgeber beim Arbeitsschutz und bei der Unfallverhütung in allen Fragen der Arbeitssicherheit einschließlich der menschengerechten Gestaltung der Arbeit unterstützen. Sie haben gemäß § 6 ASiG (Gesetz über Betriebsärzte, Sicherheitsingenieure und andere Fachkräfte für Arbeitssicherheit) insbesondere

Beratungsaufgaben:

- Planung, Ausführung und Unterhaltung von Betriebsanlagen und von sozialen und sanitären Einrichtungen,
- Beschaffung von technischen Arbeitsmitteln und der Einführung von Arbeitsverfahren und Arbeitsstoffen,
- Auswahl und Erprobung von Körperschutzmitteln,

27 DGUV I 205-003

- Gestaltung der Arbeitsplätze, des Arbeitsablaufs, der Arbeitsumgebung und in sonstigen Fragen der Ergonomie, der Beurteilung der Arbeitsbedingungen

Prüfungsaufgaben:

- Betriebsanlagen und die technischen Arbeitsmittel insbesondere vor der Inbetriebnahme und Arbeitsverfahren insbesondere vor ihrer Einführung

Durchführungsaufgaben:

- Arbeitsschutz und Unfallverhütung
- Begehung Arbeitsstätten in regelmäßigen Abständen
- Information festgestellter Mängel
- Vorschlag Maßnahmen zur Beseitigung dieser Mängel
- Beachtung der Benutzung der Körperschutzmittel
- Untersuchung der Ursachen von Arbeitsunfällen
- Untersuchungsergebnisse erfassen und auswerten und dem Arbeitgeber Maßnahmen zur Verhütung dieser Arbeitsunfälle vorschlagen.

Bei Betrieben mit bis zu zehn Beschäftigten richtet sich der Umfang der betriebsärztlichen und sicherheitstechnischen Betreuung durch eine Fachkraft für Arbeitssicherheit nach Anlage 1 DGUV V 2. Bei Betrieben mit mehr als zehn Beschäftigten gelten die Bestimmungen nach Anlage 2 und der dort aufgeführten Zuordnung der Betriebsarten zu den Betreuungsgruppen. Veranstaltungsbetriebe können der Gruppe III oder II zugeordnet werden, was einer Einsatzzeit bei mehr zehn Mitarbeitenden von 0,5 oder 1,5 Stunden im Jahr pro Beschäftigten entspricht. Bei Betrieben mit weniger als zehn Mitarbeitenden gibt es eine Grundbetreuung, die Unterstützung bei der Erstellung und der Aktualisierung der Gefährdungsbeurteilungen beinhaltet.

4.3 Programmverantwortung (Veranstaltungsleitung – Programmleitung)

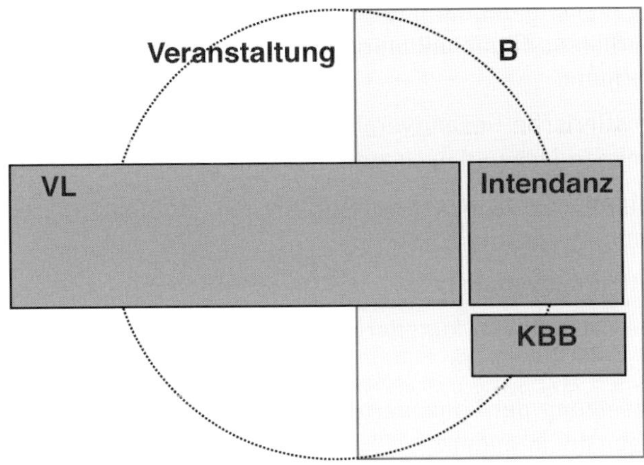

Bild 13: Verantwortungsbereiche Veranstaltungsleitung (VL) und Intendanz

Programmverantwortung und Verantwortung der Veranstaltung sind zwei unterschiedliche Verantwortungsbereiche, die häufig zu einer Doppelspitze mit einer inhaltlichen Veranstaltungsleitung, der Programmleitung, und der Veranstaltungsleitung im Sinne des Baurechts führt. In Theatern, Opernhäusern und anderen kulturellen Spielstätten wie Kultur- oder Konzerthäusern **(B)** wird die Programmkonzeption von einer **Intendanz** übernommen und die Planung und Umsetzung durch das Künstlerische Betriebsbüro (**KBB**). Das Künstlerische Betriebsbüro disponiert, koordiniert und betreut die eigenen und Gast-Veranstaltungen organisatorisch mit den Aufgabenbereichen:

- Langfristige – und Tagesdisposition der Veranstaltungen
- Probendisposition und Einspielzeiten
- Projektorganisation und Veranstaltungsbetreuung
- Raumkoordination
- Einsatzplanung Ensemble.

Die Intendanz gilt als die künstlerische Leitung einer Veranstaltungsstätte mit den Verantwortungsbereichen:

- Ausrichtung des Spielplans auf ein Konzept
- Engagement der dafür notwendigen KünstlerInnen wie RegisseurInnen, BühnenbildnerInnen, SchauspielerInnen, ChoreografInnen
- künstlerische Gesamtverantwortung des Theaterbetriebs organisatorisch und nach außen gegenüber dem Theaterträger.

Die **Aufgabenbereiche (A)** im Rahmen der Programmverantwortung sind:

Veranstaltungsleitung (VL)

- Übersetzung von künstlerischen Konzepten in planbare und steuerbare Abläufe
- Umsetzung der konzipierten Veranstaltung gemäß den Vorgaben der Intendanz
- Planung der personellen und technischen Ressourcen auf Basis künstlerischer Anforderungen

Programmleitung (Intendanz, KBB)

- Frühzeitige Information über das geplante Programm
- Disposition von Räumen für Probenbetrieb und Personal
- Programm, Abläufe und szenische Effekte

Ziel

- Veranstaltungsleitung (VL): Frühzeitige Information über alle sicherheitsrelevanten Aspekte

Die **Programmverantwortung (V)** ist verantwortlich für:

Ort

- Szenen- bzw. Spiel- oder Aktionsfläche

Zeit

- Planungszeitraum
- Veranstaltungsdauer

Die **Entscheidungsbefugnis (E)** der Rollen mit Programmverantwortung ist:

Organisation

- Programmleitung (Intendanz) trägt Programmverantwortung
- Veranstaltungsleitung (VL) trägt im Sinne des Programms nur Durchführungsverantwortung

Schnittstellen

- Künstlerische MitarbeiterInnen
- TechnikerInnen und Ausstattungswerkstätten
- Presse- und Öffentlichkeitsarbeit
- Vertrieb bzw. Kartenverkauf

4.4 Besuchersicherheit (Veranstaltungsleitung – BOS)

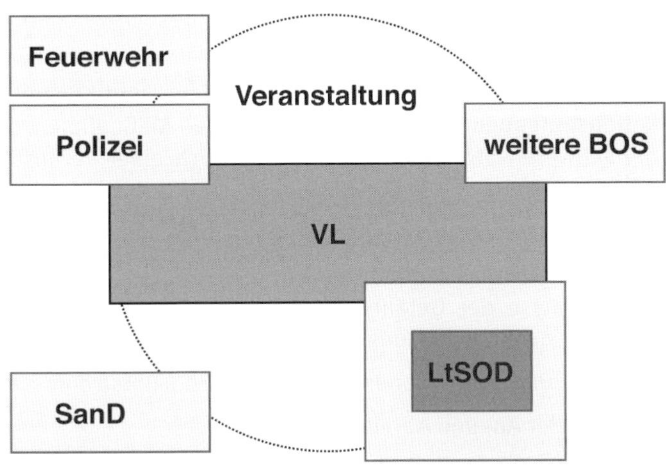

Bild 14: Verantwortungsbereiche Veranstaltungsleitung (VL) und Behörden und Organisationen mit Sicherheitsaufgaben (BOS)

Besuchersicherheit (Hospitality) umfasst alle Abläufe und organisatorischen Maßnahmen, die dem störungsfreien und im Sinne der Besuchererwartungen erfolgreichen Besuch der Versammlungsstätte dienen und Handlungsfelder beinhalten, die vor Eintritt einer Gefährdung der Betriebssicherheit zu berücksichtigen sind – insbesondere Maßnahmen der Veranstalter-Besucher-Kommunikation, der Besucherführung, der Vermeidung von erhöhten Personendichten, des freien Zu- und Abgangs zur Versammlungsstätte und der Erreichbarkeit von Serviceeinrichtungen. Dazu gehört auch die Risikoanalyse und Maßnahmenplanung zur Angriffssicherheit.

Angriffssicherheit (Security) befasst sich zunächst mit vorbeugenden Maßnahmen gegen den Eintritt von Ereignissen durch Handlungen, Delikten und anderen unerwünschten Zuständen, die durch Personen absichtsvoll gegen eine Versammlungsstätte oder eine Veranstaltung, dessen Einrichtungen, Anlagen oder Personen wie Beschäftigten, Beteiligten oder BesucherIlnnen begangen werden. Des Weiteren werden im Rahmen der Security Methoden und Maßnahmen beschrieben, die der Begrenzung der Auswirkungen und des daraus resultierenden Schadens sowie der Beherrschung der Folgen solcher Vorfälle dienen.

Die **Aufgabenbereiche (A)** im Rahmen der Besuchersicherheit sind:

- Planung und Vorbereitung der Koordinations- und Kommunikationsaufgaben sowie der zu ergreifenden Maßnahmen, die bei schweren Störungen oder den Abbruch einer Veranstaltung greifen
- Planung des Veranstaltungsgeländes bzw. der Versammlungsräume
- Risikoanalyse der Gefährdungen unter besonderer Berücksichtigung der Gefährdungen durch BesucherInnen
- Einschätzung der Personendichten und Besucherströme
- Planung der An- und Abreise
- Einlasssituation zum Veranstaltungsgelände
- Planung von Entlastungsflächen und Rettungswegen
- Erstellung bzw. Abstimmung und Umsetzung des Sicherheitskonzeptes
- Leitung Koordinationsstab
- Beauftragung des Sicherheits- und Ordnungsdienstes

Ziel

- Jede/r BesucherIn muss sich jederzeit frei, ohne Gefahren, äußere Einflüsse und mittels eigener Entscheidung innerhalb des Besucherbereichs bewegen können und sich im Notfall gefahrlos aus einem gefährdeten Bereich in einen sicheren Bereich retten bzw. gerettet werden können.
- Treffen aller erforderlichen Maßnahmen zur Abwehr identifizierter, spezifischer Gefahren durch die Veranstaltung und von außen
- Einvernehmen erstellen mit den BOS und den Genehmigungsbehörden

Der **Verantwortungsbereich** der Besuchersicherheit **(V)** ist:

Ort

- Veranstaltungsgelände bzw. Versammlungsstätte
- Einlass- bzw. Auslassbereiche
- Veranstaltungsumgebung
- Parkplätze
- Zufahrten
- Wege bis zu den nächsten Haltestellen ÖPNV

Zeit

- Planungszeitraum
- EVE (Einlass, Veranstaltung, Ende)

Die **Entscheidungsbefugnis (E)** bei der Besuchersicherheit ist:

Organisation

- Die Veranstaltungsleitung (VL) ist für die Sicherheit der Veranstaltung und die Einhaltung der Vorschriften verantwortlich.
- Die Veranstaltungsleitung (VL) ist für die Kommunikation mit den BOS und anderen Beteiligten verantwortlich.
- Auf Anforderung der Veranstaltungsleitung (VL) oder bedingt durch die Gefährdungssituation (Bombenalarm) oder Schadenslage (MANV) übernimmt im Krisenfall die Einsatzleitung der Polizei bzw. der Feuerwehr die Verantwortung.

- Die Leitung des Sicherheits- und Ordnungsdienstes (LtSOD) ist verantwortlich für die Aufgaben und Pflichten des Sicherheits- und Ordnungsdienstes wie die Einhaltung der Hausordnung, die Personenkontrolle beim Einlass oder die Durchsetzung des Hausrechts bei Zuwiderhandlungen.

Schnittstellen

- Feuerwehr
- Polizei
- Sanitäts- und Rettungsdienst (SanD)
- Sicherheits- und Ordnungsdienst
- Brandsicherheitswache
- Besucherservice

Sicherheits- und Ordnungsdienst

Aufgabenbereiche (A) der Leitung Sicherheits- und Ordnungsdienst (LtSOD)

- Zusammenarbeit mit Polizei und Sicherheitsbehörden
- Einsatzplanung und Auswahl der Sicherheits- und Ordnungsdienstkräfte
- Unterweisung und Einweisung der Kräfte
- Mitarbeit im Koordinationsstab
- Mengenkontrolle der Bereiche
- Lenkung des ruhenden und fließenden Verkehrs auf dem Veranstaltungsgelände
- Freihalten von Flucht- und Rettungswegen
- Zugangssicherung und -kontrolle

Verantwortungsbereiche (V) der Leitung Sicherheits- und Ordnungsdienst (LtSOD)

- Evakuierung der Versammlungsstätte bzw. des Veranstaltungsgeländes im Gefahrenfall
- Gewährleistung der Zuverlässigkeit der MitarbeiterInnen im Sicherheits- und Ordnungsdienst

4.5 Produktionssicherheit (Produktionsleitung – Technische Leitung)

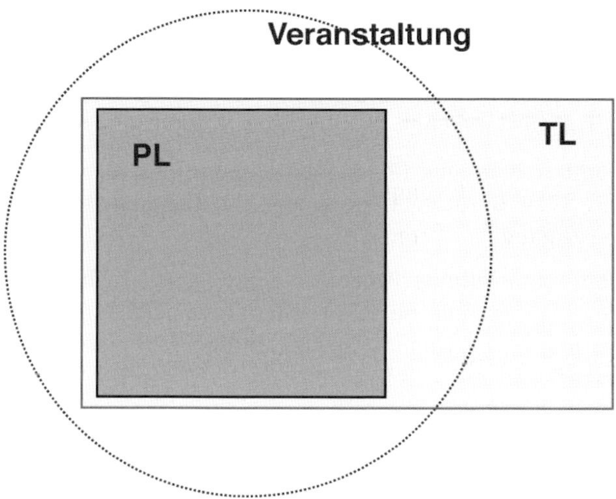

Bild 15: Verantwortungsbereiche Technische Leitung (TL) und Produktionsleitung (PL)

Die Rolle der Produktionsleitung (PL) bzw. des Event Producers, wie die Berufsbezeichnung im englischsprachigen Raum lautet, ist dann erforderlich, wenn sehr viele Spezialisten für eine Veranstaltung notwendig sind. Die Produktionsleitung ist damit für alle Elemente der erfolgreichen Umsetzung einer einzelnen Veranstaltung mit einer einmaligen Aufführung oder einer wiederkehrenden, zumeist vorab limitierten Anzahl von Aufführungen wie bei einer Tournee verantwortlich. Die Hauptaufgabe der Produktionsleitung besteht in der Umsetzung der Produktion auf der Bühne, bei den Proben, im Probenvorlauf und der Nachbereitung. Diese Aufgabe muss mit der Technischen Leitung (TL) am Veranstaltungsort abgestimmt werden.

Die **Aufgabenbereiche (A)** im Rahmen der Produktionssicherheit sind:

- Produktionsleitung (PL): Umsetzung des Designs mit Bühne, Licht, Szenografie und allen weiteren gestalterisch-inszenatorischen Elementen
- Produktionsleitung (PL): Venue Management und Vertragsverhandlungen mit dem Veranstaltungsort, Absprachen mit der dort verantwortlichen Technischen Leitung (TL) und weiteren Vertretern sowie die Kontrolle bei der Umsetzung der Vertragsgrundlagen
- Produktionsleitung (PL) in Abstimmung mit Technischer Leitung (TL): Berücksichtigung der Sichtachsen, VIP-Bereiche und Zugänge
- Produktionsleitung (PL) in Abstimmung mit Technischer Leitung (TL): Technische Unterstützung von der grafischen Gestaltung bis zur Anmietung notwendiger technischer Ausstattung
- Produktionsleitung (PL): Projektmanagement der Produktion

Ziele

- Umsetzung einer Veranstaltung nach zuvor festgelegtem Konzept, Design und Ablauf
- Möglichst änderungsfreie Anpassung einer Veranstaltung an die Gegebenheiten einer Versammlungsstätte
- Abstimmung über und Unterstützung bei den technischen Abläufen

Der **Verantwortungsbereich** der Produktionssicherheit **(V)** ist:

Ort

- Produktionsleitung (PL): Szenenfläche
- Technische Leitung (TL): Versammlungsstätte

Zeit

- Aufbau, Veranstaltungsdauer und Abbau

Die **Entscheidungsbefugnis (E)** bei der Produktionssicherheit ist:

Organisation

- Produktionsleitung (PL): Alle Entscheidungen in Bezug auf Logistik und Abläufe beim Aufbau und Abbau.

- Produktionsleitung (PL): Veranstaltungstechnik während der Veranstaltung sowie alle Anforderungen und Fragen zur Umsetzung der geplanten szenischen Handlungen.
- Technische Leitung (TL): Gebäude- und Sicherheitstechnik in der Versammlungsstätte.

Schnittstellen

- KünstlerInnen
- Beschäftigte der Versammlungsstätte
- Abstimmung Sicherheits- und Ordnungsdienst des Veranstalters und des Betreibers
- Veranstaltungslogistik
- Technische Dienstleister des Veranstalters

5 Besondere Aufgabenfelder

5.1 Veranstaltungsleitung und Hygieneplanung bei Veranstaltungen

Thomas Sakschewski

Mit der Corona-Pandemie ist 2020 für die Veranstaltungsleitung ein neues Aufgabenfeld entstanden. Während der Kontakt zum Gesundheitsamt sich zuvor auf den notwendigen Aushang von Hygienevorschriften im Umgang mit Lebensmitteln im Catering beschränkte, erscheint aktuell das lokale Gesundheitsamt als die Genehmigungsbehörde, die über die Durchführbarkeit von Veranstaltungen entscheidet. Damit ist die Aufstellung eines Schutzkonzepts, oder genauer eines Infektionsschutz- und Hygienekonzepts, wichtigste Aufgabe des Veranstalters oder Betreibers, um überhaupt eine Veranstaltungsgenehmigung zu erhalten. Die Veranstaltungsleitung, wenn nicht zumeist selbst an der Formulierung des Schutzkonzepts beteiligt, ist als gesamtverantwortliche Vertretung des Veranstalters gehalten, die Umsetzung der Maßnahmen und die Kontrolle der Einhaltung dieser Maßnahmen während der Veranstaltung zu leiten.

Definition Infektionsschutz- und Hygienekonzept

Als Infektionsschutz- und Hygienekonzept kann die strukturierte Darstellung von technisch-baulichen, organisatorischen und personellen Maßnahmen (TOP) zur Minderung des Infektionsrisikos auf ein tolerierbares Maß beim Einlass, während der Veranstaltung und zum Ende der Veranstaltung (EVE) bezeichnet werden. Dieses Schutzziel ist direkt aus den Fürsorgepflichten des Betreibers gegenüber den im Rahmen der Veranstaltung Beschäftigten bzw. Beteiligten (Selbstständige, Freiwillige Kräfte, Ehrenamtliche, KünstlerInnen, MusikerInnen etc.) und gegenüber den BesucherInnen ableitbar. Die strukturierte Darstellung bedeutet ein zusammenfassendes Dokument, aus dem die Gefährdungen, das Risiko, die eingeleiteten Maßnahmen für die unterschiedlichen Schutzzielgruppen und deren Kontrolle über den gesamten Veranstaltungsablauf und für die gesamte Veranstaltungsfläche inklusive der nur für Beschäftigte bzw. Beteiligte begehbaren Flächen bzw. Räumen hervorgehen.

Keine verbindlichen Regelungen

Für Art, Umfang und Inhalt eines Infektionsschutz- und Hygienekonzepts existieren keine verbindlichen Regelungen. Die grundsätzlichen Bestimmungen ergeben sich aus einer Reihe von Landesverordnungen, aber auch Vorschriften und Regelungen auf kommunaler Ebene. Die Grundlage dazu bildet § 17 Abs. Infektionsschutzgesetz (IfSG):

> „Die Landesregierungen werden ermächtigt, unter den nach § 16 sowie nach Absatz 1 maßgebenden Voraussetzungen durch Rechtsverordnung entsprechende Gebote und Verbote zur Verhütung übertragbarer Krankheiten zu erlassen. Sie können die Ermächtigung durch Rechtsverordnung auf andere Stellen übertragen."

Diese Voraussetzungen liegen mit der Corona-Pandemie zweifelsfrei vor, denn hier (§ 16 Abs. 1 IfSG) heißt es:

> „Werden Tatsachen festgestellt, die zum Auftreten einer übertragbaren Krankheit führen können, oder ist anzunehmen, dass solche Tatsachen vorliegen, so trifft die zuständige Behörde die notwendigen Maßnahmen zur Abwendung der dem Einzelnen oder der Allgemeinheit hierdurch drohenden Gefahren. Die bei diesen Maßnahmen erhobenen personenbezogenen Daten dürfen nur für Zwecke dieses Gesetzes verarbeitet werden."

Die zuständige Behörde sind die Bundesbehörden, die obersten Landesgesundheitsbehörden, die Gesundheitsämter und das Robert-Koch-Institut, die „nationale Behörde zur Vorbeugung übertragbarer Krankheiten sowie zur frühzeitigen Erkennung und Verhinderung der Weiterverbreitung von Infektionen" (§ 4 Abs. 1 IfSG).

Die Maßnahmen zur Eindämmung werden auf Vorschlag des Gesundheitsamtes von der zuständigen Behörde angeordnet, aber auch das Gesundheitsamt selbst kann bei Gefahr im Verzug erforderliche Maßnahmen anordnen. Es hat die zuständige Behörde unverzüglich hiervon zu unterrichten. Diese kann die Anordnung ändern oder aufheben. Wird die Anordnung nicht innerhalb von zwei Arbeitstagen nach der Unterrichtung aufgehoben, so gilt sie als von der zuständigen Behörde getroffen. Auf Grundlage des oben aufgeführten und dieser beiden hier zusammengefassten

Absätze § 16 Abs. 6, 7 IfSG sind als Reaktion auf die dynamische und schwer vorherzusehende Entwicklung in der Corona-Pandemie zum Teil stark einschneidende Maßnahmen von Gesundheitsämtern und Landesgesundheitsbehörden erlassen worden. Diese gelten in Teilen fort oder sind in Anbetracht einer sich entspannenden Situation wieder aufgehoben worden, sodass Veranstaltungen mit Stand Juli 2020 nur unter Beachtung der aktuell regional geltenden Verordnungen genehmigungsfähig sind. Diese können sich aber aufgrund steigernder Infektionszahlen binnen Tagesfrist ändern. Für eine Veranstaltungsleitung ist dies eine schwierige Situation, die durch Planungsunsicherheit, Rechtsunsicherheit und Verfahrensunsicherheit gekennzeichnet ist.

Planungsunsicherheit

– Aufgrund situativer Veränderungen außerhalb des eigenen Einflussbereichs kann auch ein bestehendes Infektionsschutz- und Hygienekonzept jederzeit durch die zuständige (Landesgesundheitsbehörde oder Gesundheitsamt) aufgehoben werden. So kann keine Planungssicherheit entstehen. Die Auslegung der sehr schnell verabschiedeten Verordnungen kann sehr unterschiedlich erfolgen. Planungsunsicherheit besteht selbst bei den länderübergreifend ähnlichen Standards, wie eine Abstandsregelung von 1,50 Metern, denn auch hier gibt es zur Einhaltung der Mindestabstände zwischen den Besuchern unterschiedliche Vorgaben und Herangehensweisen. Die Kapazität einer Veranstaltung wird dadurch je nach Bundesland, Behörde und Veranstaltungsbeteiligten unterschiedlich gezeichnet und berechnet. Der Sicherheitsabstand wird von Mund zu Mund bzw. von Körpermitte zu Körpermitte oder von Körperkante zu Körperkante gemessen. Besondere Probleme entstehen bei der Bewertung der Abstände mit einem durchmischten Publikum. In der Regel werden Veranstaltungen nicht allein, sondern in Begleitung von einen oder mehreren Personen besucht, zu denen außerhalb der Veranstaltung kein Abstand gehalten wird oder die in einem gemeinsamen Haushalt leben. Beides ist durch die Veranstaltungsleitung weder organisatorisch noch datenschutzrechtlich überprüfbar. Unsicherheit besteht daher, ob grundsätzlich mit einer Zweier-, Dreier oder Vierer-Gruppe gerechnet werden darf. Dazu kommt die unterschiedliche Handhabung von Veranstaltungen und öffentlichem Bereich, bei der in der Gastronomie bei Familienfeiern etc. Mindestabstände unterschritten werden dürfen.

Rechtsunsicherheit – Widerspruch und Anfechtungsklagen gegen Maßnahmen haben gemäß § 16 Abs. 8 keine aufschiebende Wirkung. Was in Anbetracht der Planungshorizonte einer Veranstaltung mit ihrer zumeist unaufschiebbaren Terminbindung und der Bearbeitungszeit in derartigen Verwaltungsverfahren in der Praxis bedeutet, dass Veranstaltungen bei kurzfristigem Versagen einer Genehmigung verschoben oder abgesagt werden müssen, auch wenn ein Gericht dieses Versagen im Nachhinein als unrechtmäßig bestätigt. Zum Teil sind Klagen gegen einzelne Maßnahmen der Infektionsschutzverordnungen anhängig, deren Entscheidungen noch ausstehen. Die Gültigkeitsdauern der Infektionsschutzverordnungen sind zeitlich befristet, sie werden bei Bedarf dem lokalen, aktuellen Infektionsgeschehen angepasst. Doch sind die Termine nicht verlässlich. Sie können verlängert oder in Abhängigkeit der aktuellen Lage verschärft oder gelockert werden. Infektionsschutzverordnungen stehen zum Teil wie z. B. bei der Bemessungsgrundlage der Personenkapazität im Widerspruch zu geltendem Recht. Dies hat Rechtsunsicherheit des Veranstalters zur Folge.

Verfahrensunsicherheit – Das Gesundheitsamt ist keine Genehmigungsbehörde für Veranstaltungen. Die üblicherweise verfahrensführende Behörde bei einer Genehmigung, die untere Bauaufsichtsbehörde, wenn die Versammlungsstätte in den Anwendungsbereich der geltenden Länderfassung der VStättVO fällt, bzw. das Ordnungsamt oder die Straßenverkehrsbehörde, wenn die Veranstaltung nicht in den Anwendungsbereich der geltenden Länderfassung der VStättVO fällt, sind durch das Infektionsschutzgesetz nun nachrangig. Dennoch ist weiterhin geltendes Recht umzusetzen und von den nun nachrangigen Behörden zu überprüfen. Dies führt zu Schutzzielkonflikten wie bei Brandschutz und temporär eingebrachten baulichen Spuckschutz, bei der Trennung von Zu- und Abgang zur Sicherung der Abstände und der Freihaltung der Rettungswege oder den gesetzlich vorgeschriebenen Breiten von Sitzplatz und den Vorgaben der Abstände. Diese Verfahrensunsicherheit führt bei der Veranstaltungsleitung durch Anforderungen unterschiedlicher Genehmigungsbehörden zu kaum lösbaren Konflikten – wenn diese Anforderungen durch die Gesundheitsämter gestellt werden. Häufig bleibt jedoch eine Prüfung durch das Gesundheitsamt aus. Damit gibt es für Veranstalter bis auf Ausnahmen keine offizielle Richtlinie für Inhalt, Umfang, Gliederung eines Infektionsschutz- und Hygienekonzeptes und auch keine Prüfung, sondern lediglich die Anforderung eins zu erstellen.

Unterschiede in den Bundesländern

In den Ländern gelten zum Teil unterschiedliche Infektionsschutzverordnungen mit einer Gültigkeitsdauer von einem bis drei Monate. In Nordrhein-Westfalen ist gemäß § 2 Abs. 3 Zif. 10 der *Verordnung zum Schutz vor Neuinfizierungen mit dem Coronavirus SARS-CoV-2* (Coronaschutzverordnung – CoronaSchVO) vom 17.07.2020 das Tragen von Mund-Nasen-Bedeckungen in Warteschlangen vor Veranstaltungen Pflicht, egal, ob diese unter freiem Himmel oder in einem Foyer anstehen. In Berlin wird dieser Sonderfall nicht einmal erwähnt. In Niedersachsen ist das Tragen von Mund-Nasen-Bedeckungen gemäß § 2 Abs. 1 der Niedersächsischen Corona-Verordnung bei Veranstaltungen in geschlossenen Räumen Pflicht, in Sachsen z. B. gar nicht. In Nordrhein-Westfalen wird zwischen einfacher Rückverfolgbarkeit mit einer Erfassung aller Teilnehmenden mit Namen, Adresse und Telefonnummer und besonderer Rückverfolgbarkeit unterschieden. Hier ist die verantwortliche Person, also die Veranstaltungsleitung oder der von ihr beauftragte oder delegierte Hygienebeauftragte, dazu verpflichtet zusätzlich einen Sitzplan mit namentlicher Zuordnung zu erstellen und für vier Wochen aufzubewahren (§ 2a Abs. 2 CoronaSchVO NRW).

Verbot

In Rheinland-Pfalz sind gemäß § 2 Abs. 2 der *Zehnten Corona-Bekämpfungsverordnung Rheinland-Pfalz (10. CoBeLVO)* vom 19. Juni 2020 Veranstaltungen im Freien mit bis zu 350 gleichzeitig anwesenden Personen unter Beachtung der notwendigen Schutzmaßnahmen zulässig. Nach § 8 Abs. 5 der *Verordnung der Landesregierung zur Corona-Lockerungs-LVO MV und zur Änderung der Quarantäneverordnung* vom 07.07.2020 aber sind Veranstaltungen, an denen maximal 200 Personen teilnehmen, sowie Veranstaltungen unter freiem Himmel, an denen maximal 500 Personen teilnehmen erlaubt, aber nur dann, wenn die Ausführungsvorschriften und Regeln gemäß Anlage 40 befolgt werden. Regeln zur Bestuhlung, Belüftung, für das Catering sind damit Teil der Verordnung. Die *Sechste Bayerische Infektionsschutzmaßnahmenverordnung* (6. BayIfSMV) vom 19. Juni 2020 nennt eine andere Obergrenze und weist auf das Vorliegen eines Schutzkonzeptes hin: „Veranstaltungen, die üblicherweise nicht für ein beliebiges Publikum angeboten oder aufgrund ihres persönlichen Zuschnitts nur von einem absehbaren Teilnehmerkreis besucht werden (insbesondere Hochzeiten, Beerdigungen, Geburtstage, Schulabschlussfeiern und Vereins- und Parteisitzungen) und nicht öffentliche Versammlungen sind mit bis zu 100 Teilnehmern in geschlossenen Räumen oder bis zu 200 Teilnehmern unter freiem Himmel gestattet, wenn der Veranstalter ein Schutz- und Hygienekonzept ausgearbeitet und auf Verlangen der zuständigen Kreisverwaltungsbehörde vorlegen kann." (§ 5 Abs. 2 6. BayIfSMV) Berlin setzt in der Verordnung Termine für Personenobergrenzen (§ 6 der *SARS-CoV-2-Infektionsschutzverordnung*): „(1) Veranstaltungen im Freien mit mehr als 1.000 zeitgleich Anwesenden sind bis einschließlich 31. August 2020 verboten. Vom 1. September bis zum Ablauf des 24. Oktober 2020 sind Veranstaltungen im Freien mit mehr als 5.000 zeitgleich Anwesenden verboten. (2) Vom 1. August bis zum Ablauf des 31. August 2020 sind Veranstaltungen in geschlossenen Räumen mit mehr als 500 zeitgleich Anwesenden verboten. Vom 1. September bis zum Ablauf des 30. September 2020 sind Veranstaltungen in geschlossenen Räumen mit mehr als 750 zeitgleich Anwesenden verboten. Vom 1. Oktober bis zum Ablauf des 24. Oktober 2020 sind Veranstaltungen in geschlossenen Räumen mit mehr als 1.000 zeitgleich Anwesenden verboten."

Obwohl durchgehend ein Abstand von 1,50 m verlangt wird, führt wiederum die „Allgemeinverfügung zum Vollzug des Infektionsschutzgesetzes, Maßnahmen anlässlich der Corona-Pandemie und Anordnung von Hygieneauflagen zur Verhinderung der Verbreitung des Corona-Virus" des Freistaats Sachsen aus, dass die Abstände dann weniger wichtig sind, wenn eine lückenlose Personenerfassung möglich ist. Unter Punkt 15. Hygieneregeln fasst sie für Veranstaltungen zusammen: „Sofern eine verpflichtende, sitzplatzbezogene, datenschutzkonforme und datensparsame Kontaktnachverfolgung sichergestellt werden kann, ist eine Verringerung des Mindestabstands von 1,5 Metern möglich." Gemäß § 3 Abs. 1 der sächsischen Corona-Schutz-Verordnung (SächsCoronaSchVO) sind Angebote für den Publikumsverkehr sowie Veranstaltungen erlaubt, ausgenommen sind unter anderem Diskotheken und Tanzlustbarkeiten. Großveranstaltungen und Sportveranstaltungen jedoch mit einer Besucherzahl von mehr als 1.000 Personen sind bis zum 31. Oktober 2020 untersagt. Abweichend davon dürfen ab dem 1. September 2020 diese stattfinden, wenn eine datenschutzkonforme und datensparsame Kontaktnachverfolgung möglich ist und die Hygieneregelungen eingehalten werden.

Ausführliche Angaben zum Inhalt eines Hygienekonzeptes finden sich lediglich in den Anlagen der Infektionsschutzverordnung von Mecklenburg-Vorpommern und der Infektionsschutzverordnung von Rheinland-Pfalz, daher können für die Erstellung und Umsetzung eines Infektionsschutz- und Hygienekonzepts keine verbindlichen Vorgaben gemacht werden. Erschwerend sind häufige Änderungen der Verordnungen. Jedoch lassen sich einige Grundelemente beschreiben.

Inhalt eines Hygienekonzeptes

Exkurs

Arbeitsschutz

Als zuständiger Unfallversicherer hat die VBG eine branchenspezifische Handlungshilfe zum Arbeitsschutzstandard für die Ausstattung herausgebracht, dazu gehören Werkstätten, Technik, Kostüme, Requisite und Maskenbildnerei. In den Werkstäten, in der Technik und in der Requisite können danach unter Einhaltung der grundlegenden Standards alle Tätigkeiten durchgeführt werden, die dem Betriebsablauf dienen. Die Benutzung von Requisiten, die gehandhabt werden müssen, soll jedoch möglichst nur durch eine Person erfolgen.

5.1.1 Ziele

- Eindämmung möglicher Infektionsherde durch schnelle Feststellung der Infektionsketten: Dies verlangt eine möglichst über alle Phasen der Veranstaltung (Aufbau, Proben, Einlass, Durchführung, Auslass und den Abbau) lückenlose Erfassung der personenbezogenen Daten der Beschäftigten, Beteiligten und der BesucherInnen. Als personenbezogene Angaben gelten gemäß § 2 Zif. 16 des Infektionsschutzgesetzes (IfSG): Name und Vorname, Geschlecht, Geburtsdatum, Anschrift der Hauptwohnung oder des gewöhnlichen Aufenthaltsortes und, falls abweichend, Anschrift des derzeitigen Aufenthaltsortes der betroffenen Person sowie, soweit vorliegend, Tele-

Feststellung der Infektionsketten

fonnummer und E-Mail-Adresse. Auf Geburtsdatum und Geschlecht wird in der Regel verzichtet, dafür wird in einigen Bundesländern der Zeitpunkt der Datenerhebung bzw. die Dauer des Aufenthalts verlangt wie in Berlin, Hamburg, Niedersachsen, Nordrhein-Westfalen, Saarland, Sachsen, Schleswig-Holstein und Thüringen. In den Infektionsschutz- bzw. Corona-Verordnungen der Länder ist die Erfassung der personenbezogenen Angaben unterschiedlich geregelt. Gemeinsam ist ihnen die Verpflichtung des Veranstalters, also der Veranstaltungsleitung, die personenbezogenen Angaben zu erfassen, sie vier Wochen geschützt vor Einsichtnahme durch Dritte aufzubewahren oder zu speichern und nach vier Wochen zu löschen (digitale Erfassung) oder zu vernichten (analoge Erfassung). Sie sind der zuständigen Behörde auf Verlangen auszuhändigen, wenn festgestellt wird, dass eine Person zum Zeitpunkt der Veranstaltung, des Besuchs oder der Inanspruchnahme der Dienstleistung krank, krankheitsverdächtig, ansteckungsverdächtig oder Ausscheiderin oder Ausscheider im Sinne des Infektionsschutzgesetzes war. Die Angaben dürfen ausschließlich zur infektionsschutzrechtlichen Kontaktnachverfolgung also nur bei ausdrücklicher Genehmigung für Werbeaktionen und Information über weitere Veranstaltungen genutzt werden. Welche Daten zu erfassen sind, regeln die Landesverordnungen wiederum unterschiedlich.

Verringerung des Infektionsrisikos

– Verringerung des Infektionsrisikos: Das beinhaltet eine gesamthafte Darstellung aller technisch-baulichen, organisatorischen und personellen Maßnahmen (TOP) vor, während und nach der Veranstaltung (Einlass, Veranstaltung, Ende – EVE) unter besonderer Berücksichtigung von Personenzahl, Personendichten, Lüftung, Abstandsregeln und Mund-Nasen-Bedeckung. Hierzu sind die landesspezifischen Verordnungen zu beachten, die wie beispielsweise in den Anlagen der *Verordnung der Landesregierung zur Corona-Lockerungs-LVO MV und zur Änderung der Quarantäneverordnung* in Mecklenburg-Vorpommern dezidierte Vorschriften zur Umsetzung beinhalten können. Die Kommunen können diese Verordnungen um eigene Regelungen ergänzen wie die Allgemeinverfügung zur Verlängerung des Verweilverbotes auf dem Brüsseler Platz in Köln durch die Stadt Köln mit der Begründung massenhaft festgestellter Kontaktverbotsverstöße oder die Verhaltensregel für den Timmendorfer Strand, nicht zwischen den Strandkörben zu gehen oder zu liegen.

- Hygienekonzept: Womit zum Schutzkonzept auch ein Hygienekonzept für Versammlungsstätten und Veranstaltungen zu erstellen ist, das die Maßnahmen zur Reinigung und/oder Desinfektion von häufig genutzten Flächen, die Bereitstellung von Desinfektionsmöglichkeiten für die Nutzung durch die BesucherInnen beim Einlass und Hygienemaßnahmen bei Beschäftigten und Beteiligten insbesondere im direkten Kontakt mit BesucherInnen darstellt. Die Verpflichtung zur Erstellung eines Hygienekonzeptes sowie ein grober Aufbau ist mehrheitlich in den Schutzverordnungen der Länder verankert. Ebenfalls existieren Empfehlungen auf kommunaler Ebene wie z. B. die Checkliste zur Erarbeitung von Hygienekonzepten, herausgegeben vom Gesundheitsamt der Stadt Dresden oder publiziert von anderen Organisationen wie z. B. die regionalen Industrie- und Handelskammern.

Hygienekonzept

- Information und Kontrolle: Die Beauftragten der zuständigen Behörde und des Gesundheitsamtes sind zur Durchführung von Ermittlungen und zur Überwachung der angeordneten Maßnahmen berechtigt. Die Veranstaltungsleitung oder ein von ihr beauftragte/r Hygieneverantwortliche/r sollte jederzeit mit einer Kontrolle der im Konzept vorgesehenen Maßnahme rechnen und muss sicherstellen, dass sich die BesucherInnen, die Beschäftigten und die weiteren Beteiligten an die festgelegten Maßnahmen halten, um einerseits die Fürsorgepflicht nicht zu verletzen und andererseits nicht Ordnungsstrafen bzw. die Schließung von Versammlungsstätten zu riskieren. Dies verlangt zum einen Akzeptanz bei den BesucherInnen, was durch Erklärungen und Informationen unterstützt wird, und zum anderen auch geschultes Personal, um die Maßnahmen durchzusetzen und bei Verstößen durchzugreifen.

Information und Kontrolle

5.1.2 Gliederung

- Beschreibung der Versammlungsstätte und/oder der Veranstaltung
    - Erwartete Besucherzahl
    - Indoor: Fläche Versammlungsräume, Zugänge, Lüftung
    - Outdoor: Veranstaltungsfläche, Zugänge
    - Veranstaltungsablauf
    - Dauer
    - Besonderheiten, z. B. Aktionen unter Einbeziehung von BesucherInnen
    - Pausenregelungen
    - Einschätzung möglichen Besucherverhaltens unter Berücksichtigung soziodemografischer Informationen (Einflussfaktoren: Alter, Altersvarianz, soziale Bindungen, Involvement, Milieus, Alkohol- und Drogenkonsum)
- Identitätsfeststellung
    - Art der Veranstaltung (festgelegte Besucherplätze nach vorheriger Registrierung oder freier Zugang)
    - Form der Registrierung im Vorfeld
    - Form der Registrierung und Identitätsfeststellung vor Ort
    - Maßnahmen zur Sicherung der Zuordnung von Person und Platz im Veranstaltungsablauf
    - Art der Dokumentation
- Allgemeines Hygienekonzept
    - Definition von schwach, mittel und stark frequentierten Flächen
    - Festlegung der Reinigungsfrequenz und der Desinfektion von schwach, mittel und stark frequentierten Flächen
    - Beschreibung von Hygieneregeln im Catering unter Berücksichtigung der aktuellen berufsgenossenschaftlichen Informationen
    - Beschreibung von Hygieneregeln bei Proben und beim Aufbau unter Berücksichtigung der aktuellen berufsgenossenschaftlichen Informationen

- Beschreibung von Hygieneregeln beim Einlass

– Infektionsschutzkonzept: Technisch-bauliche Maßnahmen
  - Einhaltung der Abstandsregeln
    - Einlass: Vereinzelung, baulicher Tröpfchenschutz zwischen Vereinzelungsanlagen, Tröpfchenschutz bei Information, Registrierung und Ticketing
    - Veranstaltung: Besucherplätze (Eventuelle Sperrmaßnahmen), Sanitäranlagen (Eventuelle Sperrmaßnahmen oder zusätzliche temporäre Sanitäranlagen)
    - Ende: Vereinzelung, Schutz vor querendem Besucherverkehr zu parallelem Einlass oder anderen Versammlungsräumen
  - Bauliche Trennungen in Versammlungsräumen oder auf einem Veranstaltungsgelände
  - Besucherführung
  - Lüftung: Bauliche Umrüstung von Belüftungsanlagen

– Infektionsschutzkonzept: Organisatorische Maßnahmen
  - Kontrolle der Hygienemaßnahmen durch Hygienebeauftragten
  - Vorbereitung und Durchführung der Risiko- und Krisenkommunikation inkl. zeitnaher Schaffung der zugehörigen Infrastruktur
  - Ausgabe von Arbeitsausweis und Zusatzberechtigung in einen geschützten Bereich legen.
  - Pausenzeiten verlängern, um zu hohe Besucherdichten in den Sanitärräumen zu verhindern.
  - Planung und Durchsetzung von Maßnahmen bei unerwünschtem Besucherverhalten
  - Anpassung der Räumungskonzepte und geleiteten Wegeführungen/Brandschutzkonzepte an längere Räumungszeiten

– Infektionsschutzkonzept: Personell
  - Ein- und Unterweisung von Beschäftigten und Beteiligten
  - Ausgabe von Mund-Nasen-Bedeckung an Beschäftigte und Beteiligte mit direktem Kontakt zu BesucherInnen

- Information und Kontrolle
  - Einrichten einer gemeinsamen Leit- und Ansprechstelle mit Bürgertelefon sowie Schnittstelle zum Veranstalter (Verbindungsperson vor Ort) und Pressesprechern für Krisenkommunikation
  - Information an die BesucherInnen im Vorfeld und vor Ort
  - Information und Erklärung der Hygiene- und Infektionsschutzmaßnahmen vor Beginn der Veranstaltung zusätzlich über Ton, Bild
  - Vermittlung von Abstandsregeln durch Bodengrafiken, falls möglich
  - Beachtung der Aufbewahrungsfristen personenbezogener Angaben unter Berücksichtigung des IfSG und der DSGVO
  - Dokumentation aller Unterweisungen, der durchgeführten Maßnahmen und gegebenenfalls eingetretener kritischer Ereignisse

Exkurs

Hygienebeauftragte/r

Innerhalb sehr kurzer Zeit haben eine Reihe von Institutionen und Organisationen Qualifizierungs- und Weiterbildungsangebote zum/r Hygienebeauftragten für Veranstaltungen entwickelt. Der Begriff des/r Hygienebeauftragten für die Veranstaltungswirtschaft ist nicht geschützt, ein Lehrplan nicht verbindlich. Die grundlegenden Lehrinhalte beruhen auf allgemeinen Hygieneregeln im Gesundheitsmanagement, in Gaststätten und im Hotelgewerbe. Ergänzt werden diese durch erste Erfahrungen bei der Durchführung von Veranstaltungen unter den wegen der Corona-Pandemie erhöhten Anforderungen an die Hygiene und eine Einführung in die Krisenkommunikation, um auf Herausforderungen von Hygienebeauftragten vorzubereiten. Um Mitarbeiter, Kunden und Besucher nachhaltig von Hygienemaßnahmen zu überzeugen, ist neben dem entsprechenden Fachwissen ein souveräner und verantwortungsvoller Auftritt von Bedeutung. Ebenfalls möglich ist eine branchenunabhängige Fortbildung privater Bildungsträger mit Inhalten wie:

- Rechtliche Grundlagen
- Maßnahmen der Hygiene
- Gerechte Abfallentsorgung
- Desinfektion von Arbeitsflächen, medizinischen Geräten etc.
- Arbeitsschutz
- Grundlagen zu multiresistenten Krankheitserregern und Umgang mit diesen
- Erstellung eines Hygieneplans
- Zusammenhang zwischen Qualitätsmanagement und Hygiene.

Mit Stand Juli 2020 ist die Benennung eines/r Hygienebeauftragten als Fachkundige Person bei der Planung und Umsetzung von Infektionsschutz- und Hygienekonzepten keine Veranstalterpflicht. Nur die „Zehnte Corona-Bekämpfungsverordnung Rheinland-Pfalz (10.CoBeLVO)“ in § 5 a und die „Zweite Thüringer SARS-CoV-2-Infektionsschutz-Grundverordnung (2. ThürSARS-CoV-2-IfS-GrundVO)“ in § 5 fordern die Benennung einer beauftragten Person, wohingegen die „Siebte SARS-CoV-2-Eindämmungsverordnung (7. SARS-CoV-2-EindV)“ in Sachsen-Anhalt in § 2 Abs. 3 eine fachkundige Organisation mit Erfahrung verlangt. Es sind jedoch keine Kenntnisse im Bereich der Hygiene erforderlich. Die Koordination der Maßnahmen des Arbeitsschutzes soll gemäß Empfehlung der Unfallversicherungsträger durch den Arbeitsschutzausschuss erfolgen. Die Vertretung der Beschäftigten, der Betriebsarzt/die Betriebsärztin und die Fachkraft für Arbeitssicherheit sind in die Maßnahmenplanung einzubeziehen. Für die Kontrolle der Arbeitsschutzmaßnahmen vor Ort ist eine Aufsicht führende Person vom Unternehmer zu bestellen und zu unterweisen. Es wird empfohlen, aus dem jeweiligen Tätigkeitsbereich zugehörige Beschäftigte hierzu auszuwählen und mit notwendigen Kompetenzen auszustatten. Denkbar ist eine ähnliche Verfahrensweise – Erstellung eines Maßnahmenkonzepts durch die Veranstaltungsleitung in Abstimmung mit dem Gesundheitsamt, Betreiber und weiteren Partnern, Kontrolle durch eine

Aufsicht führende Person wie z. B. die Leitung des Sicherheits- und Ordnungsdienstes – auch für das Schutzziel Besuchersicherheit. Ob und in welchem Umfang ein derartiges Verfahren sowie der Nachweis einer entsprechenden Fortbildung die Akzeptanz eines Schutzkonzeptes bei den zuständigen Landesgesundheitsbehörden oder Gesundheitsämtern fördert, ist im Einzelfall zu entscheiden.

Arbeitsgruppe Veranstaltungssicherheit

Eine sehr gute Übersicht möglicher Maßnahmen bieten zum einen das Positionspapier und zum anderen die Handlungsempfehlung für den Probenbetrieb der Arbeitsgruppe Veranstaltungssicherheit. Die im Juli 2020 aktualisierte Fassung des Positionspapiers liefert für eine mit der Erstellung eines Infektionsschutz- und Hygienekonzeptes beauftragten Veranstaltungsleitung eine hilfreiche Orientierung zur Bewertung des Infektionsrisikos einer geplanten Veranstaltung unter Einbeziehung der Einflussfaktoren Besucherstruktur, Veranstaltungsort und dem Veranstaltungsablauf. Gemäß dem Positionspapier sind zur Bewertung folgende Kriterien zu berücksichtigen (AGVS 2020):

- Teilnehmermerkmale
  - Private Besucher/Öffentlicher Teilnehmerkreis
  - Teilnehmeranzahl
- Merkmale der Teilnehmenden
  - Einzugsbereich der Veranstaltung
  - Besuchermanagement
  - Kontaktmöglichkeiten der Besucher zueinander
- Veranstaltung
  - Hygienekonzept am Veranstaltungsort
  - Dauer der Veranstaltung
  - Ort der Veranstaltung
  - Belüftungssituation in Gebäuden
  - Sanitäranlagen
  - An- und Abreise

Die Handlungsempfehlungen für den Probenbetrieb geben Hinweise wie dieser „unverzichtbare Bestandteil bei der Aufführung jedweden Werks, egal, ob zu einer der aufgeführten Sparten zugehörig oder in einer Mischform oder in Auszügen (z. B. bei einem Kongress, einer Tagung bzw. weiteren Veranstaltungen aus dem MICE-Segment bzw. den dort stattfindenden Inszenierungen oder Intermezzi“ (AGVS 2020a) auch unter Bedingungen der Corona-Pandemie insbesondere für Musik mit Empfehlungen für die besonders kritischen Sparten Chorsingen und Bläser umgesetzt werden kann.

Exkurs

Ordnungswidrigkeiten

Die Listen der Ordnungswidrigkeiten sind in einigen Corona-Schutz-Verordnungen lang. So zählt unter § 11 Abs. 3 die Berliner Verordnung sage und schreibe 47 einzelne Tatbestände auf, mehr als in Bayern (15) oder Baden-Württemberg (10). Die Rechtsgrundlage für Bußgelder ergeben sich aus § 73 IfSG, wo ebenfalls unter Absatz 1a 24 einzelne Tatbestände aufgeführt werden. Die Bußgeldkataloge sind länderspezifisch unterschiedlich und reichen von Verstößen gegen die Maskenpflicht (50,00 EUR), über die Teilnahme an verbotenen Veranstaltungen, Ansammlungen oder Versammlungen (150,00 – 500,00 EUR) bis zum unzulässigen Betrieb von Bars, Diskotheken etc. für den Publikumsverkehr (2.000,00 – 5.000,00 EUR).

Auf Basis des Leitfadens für sichere Veranstaltungen in Berlin während der Corona-Pandemie hat visitBerlin Convention Partner e.V. im Juli 2020 eine Vorlage für ein Schutz- und Hygienekonzept mit nachfolgender Gliederung entworfen:

- Einleitung
- Veranstaltung nach Ablauf/Programm
- Kommunikations- und Organisationsstruktur
- Risikobewertung
- Anlagen

Nicht zuletzt hat das Research Institute for Exhibition and Live-Communication (R.I.F.E.L.) im April 2020 allgemeine Hand- R.I.F.E.L.

lungsempfehlungen für die Veranstaltungssicherheit im Kontext von Covid-19 herausgegeben[28]. Danach ist ein umfassendes Hygienekonzept auf Basis der für den Betrieb gültigen ISO-Normen oder des vorhandenen HACCP-Konzeptes durch eine Fachkraft zu erstellen. Grundvoraussetzungen sind die Anwesenheit eines Hygienebeauftragten während der gesamten Veranstaltung sowie Monitoring und Evaluation der Einhaltung des Veranstaltungs-Hygienestandardplanes und der Management-Prozess-Abläufe vor, während und nach der Veranstaltung. Gliederungselemente sind:

- Aufteilung der Flächen in
  - Aufenthaltsflächen (Besucherplätze, Sitzreihen)
  - Bewegungsflächen (Bereiche eines Veranstaltungsortes, in denen Veranstaltungsbesucher sich zu jeweiligen Veranstaltungsinhalten und -abschnitten bewegen)
  - Sonderflächen (Garderobe, Akkreditierung etc.)
- Desinfektion
  - Reinigung und Desinfektion der Handkontaktflächen
  - Reinigung und Desinfektion der Bodenflächen
  - Desinfektionsmaßnahmen der anwesenden Personen bei Zutritt zum Veranstaltungsort
- Erfassung der Teilnehmergruppen
- An- und Abreise
- Ein- und Ausgänge zum Veranstaltungsort
- Belüftung des Veranstaltungsortes
- Catering
- Programmgestaltung.

28 Rifel 2020

5.2 Veranstaltungsleitung bei Vereinen als Veranstalter

Thomas Sakschewski

Laien als Veranstalter

Zahlreiche öffentliche Veranstaltungen, durchaus auch mit einem größeren Publikum, werden von Vereinen als Träger organisiert. Der Verein ist hier Veranstalter von nichtöffentlichen Veranstaltungen, die über das Vereinsgeschehen wie eine Jubiläumsfeier oder eine Mitgliederversammlung hinausgehen. Nichtöffentlich ist eine Veranstaltung, wenn der Teilnehmerkreis auf bestimmte Personen beschränkt ist – wie die Vereinsmitglieder. Die Teilnahme weiterer Personen, z. B. Familienangehöriger oder Ehrengäste, ändert daran nichts, sofern diese nur eine nachrangige Rolle spielen. Das können sein: Brauchtums- und Traditionsveranstaltungen wie Schützenfeste, Prunksitzungen oder Paraden, kleinere und größere Festivals und Kulturveranstaltungen auf Bühnen, Open-Air in Kirchen und Schulen. Allen gemein ist, dass die Veranstaltung in der Regel durch Personen geplant und organisiert wird, die darin nicht fachlich ausgebildet bzw. dieses studiert haben und die nicht regelmäßig, meist nur einmal im Jahr vor den Aufgaben im Rahmen des Veranstaltungsmanagements stehen. Die Planung und Organisation erfolgen damit häufig durch Laien, die als ehrenamtliche Tätigkeit die Aufgaben zusätzlich erfüllen oder im Rahmen von Verträgen auf Basis einer geringfügigen Beschäftigung oder Werkverträgen arbeiten. Eine Besonderheit stellen jedoch Sportveranstaltungen dar. Die Bedeutung des Laienbegriffs hat sich gewandelt. Galt im Mittelalter ein Laie als ein Nicht-Kleriker, bezeichnet der Begriff heute eine Person, die in einer Sache keine für die Tätigkeit entsprechende Ausbildung hat und diese Tätigkeit unbezahlt und zumeist in ihrer Freizeit nachgeht.

Kommentar aus der Praxis:

Sicherheit und Verantwortung in der Praxis – U. D. im Interview

„Und dann ist wieder der Veranstalter gefragt mit seiner Gefährdungsbeurteilung, dass er feststellen muss, ob eine Gefährdung besteht Im Zuschauerbereich, oder bei Windlasten., oder gegen Umstürzen oder was weiß ich, was es da alles gibt.

Naja und wenn dann halt im Verein so eine Technik aufgebaut wird, wollen die Verantwortlichen dass es funktioniert. Ob der Lift oder das Dreibein mit Traversen mal umfallen kann oder irgendwo im Zuschauerbereich steht, also, dass Gefährdungen durchaus reell sein können, wollen viele nicht wahrhaben. Ich habe da echt schon Dinge erlebt, wo ich gesagt habe, ich gehe jetzt und nehme an der Veranstaltung nicht teil. Ich baue das Zeug zwar auf, aber ich stecke das nicht in die Steckdose. Ich habe eine Entpflichtungserklärung an meinem Vorstand geschrieben und habe gesagt, für diesen Schrott übernehme ich keine Verantwortung, ob das rechtlich vor Gericht wirklich Bestand hätte und wirklich so funktioniert, weiß ich nicht, aber meinen Verein habe ich damit ein bisschen wachgerüttelt. Dann habe ich erreicht, dass eine professionelle Veranstaltungsfirma engagiert wird, die die Technik betreut und ich hoffe jetzt, dass alle Steckdosen, Kabel und Elektro-geräte, die nicht mit Schutzkleinspannung (PELV) betrieben werden, einen Schutzleiter haben und das auch die nach DGUV V 3 geprüft werden. Selbst einen Dreifachstecker müssten Sie eigentlich prüfen. Und die ganzen Erläuterungen und Hinweise zu den Hintergründen um Elektrotechnik sicher zu betreiben, allein schon, warum Strom so gefährlich ist, oder gefährlich sein kann, war schon ein riesen Akt und ich habe mir wirklich Jahrelang den Mund fusslig geredet. Schlussendlich habe ich dem Verein den Rücken gekehrt, weil ich es einfach leid war, diese Diskussionen, um diese Sensibilität, um dieses Verständnis zu führen. Weil ich halt allein auf weiter Flur war. Das ist genauso beim Jugendschutz, ein bisschen was zum Jugendschutz, kapieren die Vereine auch ganz wenig oder wollen es einfach nicht. Ich habe da mittlerweile einen Begriff entwickelt. Ich sag dann immer dazu: „Aggressive Ignoranz“. Das trifft es einigermaßen, weil die wirklich das Verständnis nicht aufbringen wollen. Aber bei der Veranstaltungstechnik noch viel weniger, weil das ja das Hilfsmittel um die Veranstaltung in Szene zu setzten ist und da haben die dann gar kein Verständnis für.“[29]

Die Sportvereine sind sportartübergreifend auf kommunaler, Landes- und Bundesebene in Verbänden oder Landessport-

29 Willaredt 2015

verbänden organisiert. Parallel tauschen sie sich sportartspezifisch in Spitzenverbänden aus. In Deutschland existieren 62 Spitzenverbände. Vom deutschen Skibobverband mit 432 Mitgliedern bis zum Deutschen Fußball-Bund mit 7.131.936 Mitglieder, aber auch der Deutsche Alpenverein, der Deutsche Schützenbund, der Deutsche Tennis-Bund oder der Deutsche Turner-Bund zählen mehr 1 Millionen Mitglieder[30]. Die Sportvereine und -verbände sind die Initiatoren von Sportveranstaltungen, häufig in enger Kooperation mit den Kommunen, die zumeist Eigentümer oder Teilhaber der Sportstätten bzw. Stadien sind.

Wirtschaft – Medien – Sportvereine

Bei den zuschauerstarken Sportarten, allen voran Fußball, bestehen enge Verbindungen zwischen Wirtschaftsorganisationen als Sponsoren und den Trägergesellschaften der Fußballvereine, die wiederum häufig auch Betreiber der Stadien sind. Ebenso wirken enge Beziehungen zwischen Medien und Sportvereinen. Spitzensportorganisationen, Medienorganisationen und Wirtschaftsorganisation stehen so in einem engen Beziehungsgeflecht, in dem werbliche und mediale Rechte, die Grundlage eines wirtschaftlichen Austausches bilden. Die Veranstaltungsleitung bei sportlichen Großveranstaltungen ist daher hier ausgeklammert und wie z. B. bei den Spielen der 1. und 2. Bundesliga ausdrücklich in eigenen Schriften geregelt.

Bei der Planung und Umsetzung von Veranstaltungen durch Laien wird häufig der tatsächliche Arbeitsumfang unterschätzt. Sie unterschätzen die Aufgaben und überschätzen die zur Verfügung stehende Zeit. Die Zusammenarbeit mit Vereinen und ihren ehrenamtlichen Mitgliedern ist deshalb besonders aufwendig. Die ehrenamtlichen Helfer verfügen meist über wenig Fachwissen. Absprachen und Termine sind wegen der zusätzlichen beruflichen Belastungen schwierig zu koordinieren. Aufgrund von Personalwechsel bei den Vereinen, regulär durch Vorstandswahlen oder informell durch Veränderung der Lebenssituation wie erhöhte Anforderungen im Job, familiäre Situation oder interne Spannungen und Konflikte im Verein, fehlt häufig ein kontinuierlicher Erfahrungsaustausch über Abläufe der geplanten Veranstaltung. Dabei ist der Übergang zwischen Laientum und Professionalität gleitend. Vereine, die häufiger Veranstaltungen planen und durch-

30 DOSB 2019

führen, können semiprofessionell oder sehr professionell handeln. Die Professionalität kann über fehlerfreies Handeln nach Stand der Technik (siehe Exkurs Stand der Technik) oder über das Einkommen durch die Tätigkeit definiert werden. Wer seinen Lebensunterhalt durch eine Tätigkeit bestreitet, kann als professionell gelten. Er ist in einer Tätigkeit semiprofessionell, wenn er für diese Tätigkeit zwar eine Vergütung erhält, die über eine Aufwandsentschädigung hinausgeht, von der alleine er aber nicht leben kann. Ausgenommen von dieser Begriffsbestimmung sind natürlich Tätigkeiten im Rahmen von Aus- oder Weiterbildung wie Praktika, Assistenzen oder Hospitanzen. Zur Abgrenzung dient das Einkommensteuergesetz. Dort heißt es in § 3 Abs. 26 EStG: Einkommensteuerbefreit sind künstlerische, erzieherische oder pflegerische nebenberufliche Tätigkeiten für eine Körperschaft, die einen gemeinnützigen Zweck verfolgt bis zu einer Höhe von 2.400,00 € jährlich. Ebenso sind vergleichbare Tätigkeiten für gemeinnützige Einrichtungen bis zu diesem Betrag steuerbefreit. Als gemeinnützig werden Vereine anerkannt, deren Zweck den Regelungen des § 52 AO (Abgabenordnung) entspricht. Eine Körperschaft ist als gemeinnützig anzuerkennen, wenn ihre Tätigkeit die Allgemeinheit fördert und keine Personengruppe von der Förderung ausgeschlossen wird.

Exkurs

Fahrlässigkeit

Fahrlässigkeit meint nach § 276 Abs. 2 BGB die Außerachtlassung, der im Verkehr erforderlichen Sorgfalt. Was erforderlich ist, wird in gesetzlichen und untergesetzlichen Bestimmungen, Verordnungen, Vorschriften, Regeln, und auf Basis der subjektiven Kenntnisse und Fähigkeiten bewertet. Zur Orientierung dient, inwieweit es dem Einzelnen zumutbar gewesen ist, die Maßnahmen zu ergreifen, die den Schaden hätten verhindern können. Des Weiteren, ob auf Basis der Fähigkeiten und Kenntnisse die Gefährdung erkennbar und vermeidbar war. Nur wenn ein Kausalverlauf belegbar ist, in dem der Schaden vorauszusehen gewesen ist und Abwehrmaßnahmen aus Sicht des Handelnden zumutbar gewesen sind, die den Schaden nach persönlicher Einschätzung hätten verhindern können, kann von fahrlässigem Handeln ausgegangen werden.

Die Gefahr muss also zuvor erkennbar gewesen sein. Bei Laien in Sachen der Veranstaltungsplanung, wie dem Vorstand eines Vereins, muss wegen der mangelnden Fachkenntnisse von einer geringeren Erkennbarkeit von Gefahren ausgegangen werden. Die Fahrlässigkeit ist hier also anders zu beurteilen als bei einem/r MeisterIn für Veranstaltungstechnik. Lässt sich der Vorstand aber zuvor von einem Fachkundigen beraten, so verengt sich die Fahrlässigkeit wieder und dies sollte auch die Regel sein, denn schließlich geht es nicht um einen Haftungsausschluss für einen Vorstandsvorsitzenden, sondern um die Besuchersicherheit bei Veranstaltungen in Trägerschaft und Leitung von Vereinen.

Adressat möglicher Schadensersatzansprüche

Der Verein und namentlich der durch die Mitgliederversammlung gewählte Vorstand ist gemäß § 38 MVStättVO dafür verantwortlich, dass bei der Planung und Durchführung von Veranstaltungen im Namen und Auftrag des Vereins die gesetzlichen Vorgaben sowie die Genehmigung und behördlichen Auflagen eingehalten werden. Wird gegen diese verstoßen und entsteht deshalb ein Schaden, haftet grundsätzlich der Verein. Daneben können auch die für den Verein handelnden Personen wie der Vorstand persönlich haften. Im Schadensfall ist Adressat möglicher Schadensersatzansprüche zunächst der Verein, denn der Verein ist für den Schaden verantwortlich, den der Vorstand, ein Mitglied des Vorstands oder ein anderer satzungsgemäß berufener Vertreter durch eine in Ausführung der ihm zustehenden Verrichtungen begangene, zum Schadensersatz verpflichtende Handlung einem Dritten zufügt (§ 31 BGB). Vorstand oder auch einzelne mit der Planung und Durchführung von Veranstaltungen beauftragte Vereinsmitglieder haben dem Verein gegenüber grundsätzlich einen Anspruch auf Haftungsfreistellung, wenn sie nicht vorsätzlich oder grob fahrlässig gehandelt haben, denn auch gegenüber dem Verein haften der Vorstand oder Vereinsmitglieder grundsätzlich nur bei Vorsatz und grober Fahrlässigkeit. Gemäß § 31a BGB haftet der Vorstand dem Verein gegenüber nur bei Vorliegen von Vorsatz oder grober Fahrlässigkeit, soweit der Vorstand eine Vergütung von jährlich nicht mehr als 720,00 € erhält. Als Vergütung gilt eine über den bloßen Ersatz von Aufwendungen oder angemessene Aufwendungspauschale hinausgehende Entlohnung.

Dies gilt auch für einfache Vereinsmitglieder, die für den Verein unentgeltlich tätig sind oder hierfür ebenfalls jährlich nicht mehr als 720,00 € Vergütung erhalten. Durch die Vereinssatzung kann die Haftung sogar für grob fahrlässiges Verhalten ausgeschlossen werden, sodass dem Verein gegenüber nur noch für Vorsatz gehaftet wird. Damit ist der Verein in der Regel Adressat von Schadensersatzansprüchen, die durch eine Veranstaltung entstehen können. Der Verein als Veranstalter kann zivilrechtlich für aufkommende Schäden, die durch unsachgemäße Organisation, nicht ordnungsgemäßen Zustand von Ausrüstung und sonstigen Gegenständen und/oder fahrlässiges Handeln des Personals verursacht werden, in Anspruch genommen werden.

Exkurs

Fusion Festival

Das Fusion Festival auf dem ehemaligen Militärflugplatz in Lärz (Mecklenburg-Vorpommern) ist nach eigenem Bekunden mit 70.000 BesucherInnen die größte, alternative Musikveranstaltung in Europa. Neben den Konzerten umfasst die Fusion ein Gesamtprogramm aus Theater, Performance, bildender Kunst, Workshops, Diskussionsrunden als eine Gemeinschaftserfahrung. Das Festival geht in der Regel über vier Tage von Donnerstag bis Sonntag. Der Träger des Festivals ist der im Jahr 1999 eingetragene Verein Kulturkosmos Müritz.

Eine Risikominderung durch Versicherungen empfiehlt sich hier. Dabei decken Vereinshaftpflichtversicherungen nicht jede Form von Veranstaltungen ab, denn spezielle Veranstaltungsrisiken sind oft nicht in der Vereinshaftpflicht mitversichert. Eine gesonderte Veranstalter-Haftpflichtversicherung ist dann sinnvoll, wenn der Verein eine Veranstaltung plant, die entweder gar nicht über eine bereits bestehende Vereinshaftpflicht abgedeckt ist oder spezifische bzw. erhöhte Risiken birgt, zum Beispiel weil:

- eine große Teilnehmerzahl erwartet wird,
- auch Gastronomie geplant wird (Ausgabe von Getränken und/oder Speisen durch den Verein)
- oder Zelte oder Bühnen aufgebaut werden.

Der Verein sollte beim Abschluss der Versicherung darauf achten, dass die geplante Veranstaltung abgesichert ist und nicht nur diejenigen Veranstaltungen (Mitgliederversammlungen, Vereinsfeste), die dem satzungsmäßigen Zweck entsprechen.

Aufgaben der Veranstaltungsleitung:

- Information und Beratung des Vereins und seiner Organe über die Regeln des Veranstaltungsrechts wie:
  - Anzeige- bzw. Genehmigungspflicht von öffentlichen Veranstaltungen bzw. Veranstaltungen in Abhängigkeit von Anzahl der Besucherplätze und Veranstaltungsort (keine genehmigte Versammlungsstätte)
  - Beratung bei Einzelfragen (Vorgehen bei Brauchtumsschützen, GEMA-Gebühren, Künstlersozialabgabe oder Feuerwerk)
  - Ausschank von Alkohol (Prüfung der Notwendigkeit einer Gestattung, Beachtung des Jugendschutzgesetzes, Ausschankanlagen)
  - Lärmschutz (Antrag Ausnahmegenehmigung, Bemessung Lärmschutzrichtwerte)
  - Lebensmittelhygiene, Allergenkennzeichnung und Trinkwasserversorgung (Beachtung der Richtlinien für den sicheren Umgang mit Lebensmitteln bei Veranstaltungen wie Händewaschen vor Arbeitsantritt, vor jedem neuen Arbeitsgang und nach jedem Toilettenbesuch, Tragen von sauberer Schutzkleidung oder Abdeckung auch kleiner Wunden an Händen und Armen mit sauberem, wasserundurchlässigem Pflaster)
  - Sanitätsdienst (Einsatzkräftebemessung, Unfallhilfestelle)
  - Brandschutz (Rettungswege, Aufstellfläche, Umgang mit Flüssiggasanlagen, Umgang mit offenem Feuer)
  - Sicherheits- und Ordnungsdienst (Hausordnung, Jedermannrechte, Umgang mit kritischen Fällen)
  - Fliegende Bauten (Definition, Prüfung, Ausführungsgenehmigung)

- Genehmigung: Unterstützung bei der Genehmigung, Ansprechpartner für BOS, Dokumentation, Umsetzung und Kontrolle möglicher Auflagen
- Freiwillige: Die Einsatzplanung und Führung von Freiwilligen verlangt Fingerspitzengefühl und eine personenorientierte, empathische Führung, denn die Sanktionsmöglichkeiten seitens der Organisation, wenn diese Leistung kurz vor oder während der Veranstaltung einfach abgebrochen wird, sind begrenzt auf die Beziehungsebene. Die Führung von Freiwilligen verlangt daher einen persönlichen, möglichst authentischen Kontakt bei der Unterweisung und Koordination.
- Erfüllung der Aufgaben und Pflichten gemäß § 38 MVStättVO.

5.3 Technische Leitung in Theatern und Opernhäusern

Thomas Sakschewski

In Anlehnung an Klein und Heinrich kann einer Technischen Leitung in Theatern und Opernhäusern eine besondere Bedeutung zugemessen werden, da sehr individuelle Persönlichkeitsstrukturen wie Künstler auf der einen und Verwaltungssachbearbeiter auf der anderen Seite dazu zu bringen sind, gemeinsam Ergebnisse zu erzielen[31]. In dieser besonderen Gemengelage in Theatern und Opernhäusern sind unterschiedliche Rollen vertreten, die zusammenwirken müssen:

- das künstlerische Leitungsteam aus RegisseurIn, BühnenbildnerIn und KostümbildnerIn
- Ausführende KünstlerInnen des Ensembles wie SchauspielerInnen, TänzerInnen, Chor und MusikerInnen und deren künstlerischen Leitungen wie DirigentInnen, ChoreografInnen und ChorleiterInnen
- Handwerklich ausführende Personen, die bei der Umsetzung erforderlich sind, wie SchreinerInnen, SchlosserInnen, BühnentechnikerInnen und deren technische Leitung wie GewerkeleiterInnen oder WerkstattleiterInnen

31 Klein und Heinrichs 2001:117

- Technisch ausführende Personen, die bei der Umsetzung erforderlich sind, wie BeleuchterInnen, TontechnikerInnen oder Kameramann, Kamerafrau
- Organisation und Verwaltung wie Inspizienz, Disposition, Hauspersonal, Presse- und Öffentlichkeitsarbeit
- Leitung mit Verwaltung und Intendanz

Technische Direktion

Dass die Technische Leitung in Theatern und Opernhäusern oder Technische Direktion verantwortlich ist für alle technischen Abläufe des Hauses Theaters, muss die Technische Leitung Produktionen in Abstimmung mit diesen unterschiedlichen Gruppen im Rahmen eines zuvor festgelegten Budgets umsetzen. Diese Umsetzung erfolgt in der Regel zum großen Teil in den eigenen Werkstätten von der Größe mittelständischer Handwerksunternehmen. Dieser Eigenfertigungsanteil stellt eine Besonderheit der Technischen Direktion dar, aus denen sich einige spezifische Aufgaben ableiten lassen:

- Bewertung und Ausführungsplanung eines Bühnenbildentwurfs als Skizze oder durch eine Bauprobe im Hinblick auf die technisch-räumliche (zur Verfügung stehende Maschinen, maximale Bauteilgröße, betriebsinterne Logistik zwischen Lager, Magazin, Werkstätten und Bühne) sowie personell-organisatorische Umsetzung (Befähigung der Beschäftigten, Zeitaufwand, Kapazitäten der Betriebsmittel und der Beschäftigten) in den Ausstattungswerkstätten
- Modernisierungs- und Investitionsplanung für die technischen Einrichtungen und Arbeitsmittel in den Werkstätten
- Betriebsorganisation unter Beachtung des Spiel- und Probenbetriebs im Repertoirebetrieb, tariflicher Bestimmungen und des Saisonbetriebs mit Theaterferien im Sommer mit oder ohne Gastspielbetrieb in der spielfreien Zeit im Haus
- Wartungs- und Prüfplanung aller technischen Einrichtungen, Anlagen und Maschinen in den Ausstattungswerkstätten

Betriebsorganisation

Die Technische Direktion eines Theaters oder eines Opernhauses ist für die „Betriebsorganisation in den Ausstattungswerkstätten und bei den technischen Bühnendiensten zuständig. Er trägt die Gesamtverantwortung für das Bühnengeschehen und nimmt damit zugleich Personalverantwortung für einen großen Teil der Mitarbeiter des Theaters wahr und somit indirekt auch für einen großen Teil des Theateretats."[32] Damit übernimmt die Technische Leitung Aufgaben und Pflichten einer Betriebsleitung mit der sich daraus ergebenden Übertragung der Arbeitgeberpflichten mit Erstellung bzw. Delegation der Erstellung von Gefährdungsbeurteilungen inklusive Dokumentations- und Unterweisungspflichten.

Kulturwirtschaft

Die Kulturwirtschaft und damit die Theater- und Opernlandschaft ist bis auf eine geringere Anzahl rein privatwirtschaftlich geführter Theater ohne jegliche Unterstützung geprägt durch die Finanzierung der öffentlichen Hand, ob nun als Regel- oder als Projektfinanzierung. Der Anteil der reinen Regiebetriebe nimmt ab und im selben Maße nimmt der Anteil der Eigenbetriebe zu. Der Eigenbetrieb ist zwar rechtlich unselbstständig, handelt aber wirtschaftlich eigenverantwortlich. Er hat den Charakter eines wirtschaftlichen kommunalen Unternehmens und verfolgt neben dem öffentlichen Zweck auch wirtschaftliche Ziele. Die rechtlichen Grundlagen für einen Eigenbetrieb sind Eigenbetriebsgesetze, Eigenbetriebsverordnungen oder die Gemeindeordnungen der Länder. Eigenbetriebe sind zumeist dazu verpflichtet, Aufgaben nach kaufmännischen Grundsätzen kostengünstig, benutzer- und umweltfreundlich und nach gemeinwirtschaftlichen und sozial-, umwelt- und strukturpolitischen Gesichtspunkten eigenverantwortlich zu erfüllen. Eigenbetriebe sind wirtschaftlich selbstständig und unterliegen daher nicht den Zwängen der Kameralistik. Im Haushalt des Trägers wird lediglich der gesamte Nettozuschuss veranschlagt. Mit diesem Nettozuschuss kann die Theaterleitung frei wirtschaften. Als Regiebetrieb hingegen gilt ein Verwaltungsbetrieb ohne eigene Rechtspersönlichkeit. Die künstlerische Entscheidungskompetenz der Intendanz bleibt davon unberührt. Sie sind also organisatorisch, rechtlich und haushaltsmäßig vollständig in den öffentlichen Verwaltungsträger eingegliedert. Der Regiebetrieb hat damit rechtlich, organisatorisch und finanziell nahezu keine eigenständigen Spielräume. Die Personalvertretung erfolgt z. B. durch den Gesamtpersonalrat des Trägers.

Eigenbetriebe

Der optimierte Regiebetrieb erlaubt im Hinblick auf die starren Regeln der Kameralistik, der Haushaltsführung der öffentlichen Hand, Gestaltungsspielräume wie die Nutzung einer kaufmän-

32 Röper 2001:106

nischen doppelten Buchführung, die Kostenrechnung und Leistungsrechnung und durch Sonderrechnung außerhalb des sonstigen Haushalts, die Anpassung des Haushaltsjahrs an die Spielzeitplanung eines Theaters. Besonders bedeutsam für Theater ist die Möglichkeit, auf Grundlage eines optimierten Regiebetriebes eine Deckungsfähigkeit von Personal- und Sachkosten herzustellen, um z. B. eingesparte Personalkosten durch Dienstleistungs- bzw. Werkverträge, die als Sachkosten gelten, zu decken. Dabei sind jedoch bewilligte Stundenvolumina und die jeweils bewilligten Eingruppierungen des Personals zu beachten.

Unabhängig von der rechtlichen Trägerschaft des Theaters oder Opernhauses, ob Regiebetrieb, optimierter Regiebetrieb oder Eigenbetrieb, sind folgende Aufgaben einer Technischen Leitung zu beachten:

5.3.1 Budgetverantwortung

Die Technische Leitung trägt die Verantwortung für das Gesamtbudget der technischen Aufgaben insbesondere für die Budgets der einzelnen Produktionen. Das Budget für die einzelnen Produktionen stimmt in der Regel die Technische Leitung mit der Intendanz ab. Die Budgetansätze beruhen zum einen auf Erfahrung und zum anderen auf dem geplanten Umfang einer Produktion. Der Umfang kann als Ergebnis von Faktoren wie Anzahl der Kostüme, dem Mitwirken des Chores und bei Mehrspartentheatern mit mehreren Spielstätten, die jeweilige Bühne betrachtet werden.

- Transparenz über den Produktionsetat bei der Ausstattungsherstellung
- Produktionsplanung unter technischen, organisatorischen und Kostengesichtspunkten bei möglichst gleichmäßiger Auslastung
- Kostenschätzung auf Basis erster Entwürfe und Kostenermittlung auf Basis der Bauprobe
- Budgetplanung der Sachkosten auf Basis der Jahreskosten des Vorjahres
- Beachtung des Rechnungswesens der Organisation
- Ausgaben- und haushaltsjahrorientierte Kostenplanung auf Grundlage der Kameralistik

5.3.2 Personalverantwortung

Während die Technische Leitung einer Veranstaltung oder einer Versammlungsstätte ohne eigene Produktion meist nur für eine geringe Anzahl von Beschäftigten die direkte Personalverantwortung trägt, ist die Anzahl der Mitarbeitenden durch die eigenen Werkstätten bei der Technischen Leitung in Theatern oder Opernhäusern hoch und die Bandbreite der Tätigkeiten und der erforderlichen Qualifikationen groß.

- Führungsaufgaben, die sich aus der hohen Anzahl von Beschäftigten ergeben, wie Umgang mit einer zweiten Leitungsebene, Abstimmung mit der Fachkraft für Arbeitssicherheit, mit Gleichstellungsbeauftragten/r und ArbeitnehmervertreterInnen (Personalrat, Betriebsrat)
- Koordination und Konfliktlösung zwischen Abteilungen bzw. Gewerken, dabei keine oder nur geringe disziplinarrechtliche Befugnisse gegenüber Beschäftigten
- Vermittlung von Teilaufgaben und Zielen gegenüber den GewerkeleiterInnen
- Disziplinarrechtliche Aufgaben, individuelle Abstimmung mit Beschäftigten in Bezug auf eine leistungsorientierte Entlohnung bei privatwirtschaftlichen Eigenbetrieben
- Vermittlung und Moderation bei Konflikten zwischen Abteilungen oder einzelnen Beschäftigten und künstlerischer Leitung oder künstlerischem Team (Regie, Bühnenbild, Kostümbild)

Exkurs

Gastspiele

Die Bühnenanweisung, Tech Specs oder Technical Rider stellt bei einem Gastspiel und beim Tourmanagement alle technischen Anforderungen in einem Dokument zusammen. Das Wort „Rider" bedeutet im Englischen Anhang oder Nebenbestimmung bzw. Zusatzklausel im juristischen Sinne. Der Technical Rider stellt also eine rechtsgültige Zusatzvereinbarung zum Vertrag über das Gastspiel dar. Der Technical Rider wird von der gastspielenden Institution erstellt. Neben einer detaillierten technischen Beschreibung der Produktion sowie der technischen und räumlichen Anforderungen an das Gastspielhaus finden sich im Technical Rider auch auf den Gastspielort angepasste technische Zeichnungen der Bühnen- und Lichtsituation in Grundriss und Schnitt. Auch Skizzen oder Fotos von besonderen Ausstattungselementen können helfen, die technischen Beschreibungen verständlicher zu gestalten. Folgende Inhalte sind Bestandteile eines Technical Rider bei Gastspielen:

Bühne

- Bühnensituation (Mindestmaße der Bühne und Beschreibung des Bühnenbildes)
- Verwandlungen (Anzahl notwendigen Personals vom Gastspieltheater)
- Bühnentechnischen Anlagen (Umfang, Maße, Einsatz)
- Materialanforderungen
- Allgemeine Anforderungen an die Bühnensituation (Lüftung, Temperatur, Bodenbeschaffenheit)
- Bühnenbild (Umfang, Beschreibung des größten Bühnenbildelements mit konkreten Maßen)
- Gefährliche szenische Handlungen (Hinweise auf feuergefährliche Handlungen wie Zigaretten auf der Bühne oder pyrotechnische Effekte, Tiere auf der Bühne oder der Einsatz von Waffen)
- Hinweise auf Aufbauten, die zu Platzsperrungen im Zuschauerraum oder eingeschränkten Sichtlinien führen

Licht

- Lichtplan des Lichtdesigners/der Lichtdesignerin der gastspielenden Produktion
- Abstimmung der vorhandenen Scheinwerfer und Infrastruktur wie Kabel, Dimmer und Peripheriegeräte und spezieller Geräte, Gobos oder besonderen Farbfolien der Produktion, die durch die gastspielende Institution gestellt werden
- Klärung der lokalen Anpassungen nötig, da sich Beleuchtungspositionen unterscheiden oder bestimmte Scheinwerfer nicht vorhanden sind

- Lichtpult: Wird häufig von den Lichtabteilungen der gastspielenden Institution mitgebracht, um den Programmieraufwand unter Zeitdruck zu reduzieren.
- Energieversorgung: mitgebrachtes Material muss die unterschiedlichen Netzspannungen oder -frequenzen und Steckertypen unterstützen
- Havarievorsorge: Vorsorgeplanung für den Ausfall z. B. eines Lichtpults durch externes Back-up der Einstellungen

Räumlichkeiten

- Anforderungen: Räumlichkeiten und deren Ausstattung wie z. B. abschließbare Garderoben mit Schminktischen für Solisten und NebendarstellerInnen
- Maske und Kostüm mit entsprechender Ausstattung und Aufenthaltsräume für die Technik

Verschiedenes

- Verpflegung (Kantine und Versorgung der Beteiligten mit ausreichend stillem Wasser)
- Kontaktdaten (wichtige AnsprechpartnerInnen)

Nachweise

- Nachweise über die Sicherheit der mitgebrachten Materialien wie z. B. Standsicherheitsnachweise des Bühnenbildes, Prüfprotokolle der elektronischen Geräte, Zulassungsbescheinigungen von pyrotechnischen Effekten, Nachweise über die Schwerentflammbarkeit von Stoffen, Requisiten und Bühnenbildteilen oder Gefährdungsbeurteilungen

Gastspielprüfbuch

- Bei Gastspielen innerhalb Deutschlands gilt gemäß § 40 Absatz 6 MVStättVO hinsichtlich der Bauabnahme folgende Regel: „Bei Großbühnen sowie bei Szenenflächen mit mehr als 200 m² Grundfläche und bei Gastspielveranstaltungen mit eigenem Szenenaufbau in Versammlungsräumen muss vor der ersten Veranstaltung eine nichtöffentliche technische Probe mit vollem Szenenaufbau und voller Beleuchtung stattfinden. Diese technische Probe ist der Bauaufsichtsbehörde mindestens 24 Stunden vorher anzuzeigen." Laut § 45 MVStättVO kann bei gleichbleibenden Szenenaufbau von wiederkehrenden Gastspielveranstaltungen ein Gastspielprüfbuch beantragt werden. Wird das Gastspielprüfbuch erteilt, ist der Veranstalter „von der Verpflichtung entbunden, an jedem Gastspielort die Sicherheit des Szenenaufbaus und der dazu gehörenden technischen Einrichtungen erneut nachzuweisen." Wenn ein solches Prüfbuch vorhanden ist, wird es dem Technical Rider als Anhang hinzugefügt.

5.3.3 Ressourcenplanung

Bei der Ressourcenplanung müssen sowohl die arbeitsschutzrechtlichen und besonderen tariflichen Bedingungen berücksichtigt werden als auch der Produktions- und Probenbetrieb mit fast immer mehr als einer Bühne und häufig mehr als einer Sparte.

- Planung und Steuerung der besonders personalintensiven Bühnendienste im Wechsel zwischen Produktions- und Vorstellungsbetrieb
- Gleichmäßige Auslastung unter Berücksichtigung von Probebetrieb und Jahresschwankungen (Anzahl Premieren, Theaterferien, Gastspiele) und einem hohen Anteil an festen Beschäftigungsverhältnissen in Vollzeit
- Einsatzplanung erfolgt in dem engen Planungsrahmen von Tarifverträgen, wobei vorgegebene Arbeitsplatzbeschreibungen eingehalten werden müssen, sodass ein Einsatz in der Regel nur innerhalb der jeweiligen Qualifikationen bzw. dokumentierten Befähigungsnachweise der Fachkräfte möglich ist.
- Berücksichtigung der individuellen Belastbarkeit in Bezug auf Alter (höherer Altersdurchschnitt im öffentlichen Dienst als in der Privatwirtschaft) oder allgemeinen Gesundheitszustand der Beschäftigten
- Planung und Umsetzung von Steuerungsinstrumenten wie die Übertragung von Budgets an die verschiedenen technischen Abteilungen bzw. Werkstätten oder die Umsetzung eines Berichtswesens mit Checklisten für die Bauproben

5.3.4 Ausschreibung und Vergabe

Das Beschaffungswesen der öffentlichen Betreiber unterliegt den Vergabe- und Verdingungsordnungen der öffentlichen Hand. Damit gilt der Vorrang der öffentlichen Ausschreibung bzw. des offenen Verfahrens. Nicht offene, teilnahmebeschränkte Wettbewerbe verlangen hierbei eine nachprüfbare Begründung wie eine fachliche Einschränkung auf einen bestimmten Teilnehmerkreis. Freihändige Vergaben sind nur in besonderen Ausnahmefällen zulässig.

- Vorbereitung und Steuerung von Entscheidungen zur Fremdvergabe von Leistungen sowie Moderation der Abstimmungsprozesse und Budgetkontrolle durch Wirtschaftlichkeitsberechnungen
- Erstellung von nachvollziehbaren und rechtsgültigen Leistungsverzeichnissen und Pflichtenheften
- Rechtskonforme Ausschreibung von Einzelleistung und Rahmenverträgen aufgrund gültiger Gesetze und Verordnungen
- Erstellung von Lieferanten- und Dienstleisterdatenbanken gemäß aktuell gültigen, kommunalen bzw. landesspezifischen Beschaffungsregeln und kontinuierliche Abstimmung mit Land bzw. Kommune
- Inventarisierung von Geräten und Pflege des Inventarverzeichnisses
- Angebotswesen und Dokumentation für freihändige Vergaben
- Kontrolle, Abnahmen und, falls notwendig, Inbetriebnahme bei Vergaben

5.3.5 Produktionsplanung

Bauprobe

Wichtige Meilensteine in der Produktionsplanung sind Bauprobe, Werkstattabgabe oder -besprechung und Technische Einrichtung. Auf der Bauprobe wird das bislang nur als Ideenskizze oder Entwurf existierende Bühnenbild auf seine Erscheinung auf der Bühne hin getestet. Dazu werden häufig mithilfe von standardmäßig am Theater vorhandenen Materialien wie Zargen, Podeste oder Truss und einfachen Baumaterialien wie Holzlatten, Papier, Stoff, Klebeband vereinfachte Nachbauten von Bühnenbildelementen in Originalgröße gebaut und aufgestellt. Durch den

Raumeindruck aus unterschiedlichen Besucherplätzen – Parkett links, rechts, Loge – kann der/die BühnenbildnerIn erkennen, ob die relevanten Teile des Bühnenbildes von allen Sitzplätzen aus gesehen werden können oder ob Änderungen in den Maßen oder der Beschaffenheit erforderlich sind. Bei der Bauprobe wird in der Regel das Stück durchgestellt, womit gemeint ist, dass die einzelnen Szenen in der Reihenfolge des Auftretens aufgebaut werden, und dadurch auch der technische Ablauf wie Umbauzeiten und Aufwand des Umbaus überprüft werden kann. Die Bauprobe ist ein wichtiger Meilenstein im Produktionsprozess. Die bis zu diesem Termin abstrakte Produktion wird auf der Bauprobe konkret und greifbar. Erstmals wird das Konzept gegenüber einer größeren Personengruppe im Haus vorgestellt und das Bühnenbild erprobt. Für viele Beschäftigte des Hauses, nicht nur für das künstlerische Leitungsteam, bedeutet die Bauprobe der Beginn der Ausführungsarbeiten für die anstehende Produktion. Kommen RegisseurIn, Bühnen- und KostümbildnerIn von außerhalb ist die Bauprobe, nach der Auftragserteilung durch die Intendanz oft der erste Kontakt mit dem Haus.

Werkstattabgabe

In den Ausstattungswerkstätten ist nach der Bauprobe der nächste Schritt die Werkstattabgabe oder -besprechung, damit in den Werkstätten mit der Umsetzung des Bühnenbildes begonnen werden kann. Auch bei der Werkstattabgabe ist die Anwesenheit des/der Bühnenbildners/in erforderlich. Die Werkstattabgabe umfasst detaillierte Pläne und Skizzen des Bühnenbilds und der Kostüme auf Grundlage der in der Bauprobe gewonnenen Erkenntnisse. Die Abgabe für die Requisite besteht zumeist aus einer Liste von Gegenständen, die während der szenischen Proben im Detail ergänzt wird. Mit der Werkstattabgabe werden die technischen Zeichnungen an die Werkstätten übergeben. Diese können ergänzt werden um Angebote für extern herzustellende Bühnenelemente, die nicht von den Werkstätten produziert werden können. Die Zeichnungen, Stücklisten sowie Materialproben und Farbangaben werden mit allen beteiligten Abteilungen besprochen (Werkstattbesprechung) und festgesetzt. Damit stellt die Werkstattabgabe den Abschluss der Planungsphase und den Beginn der Produktionsphase dar. Von diesem Punkt an sind Änderungen des künstlerischen Konzeptes schwerer umzusetzen, da die Werkstätten ihre Kapazitäten für diese Phase bereits festgelegt haben und Änderungen zu Auslastungsproblemen führen und Opportunitätskosten verursachen.

Technische Einrichtung

Die technische Einrichtung stellt die nächste wichtige Schnittstelle dar. Hier wird das Bühnenbild das erste Mal komplett auf der Bühne aufgebaut. Die technische Einrichtung findet etwa zwei bis drei Wochen vor der Premiere statt. Die Bühnentechnik baut auf Basis der Vorgaben des/der Bühnenbildners/in die Dekoration auf und richtet den Schnürboden ein. Die Anwesenheit des/der Bühnenbildners/in ist erforderlich, um technische Einzelheiten, wie z. B. die genaue Positionierung der einzelnen Dekorationselemente festzulegen. Da das Bühnenbild schon fertig aufgebaut ist, wird nach der Technischen Einrichtung eine Beleuchtungsprobe mit Statisten disponiert. Dabei erstellen BühnenbildnerIn und LichtdesignerIn gemeinsam die verschiedenen Lichtstimmungen des Stückes. Die Beleuchtungsabteilung muss Scheinwerfer über das Stellwerk oder manuell einrichten und die Vorgehensweise dokumentieren, um die Lichtstimmungen während der Vorstellungen reproduzieren zu können. Die technische Einrichtung markiert den Übergang von der Produktionsphase zum Betrieb. Die Technische Leitung ist bei Bauprobe und technischer Einrichtung in der Regel anwesend und begleitet die Werkstattbesprechung bis zu Abgabe.

5.3.6 Technische Umsetzung künstlerischer Konzepte

KünstlerInnen und TechnikerInnen reden mit unterschiedlichen Sprachen, da die einen von der Idee ausgehend argumentieren und bei den anderen die technische Machbarkeit im Vordergrund steht. In Theater und Opernhäusern kann das inszenierende künstlerische Team fest am Haus beschäftigt sein oder für eine Produktion vor Ort tätig werden.

- Übersetzung einer Idee in ein machbares Modell
- Einarbeitung in die Bild-, Ideen- und Gestaltungswelt durch Ansicht früherer Inszenierungen der jeweiligen künstlerischen Teams, vor allem Bühnenbild
- Vermittlung technisch oder Budget bedingter Einschränkungen gegenüber dem künstlerischen Leitungsteam einerseits und Vermittlung auch der ungewöhnlichsten Ideen gegenüber den Beschäftigten in den Werkstätten andererseits
- Berücksichtigung der künstlerischen Produktion als ein dialogischer Prozess auf Basis einer schrittweisen Annäherung mit häufigen auch kurzfristigen Änderungen von geplanten Maßnahmen

- Zügige Planung und Kalkulation gewünschter Änderungen des künstlerischen Leitungsteams in Aufwand, Zeit, um sie so in eine technische Lösung umzusetzen, dass sie in den Werkstätten produziert werden kann.
- Vermittlung der Änderungen gegenüber den Beschäftigten.

5.4 Technische Leitung bei Messen

Thomas Sakschewski

Die Technische Leitung bei Messen taucht in zwei unterschiedlichen Formen auf. Zum einen als Technische Leitung von Messegesellschaften und als Technische Leitung des Messebaus eines einzelnen (großen) Stands. Für die Planung und Umsetzung eines Messestands hat sich eine starke Differenzierung zwischen den Unternehmen entwickelt[33]:

- Full-Service Agenturen der Live-Kommunikation, die ihren Kunden ganzheitlich betreuen – von der strategischen Planung und Auswahl möglicher Messeplätze bzw. anderer Präsentationsorte, über Konzeption, Steuerung bis zur Ausführung. Dabei besteht das Kerngeschäft in der Kundenbetreuung, Steuerungs- und Ausführungstätigkeiten werden zumeist an Nachunternehmer outgesourct.
- Abwicklungsorientierte Dienstleister wie klassische Messebauunternehmen können als Nachunternehmer der Full-Service Agenturen oder selbstständig direkt im Auftrag eines Kunden tätig werden.
- Technische Fachplanungsbüros, deren Kernkompetenz in der Steuerung von komplexen Veranstaltungsplanungen besteht und die wiederum Nachunternehmer direkt oder im Namen und Auftrag des Kunden beauftragen.

Full-Service Agentur

In diesem stark spezialisierten Markt haben sich komplexe Entscheidungsstrukturen entwickelt. Wenn eine Full-Service Agentur den Kundenauftrag erhält, einen Messestand zu planen, so sind zunächst strategische Marketingfragen zu klären, die zu einem groben Konzept der Messebeteiligung führen. Direkt durch den Kunden oder als Nachunternehmer der Full-Service Agentur wer-

33 Meurer und Ayar 2003:1138

den Kreativagenturen damit beauftragt, ein Gestaltungskonzept zu entwickeln. In den Kreativagenturen wirken meist Marketingfachleute, Architekten und Szenografen. Die Kreativagentur konzipiert ein Bühnen- bzw. Szenenbild und beauftragt einen internen oder externen Zeichner oder Grafiker, Grundrisse, Visualisierungen und 3-D-Modelle anzufertigen. Nach einem wettbewerblichen Auswahlverfahren oder auf Grundlage bereits bestehender Partnerschaften oder Pauschalverträge kann ein externes Technisches Fachplanungsbüro als spezialisierter Projektmanagementdienstleister ausgewählt werden, der die Planung und Umsetzung der erforderlichen Veranstaltungstechnik, des Bühnenbaus sowie in Absprache mit der Agentur die Auftragsvergabe an ein Dekorations- bzw. Messebauunternehmen und an technische Dienstleister übernimmt. Die Dekorations- bzw. Messebauunternehmen sind als abwicklungsorientierte Dienstleister die Garanten für die terminsichere und kostenoptimale Produktion des Messestandes. Da dies aber abhängig von vorgelagerten Entscheidungsprozessen ist, ist die Rolle der Technischen Leitung im Messebau für den Erfolg des Messestandes von hoher Bedeutung, denn die Technische Leitung im Messebau ist die verantwortliche Schnittstelle zwischen den Abteilungen im Unternehmen, der Geschäftsführung, Lieferanten, Kunden und externen Partnern.

Aufgabenfelder

Aufgabenfelder sind:

- Briefing und Einweisung vor Ort zur Aufgabenverteilung und -klärung sowie Abstimmung mit internen und externen Partnern
- Betreuung des Standaufbaus vor Ort; Abstimmung bei Anpassungsprozessen; Entscheidung bei Lösungsalternativen; Moderation bei Konflikten intern, zwischen den Gewerken oder mit externen Partnern
- Vorbereitung und Durchführung der Standabnahme; Klärung von Nachbesserungen; Abstimmung per Mehr- oder Andersleistungen mit dem Auftraggeber
- Betreuung und Support bei Störungen oder Havarien während der Messelaufzeit
- Vorbereitung der Abbauarbeiten; Personalplanung und Einsatzdisposition; Logistikplanung; Planung der Entsorgung bzw. Nachverwertung; Abstimmung der Materialrückführung

- Dokumentation und De-Briefing; Erstellung einer betriebsinternen Dokumentation.

Exkurs

Technische Leitung in Museen und Ausstellungsräumen

Werden, wie bei Ausstellungen zeitgenössischer Kunst üblich, ein Teil der Exponate bzw. raumbezogenen Installationen durch die KünstlerIn bzw. deren MitarbeiterIn für die Ausstellung angefertigt, muss die Technische Leitung die zum Teil technisch außerordentlich aufwendigen künstlerischen Arbeiten ermöglichen. Wie im Theater hat die Technische Leitung dann die Aufgabe, die Entwürfe auf Basis von Skizzen, Plänen, Fotografien, Materialanforderungen oder Videos für den Ausstellungsraum umzusetzen. Das beinhaltet:

- Übersetzung künstlerischer Entwürfe in eine technische Bedarfsliste und eine Ausführungsplanung
- Materialbeschaffung gemäß Anforderungen der beteiligten KünstlerIn
- Budgetplanung und -kontrolle; Kostenermittlung und Mitwirkung bei der Vergabe
- Genehmigungsplanung und Genehmigungsleitung z. B. für Fliegende Bauten
- Abstimmung zwischen KünstlerIn, KuratorIn und Veranstalter
- Entwicklung, Entwurf sowie Leitung und Beaufsichtigung der Umsetzung von Sonderkonstruktionen.

Sind in stärkerem Maße bestehende Werke durch Leihgeber wie Sammler, andere Museen oder Galerien bei Ausstellungen vertreten, liegen die Anforderungen weniger in dem oben aufgeführten Rahmen, sondern vielmehr in den Vorgaben eines ‚Art Handlings' im Zwischenbereich zwischen den Fachgebieten der Konservatoren und Restauratoren, der Kunst-Logistik und der Kunst-Versicherung. Aufgabengebiete der Technischen Leitung sind hierbei:

- Eingangskontrolle gelieferter Exponate auf Beschädigung, Vollständigkeit, Dokumentation der Herkunft und des Transportweges, Vollständigkeit der Begleitpapiere (CarnetATA) bei internationalen Transporten
- Kontrolle der Verpackung und Rückführung der ausgestellten Exponate: Erfassung, Dokumentation und Lagerung der Eingangsverpackung; Beschriftung und Dokumentation; Zuordnung der Begleitpapiere
- Überwachung des konservatorisch korrekten Umgangs mit den Exponaten: Vermeidung von Verschmutzungen und Beschädigungen beim Aufbau; Abstimmung zwischen Konservatoren, Kuratoren und technischen Gewerken bei der Planung der Ausstellungsarchitektur im Hinblick auf Lichteinwirkung, Luftfeuchtigkeit, Temperatur sowie einer möglichen Begrenzung der Besucherzahl in einzelnen Ausstellungsräumen
- Umsetzung von Videoinstallationen nach Vorgaben der KünstlerInnen, Kuratoren, wie Berechnung von Bildgrößen, Lichtstärke, Auswahl von Projektoren und Systemen, Planung der Mediensteuerung und der Tontechnik für einen permanenten Betrieb über die Ausstellungsdauer und Umgang Video- und Kompressionsformaten (CODECs)

Technische Leitung einer Messegesellschaft

Die Aufgaben einer Technischen Leitung einer Messegesellschaft unterscheiden sich von vorgenannten, da die Messegesellschaften andere Aufgaben und Ziele haben. Die Messegesellschaften sind Betreiber der Messeplätze, das heißt der Messehallen, der technischen Einrichtungen der Messehallen und der angegliederten Services für Aussteller und Besucher. Dadurch sind sie zentrale Ansprechpartner für alle mit der Messebeteiligung verbundenen Tätigkeiten des Marketings z. B. beim Eintrag in den Messekatalog und dem Produktregister, der technischen Infrastruktur z. B. der Lokalisierung von Wasser- und Elektroanschlüssen oder der Logistik z. B. bei der Einlagerung von Leergut. Die Messegesellschaften sind in der Regel Veranstalter und Betreiber gleichermaßen, da sie auch Eigentümer des Messegeländes sind. Von den deutschen Messegesellschaften mit überregionalen Veranstaltungen sind mehr als drei Viertel fast vollständig im Eigentum der öffentlichen Hand (Kommune und Land). Die Messegesellschaften haben die Aufgabe „Messegelände und Ausstellungshallen entweder selbst als Veranstalter oder einem Veranstalter zur Durchführung von Messen und Ausstellungen auf vertraglicher Grundlage zur Verfügung stellen“[34]. Dabei geht es nicht allein um die Vermietung von Flächen, sondern auch um das Angebot zusätzlicher Leitungen bis hin zu Komplettpaketen inklusive Standbau und Marketing.

Aufgabenfelder einer Technischen Leitung Messe

Dadurch ergeben sich folgende besondere Aufgabenfelder einer Technischen Leitung Messe:

- Ausschreibung von technischen Leistungen, Auswahl von und Verhandlung mit Rahmenvertragspartnern für diese Dienstleistungen, die im Auftrag der Messe durch die Rahmenvertragspartner ausgeführt werden wie z. B. Leergutlogistik der Aussteller, Strom- und Wasserversorgung, Bereitstellung von Hängepunkten in den Messehallen nach Ausstelleranforderung
- Messelogistik vor, während und nach der Veranstaltung bei der Anfahrt zum Messegelände, und auf dem Messegelände selbst mit der Definition, Umsetzung und Kontrolle von Zugangsregelungen, die zum einen geregelten Zugang aller Beteiligten ermöglichen, zum anderen aber auch Anfahrtswege und Aufstellflächen für Feuerwehr und Rettungsdienst durchgehend frei halten.
- Bereitstellung und Kontrolle einer geordneten und effizienten Nutzung der vorhandenen Ressourcen sowie technischen bzw. logistischen Einrichtungen für Auf- und Abbau wie Lastenaufzüge und Beförderungsgänge, Park- und Lagerflächen, Gabelstapler oder Kräne.
- Inspektion, Wartung, bei Bedarf Instandsetzung und Modernisierung der Infrastruktur des Messegeländes in Abstimmung mit Geschäftsführung, Vertrieb und Programmplanung. Zur Infrastruktur gehören bei den meisten Messeplätzen nicht nur eine Halleninfrastruktur, sondern auch Kongress- und Tagungszentren. Größere bauliche Maßnahmen zur Instandsetzung oder Modernisierung müssen für veranstaltungsfreie Perioden eingeplant werden.

34 Güllemann 2009: 96

- Technisches Facility Management für Messehallen, Kongress- und Tagungszentren auf dem Messegelände. Dazu gehören:
  - Wahrnehmung und Sicherstellung der technischen Betreiberverantwortung
  - Wartung und Inspektion der wartungsrelevanten baulichen und technischen Anlagen
  - Störungsmanagement und Bereitschaftsdienste im Messe- und Veranstaltungsbetrieb sowie im Normalbetrieb
  - Energiemanagement und -optimierung durch bauliche, technische und organisatorische Maßnahmen
  - Unterhaltsreinigung, Tages- und Permanentreinigung und Außenreinigung
  - Entsorgung
  - Grünpflege
- Überwachung der Einhaltung von Vorschriften, die sich aus den Bau- und Betriebsgenehmigungen und eigenen Regelwerken bezüglich Brandschutz, Arbeitsschutz und Sicherheit ergeben. Die jeweiligen technischen Richtlinien beziehen sich auf örtliche Besonderheiten in den jeweiligen Hallen, Standbaubestimmungen, Verkehrsordnung, den Umweltschutz und Sicherheitsvorschriften.
- Beteiligung an Planungen und Entwicklungen für den Messeplatz in Bezug auf Erweiterung von Flächen, Umnutzung von Gebäuden, Ergänzungen oder Veränderungen im Angebot von Dienstleistungen sowie bei Sonderveranstaltung (Parteitage) oder anderen Nutzungen von Infrastruktur auf dem Messegelände (Corona-NotKrankenhaus in Messehallen).
- Organisation der zeitlich festgelegten Bereitstellungen aller bestellten Leistungen der Aussteller (Anforderer) an die Messegesellschaft (Bereitsteller), wie zum Beispiel Stromübergabepunkte, Wasseranschluss- und -abflusspunkte, Hängepunkte zur Übergabe und Sonderlastaufnahmen sowie Sondermodifikation an der Einrichtung, die von der Regelnutzung abweichen.

5.5 Technische Fachplanung bei Events

Nikolai Hocke, Thomas Sakschewski

Charakteristika von Events sind meist in der Einmaligkeit der Aufführung und dem sehr hohem Prototypen-Status mit Innovationsgrad begründet. Dazu finden sich in der Regel komplett neu zusammengestellte Teams zur Realisierung. Entsprechend hoch ist die Anforderung an professionelle Strukturen, Abläufe und spezifischen Rahmenbedingungen für das Event. Diese sind schon zu Beginn zu etablieren und müssen sich mit den spezifischen Herausforderungen auseinandersetzen und darauf einstellen. Da eine Verschiebung oder gar Wiederholung bei Fehlern sich ausschließt, fokussiert sich die Technische Fachplanung auf die zielgerichtete Planung des Events hin.

Gerätemiete mit Service

Durch die spezifischen Anforderungen bei der meist individuellen Zusammenstellung von technischen Komponenten für eine Veranstaltungsdurchführung schließt sich der Kauf durch den Veranstalter meist aus und so hat sich die Branche im Mietgeschäft professionell organisiert und bietet fast alle aktuellen Komponenten auf Mietbasis mit Service an. So muss auch hier das Know-how des Marktes im Vordergrund einer zu realisierenden Planung vor dem Aspekt der Verfügbarkeit und dem Mietzins stehen. Ausnahmen bilden Spezialanforderungen, die mit Sonderkonstruktionen realisiert werden, bei denen dann häufiger Komponenten zum Kauf zum Einsatz kommen.

Die Kommunikationsstrategien und Realisierungsansätze betonen die Besonderheit des Erlebnisses. Dies begründet den Prototypen-Charakter und bedeutet, mit den für jedes Event möglichst neuen Ideenumsetzungen und technischen Besonderheiten die inszenierten Erlebnisse, die Botschaft des Veranstalters oder den Unterhaltungswert der Show zu unterstreichen. Entsprechend müssen technische Standards und Umsetzungsstrategien ständig an neue Herausforderungen angepasst werden. In einem agilen Management fordert das eine ständige Weiterentwicklung der Technischen Fachplanung in Know-how zum Stand der Technik und neuen Fertigkeiten in Planung sowie Umsetzung.

Die Konzeptentwicklung findet weitestgehend in den frühen Projektphasen statt, ihre Weiterentwicklung und ständige Anpassung durch Beeinflussung neuer Faktoren. So gewinnt ein professionelles und transparentes Änderungsmanagement an Bedeutung, um Leistungsbeschreibungen, Funktionsbeschreibungen und Arbeitsabläufe entsprechend anzupassen.

Terminvorgabe eines Events

Zusätzlich stellt die präzise Terminvorgabe eines Events, einer Show oder eines Messeauftritts die wichtigste Leitlinie zur fristgerechten Umsetzung aller Planungen und Inbetriebnahmen dar. Oft werden die Realisierungsvorgaben minutengenau zu einem bestimmten Datum fixiert. Dieser Vorgabe muss sich die gesamte Projektzeitplanung unterwerfen. Eine retrograde Terminierung vom Eröffnungszeitpunkt ausgehend macht dies erforderlich. Prinzipiell besteht eine große Ähnlichkeit zu Bauprojekten: Die gleiche terminliche Verbindlichkeit für alle Projektbeteiligte gilt besonders im präzise formulierten Bauzeitenplan mit entsprechenden Inbetriebnahmen und technischen Proben, in Leistungsphasen, Bauzeitendiagrammen und Netzplänen optimierte Ressourcenplanung und Baulogistik für die Errichtung der baulichen und technischen Anlagen . Die Zeiträume jedoch unterscheiden sich, während in Bauprojekten Verzögerungen um Wochen oder Monate keine Seltenheit und bei Großprojekten der öffentlichen Hand Verzögerungen um Jahre (mit entsprechenden Kostensteigerungen) sogar die Regel sind, muss der Temin für das Event unter allen Umständen gehalten werden. Eine Verschiebung ist nicht machbar. Dies bedingt eine Fokussierung in der Planung auf die organisatorischen und logistischen Aspekte der Realisierung.

Havariekonzept

Neben diesen Aspekten muss die technische Ausfallsicherheit von Beginn der technischen Planung an berücksichtigt und dem Veranstalter gegenüber gewährleistet werden. Technische Komponenten können aus unterschiedlichen Aspekten und Gründen auch im kleinsten Bauteil versagen und an entscheidender Position ein Event gefährden. Daher muss auch das Ausfallrisiko im Planungsprozess entsprechend bewertet und Lösungsansätze in einem Havariekonzept erarbeitet werden. Dies kann zum einen bereitgehaltene Ersatzgeräte zum schnellen Austausch oder die komplett redundante Ausstattung für einen unterbrechungsfreien Showbetrieb selbst bei einem Komplettausfall beinhalten. Zum anderen muss dies auch organisatorisch geplant und mit den durchführenden Personen geprobt werden.

So ist die hohe Anforderung an die Technische Fachplanung zu erklären, um dem Auftraggeber gegenüber Planungs- und Budgetsicherheit für die technisch sichere Umsetzung zu gewährleisten (Betriebssicherheit).

5.5.1 Besondere Aufgaben: fachlich-technisch

Prototypen-Charakter eines Events

Im Sinne der Begriffsdefinition eines Events als ein besonderes Erlebnis dient die Technik dazu, dass aus einem multisensualen Live-Erlebnis ein besonderes Ereignis auf Basis eines Konzeptes und eines Ablaufes wird. So ist die Bandbreite der technischen Anforderungen von einem minimalen Effekt (z. B. einfache, punktgenaue Ausleuchtung) bis hin zu Mega-Aufbauten für ein „großes Spektakel" einzuordnen. Wesentliches Merkmal ist der Prototypen-Charakter eines Events, sodass auch die Technische Fachplanung sich zu Beginn eines jeden Projektes auf die besonderen Anforderungen und dessen technische Lösungen einstellen muss.

So muss das Know-how zur technischen Realisierung in den ‚Grunddisziplinen' der Veranstaltungstechnik Licht, Ton, Video sehr breit vorhanden sein und in kürzester Zeit die notwendige Spezialisierung in der geforderten Detailtiefe der Umsetzungsdisziplinen ermöglichen – gegebenenfalls Fachleute und Spezialisten hinzuzuziehen. Hierbei ist die Kommunikation mit den technischen Fachspezialisten über die Technischen Planer in das Projekt hinein ein Ansatz zur erfolgreichen Integration und Umsetzung.

Spezialgebiete

Zur Verdeutlichung der möglichen technischen Umfänge und der entsprechenden Teilbereiche in einem exemplarischen Großprojekt beschreiben die folgenden Auflistungen die Spezialgebiete.

Im Bereich der **Videotechnik** werden zwei große Bereiche der Bildgebung unterschieden:

a) Präsentationstechnik

- Displays/Monitore
- Projektion
- LED-Technologie zum Bau individueller Screen-Größen aus Einzelelementen
- Datenverteilung/Signalverarbeitung
- Datenmischer
- Zuspieltechnik
- Einfache PC-Wiedergabesysteme
- Timeline oder Clip-basierte Medienserver (Pandora, D3, Pixera, V4 ...)

- Live-Render-Systeme (Unreal, Unity, ...)
- AR/VR-Anwendungen
- Streaming Systeme

b) Broadcasttechnik

- Regie zur Signalverarbeitung und -verteilung
- Kameratechnik
- Zuspieler für reine Bildsignale optimiert
- Signalmischer
- Aufnahmetechnik
- Übertragungstechnik (Satellitenübertragungen)

Im Bereich der **Licht-Technik** erfolgt die Unterscheidung über die Aufgabe der Beleuchtung.

- Architekturlicht (Gebäude, Flächen und bauliche Merkmale/Akzente) meist statisch
- Showlicht/Effektlicht (Inszenierungslicht) meist sehr dynamisch und umfangreich
- Ausstellungslicht (Akzentuierung des Exponates mit der Raumwirkung) meist statisch
- Lichtregie für Signal- und Showsteuerung und Verteilung basierend auf Starkstromnetzen mit Lastverteilung (‚Dimmercity‘)
- Lichtsimulation im Vorfeld der Planung zum gemeinsamen Verständnis der visuellen Lichtwirkung und Vorprogrammierung der lichttechnischen Anlagen
- Rigging/Tragwerksplanung

Im Bereich der **Audio-Technik** sind die technischen Bereiche wie folgt unterteilt:

- Wiedergabesysteme: Beschallung und Monitoring durch Lautsprechersysteme nach entsprechender Wirkung der Schallausbreitung
- Aufnahmesysteme: Mikrofonierung
- Regie für Signal-Processing und Signalverteilung sowie Tonmischung

- Akustiksimulation im Planungsprozess zur baulichen Optimierung des Raumes und Festlegung der Wiedergabesysteme

Steuerungssysteme spielen eine immer wichtigere Rolle in komplexen Abläufen, da die Gewerke übergreifend synchronisiert werden müssen, um einen präzisen Showablauf zu realisieren. Hierbei kommen einfache elektrische Logikschaltungen zum Einsatz, wie auch Gebäudesteuerungssysteme. Da diese in den Schnittstellen, Signalaustausch und Steuerungsmöglichkeiten eher unflexibel sind, kommen bei komplexen Ablaufsteuerungen aufwendig programmierte Mediensteuerungen zum Einsatz. Diese zeichnen sich durch eine breite Aufnahme von diversen Eingangssignalen in der Menge und flexibel in der Art aus, eine individuelle Logikverknüpfung mit Zeitachsenprogrammierung und entsprechenden Auslösepunkten (Cues). Dazu können die ausgangsseitigen Steuersignale in diverse Industrie- und Computerformate gewandelt ausgegeben werden, um viele Systemgruppen miteinander zu vernetzen.

Auf der Eingangsseite (Input) können Daten z. B. von Industriesensoren wie Lichtschranken, Induktivsensoren, Drucksensoren, Wegwertgebern direkt zur Verarbeitung eingespeist werden, wie auch Daten anderer Bereichssteuerungen oder Maßsystemen wie z. B. ein optisch oder funkbasiertes Trackingsystem mit Positionsdaten. Die Ausgangsseite (Output) kann direkt auf Aktoren wirken oder Steuersignale an andere Sub-Bereichssteuerungen übergeben wie z. B. Licht-, Ton- und Videosteuerungen.

Analyse des Ablaufes

Zur Umsetzung des kreativen Ablaufes erfolgt die technische Analyse des Ablaufes und beschreibt präzise die Vorgabe zu allen Steuersignalketten, die jedem bestimmten Zusammenspiel von Systemen dienen, zu allen parallel und/oder sequenziell bedingten Aktionen. So werden über eine Mediensteuerung zahlreiche Befehlsketten an einen Auslöser (Cue) für die Ablaufsteuerung zusammengeschaltet und komplexe technische Anlagen in ihrer Gesamtheit für einen Operator in Anweisung des Regisseurs sicher beherrschbar.

Die zum Einsatz kommenden technischen Anlagen benötigen immer eine Energieversorgung und einen Signaltransport mit Signalübertragung. Die Planung dieser Übertragungsnetze gehört zur Funktionsbeschreibung der Technischen Fachplanung. Dabei werden im Bereich der Energieversorgung meist die Stromübertragungsnetzwerke ab einem definierten Hauptübergabeanschluss zu den einzelnen Verbrauchergruppen geplant, um mit Stromverteilungen und ggf. Spannungswandlungen die einzelnen Systemkomponenten zu versorgen.

Mediennetzwerke

Singuläre Mediennetzwerke dienen der Signalübertragung im eigentlichen elektronischen Signalformat und beschränken sich somit meist auch auf die Gewerke, wie z. B. ein Audionetzwerk auf Kupferkabelverbindungen oder proprietäre Lichtsteuersignalübertragungen. Als Weiterentwicklung arbeiten Signalübertragungsnetze auf digitaler Basis mit entsprechend gewandelten Signalen auf dem Transportweg. Signalwandler an den Input- oder Output-Stellen erhöhen die Kompatibilität zu rein elektrischen Geräteanbindungen. Der Vorteil hierbei ist die gewerkeübergreifende Multi-Signalübertragung von diversen Signal- und Steuerarten auf einem einheitlichen Transportweg – meist per Glasfaserleitungen (Lichtwellenleiter Technologie). Zum sicheren Betrieb liegt der Fokus auf der Datenübertragungsbandbreite (Kapazität der gleichzeitigen Nutzung) und dem Datenmanagement (Steuerung der Signalverteilung).

EDV-Netzwerke seien an dieser Stelle der Vollständigkeit halber noch erwähnt, um Netzwerkübertragungen der entsprechenden Computeranwendungen im Bereich der Signalübertragung und Kommunikationsnetzwerken zu ermöglichen. Eine heutige Produktion kommt ohne ein gut funktionierendes EDV-Netzwerk nicht mehr aus!

Somit stellen digitale Übertragungsnetzwerke im Bereich der Veranstaltungstechnik aber auch in der reinen IT-Infrastruktur vor Ort eine immer höhere Anforderung an die Planung der EDV-Netzwerke dar. Mit Aufkommen der ‚AV over IP'-Technologie (reine Netzwerk basierte Anbindung aller Systemkomponenten auf Datenbasis) in der Videotechnik, wird das Know-how zu komplexen IT-Netzwerken und dem Datenmanagement immer wichtiger, sowie eine Nutzer übergreifende Bereitstellung der Transportnetzwerke für primäre Signale (also Bild und Ton) und sekundäre Signale (Steuerbefehle).

5.5.2 Besondere Aufgaben: organisatorisch-logistisch

Systemplanung

Neben der technischen Systemplanung nimmt die organisatorische Ablaufplanung der Errichtung und des technischen Betriebes, auf Basis des Event-Ablaufs, einen großen Teil der technischen Planung ein. Dazu gehören die Funktionseinsatzplanung in Form der Personalanforderungen sowie die zeitlichen Vorgaben für die Phasen der baulichen Errichtung, der technischen Inbetriebnahme, dem Probenbetrieb, der Abnahme und dem Veranstaltungsbetrieb. Die individuelle Personaleinsatzplanung obliegt zwar dem ausführenden Gewerk, jedoch erfolgt parallel zur Systemfunktionsplanung die Rollenplanung nach Aufgaben, Kompetenzen und Arbeitsaufkommen im Rahmen der Leistungsbeschreibungen. Die technische Betriebsplanung erfolgt in enger Abstimmung des Integrators/Lieferanten gemäß der erstellten Personalanforderungsplanung nach Kompetenzen des Fachpersonals für die Errichtung und zum Operatoren- und Technikereinsatz dann schlussendlich in Anerkennung der Personaleinsatzplanung zur Sicherstellung des Betriebes.

Arbeitnehmerüberlassung

Eine besondere Herausforderung besteht in der Formulierung von Aufgaben und Tätigkeiten einer werkvertraglichen Vergabe von Teilleistungen an externe Dritte wie z. B. Operator, die häufig als Solo-Selbstständige arbeiten. Orientiert sich die Leistungsbeschreibung zu stark an einer Qualifikation, besteht selbst bei dem temporären Einsatz eines Events die Gefahr einer Arbeitnehmerüberlassung, die im Zweifelsfall auf den Kunden zurückfällt, wonach der Werkvertrag einem Leiharbeitnehmervertrag gleicht. Die werkvertragliche Leistung wäre ein Beschäftigungsverhältnis und es würde der Grundsatz der Gleichstellung (§ 8 AÜG) gelten. Die Technische Fachplanung muss daher in der Leistungsbeschreibung nicht auf eine individuelle Qualifikation abzielen, sondern anbieterneutral Anforderungen beschreiben, also nicht pauschal eine/n Kameramann/frau nennen, sondern die Tätigkeiten beschreiben, die für das Event ausgeführt werden sollen, wie z. B. eine Kamera führen zur Bildbereitstellung während des Programms gemäß Regieplan.

Neben der systematischen Funktionsweise der Veranstaltungstechnik stellt die Logistik der Produktion eine besondere Herausforderung an die Logistik des Auf- und Abbaus einer Veranstaltungskonfiguration dar. Die Sicherheit hat oberste Priorität für die notwendigen Arbeitsschritte und -abläufe, insbesondere wenn mehrere Gewerke an einer Baugruppe arbeiten müssen. So kann ein wichtiges Ergebnis in der Betrachtung der Zeitersparnis zum Mehraufwand oft eine Vormontage zu Verbundgruppen darstellen. In der Veranstaltungstechnik erfolgt dies z. B. im Bereich der umfangreichen Regie-Installationen durch Vorbestückung von Systemracks mit kompletter Gerätebestückung und Systemverkabelung innerhalb des Flightcase bzw. Flightracks, um vor Ort nur die systemübergreifenden Verkabelungen vornehmen zu müssen.

Probeaufbauten dienen dazu, komplexe Baugruppen und deren Funktion in Ruhe im Vorfeld zu prüfen und zu optimieren. Die Erkenntnisse fließen dann in die Ausführungs- und Werksplanung mit ein, sowie Erkenntnisse zu den organisatorischen Abläufen in die Aufbau- und Betriebsplanung.

Abbau eines Events

Oftmals unterliegt der Abbau eines Events dem gleichen terminlichen Druck, wie die Errichtung des Veranstaltungsbetriebes. Daher ist in der Planung auch schon der ordentliche Rückbau von Systemen und ggf. die Demontage von komplexen Aufbauten mit einzubeziehen, um Schaden von Menschen und Material fernzuhalten. Hierzu empfiehlt es sich noch in der Errichtungsphase den Abbau mit allen beteiligten Schlüsselpositionen im Detail zu besprechen und den Konsens in einem einfachen Abbauplan zu fixieren.

5.5.3 Besondere Aufgaben: Management

Eine Auflistung möglicher Gewerke mit Einfluss auf die Veranstaltungstechnik verdeutlicht die Wichtigkeit des Schnittstellenmanagements zu den korrespondierenden Gewerken.

- Auftraggeber
  - Veranstaltungsleitung
  - Beschaffung/Einkauf
  - diverse Fachabteilungen
- Projektsteuerung (eigene Rolle, gewerkeübergreifend)
- Architektur/Messebau
- Location
- Genehmigungsbehörden

- Künstlerischer Leitung
  - RegisseurIn
  - Künstlerische/r LeiterIn
  - Dramaturgen
  - Szenografen
- Kommunikationsagentur
- Content Produzenten
  - Filmproduktion
  - Komponisten, Musikproduktion
  - LichtdesignerInnen
- Technische Leitung (wenn nicht von TFP gestellt)
  - Sicherheitsbeauftragte
  - VfV (Verantwortlicher für Veranstaltungstechnik)
  - SiGeKo (Sicherheits- und Gesundheitsschutzkoordinator)
  - Hygienebeauftragte/r
  - Sicherheitsbeauftragte/r
- Catering
- Hostess-Service
- Logistikpartner

Da diese Strukturen sich für jede Veranstaltungsumsetzung meist neu zusammenfinden, müssen alle Managementprozesse innerhalb der beteiligten Gewerke sehr agil auf die neuen Herausforderungen jedes Mal reagieren können.

Methoden des Projektmanagements

Die Anwendung der Methoden des Projektmanagements sind wegen der starken Ergebnisfixierung mit einer retrograden Terminierung vom Eröffnungstermin herunter rechnend und der wechselnden Stakeholder in Projektphasen im besonderen Maße bei der Technischen Fachplanung von Events von Bedeutung. Eine kurze Darstellung zum Projektmanagement bei der Technischen Fachplanung ist in Kapitel 2.3 zu finden. Das wichtigste Prinzip im Projektmanagement besteht darin, die in Konflikt stehenden Faktoren – Zeit, Kosten und Qualität – die drei Seiten des Magischen Dreiecks des Projektmanagements in Einklang zu bringen, ohne die Grundfläche, symbolisch für den im Projektauftrag definierten Leistungsumfang, des Dreiecks zu verringern oder zu vergrößern. Für das Projektmanagement von Events muss eine vierte Seite ergänzt werden, da die Projektmitarbeitenden, also sowohl interne als auch externe Ressourcen und Stakeholder, nicht nur als Kostenfaktor (Aufwand), sondern auch mit eigenen Interessen und Belangen zu berücksichtigen sind. Der Grad der Zielerreichung der zuvor in Zielen definierten Interessen des Teams und der Stakeholder, bildet die vierte Seite des Magischen Tetraeders des Projektmanagements. Das erfolgreiche Projektmanagement von Events kümmert sich also nicht nur um die faktischen Aspekte eines Projektes wie die technische Problemstellung, die finanzielle Ausstattung, die terminlichen Zwänge, sondern auch um die sozialen Umweltfaktoren wie z. B. die Interessenslagen und Meinungen unterschiedlicher Stakeholder, die Prozesse im Team, die informellen Strukturen und Prozesse innerhalb und außerhalb der Projektgruppe. Projektmanagement beinhaltet ein hohes Maß an Kommunikation, denn das Projektmanagement muss für die terminrichtige und inhaltlich genaue Kommunikation zu unterschiedlichen Schnittstellen Sorge tragen, den offenen Informationsfluss für alle Projektbeteiligten steuern und die Vermarktung des Projekts betreiben. Projektmanagement ist wie ein Unternehmen auf Zeit, denn das Projektmanagement ist nicht nur fachlich-technisch für die Lösung, organistorisch-logistisch für die Umsetzung, sondern auch als Aufgabe des Managements für den wirtschaftlichen Erfolg mitverantwortlich.

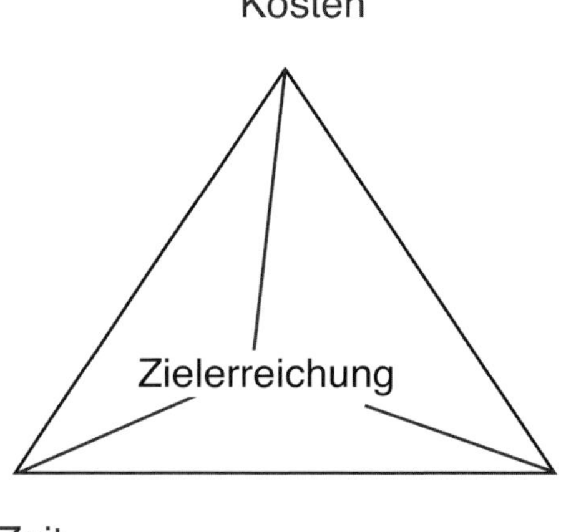

Bild 16: Magischer Tetraeder des Projektmanagements

Das **Qualitätsmanagement** der Fachplanung der Veranstaltungstechnik zielt auf die Sicherstellung des Betriebsergebnisses. Hierzu sind drei wesentliche Schritte in den Projektphasen notwendig: Im Rahmen der Ausführungsplanung erfolgt die exakte Leistungsbeschreibung aller systemrelevanten Parameter, Komponenten und Systeme, die im Nachhinein auch prüfbar feststellbar sind. Über die Begleitung und die Anerkennung der Werksplanung erfolgt ein wesentlicher Zwischenschritt zur Sicherstellung der Umsetzung der Qualitätsansprüche hin zu einem Event-System. Mit dem Abnahmeprozess erfolgt zum Schluss die Sicherstellung dem Auftraggeber gegenüber, die Feststellung von Vollständigkeit aller Leistungen, und damit das Gesamtsystem in seiner Leistungsbereitschaft für den Betrieb freizugeben.

a) Planungsergebnisse und -erzeugnisse der Technischen Fachplanung
   - CAD-Pläne
     - Übersichtspläne
     - Detailpläne
     - 3-D-Planung
     - Integrations-/Anschlussplanung
     - Genehmigungspläne
   - Leistungsverzeichnisse mit eindeutiger Definition von
     - Projektrahmenbedingungen
     - Einzel-Funktion
     - Qualität
     - Quantität
     - Systemfunktion
     - Projekteinsatz
   - Abnahmeprotokoll
   - Zeitpläne
     - Projektzeitpläne
     - Bauzeitenpläne
     - Technische Inbetriebnahmen

- Funktionsschemata
  - Gesamtsystemplanung
  - Einzelsystemplanungen
- Content Produktionsrichtlinien mit Übergabeformatdefinition
- Finanzberichte
  - Kostenschätzung
  - Kostenbewertung
  - Preisvergleich/Preisspiegel der Angebote
  - Kostenverfolgung
  - Kostenfeststellung (zur Abrechnung)
- Risk Management: Risikoanalyse und Bewertung
  - Ausfallbetrachtungen/Ausfallszenarien nach Wahrscheinlichkeit
  - Havariekonzeption als aktive Reaktionsmöglichkeit auf mögliche Ausfälle und deren Kompensation
  - Back-up als passive Reaktionsmöglichkeit durch kurzfristigen Austausch mit möglicher Unterbrechung der Funktionsweise

5.6 Technische Fachplanung bei hybriden Events

Nikolai Hocke, Thomas Sakschewski

Hybride Events verbinden Charakteristika des Live-Entertainments mit digitalen oder virtuellen Elementen, die es ermöglichen, dass Inhalte bzw. die szenischen Abläufe und die BesucherInnen bzw. TeilnehmerInnen vollständig oder nur teilweise räumlich getrennt sind. Die Teilung kann sich dabei aus dem Programmablauf ergeben, sodass Programmelemente mit gleicher Verortung von Szenenfläche und BesucherInnen sich mit Veranstaltungen und Einspielungen von anderen abwechseln oder grundsätzlich eine Teilnahme vor Ort live und räumlich getrennt möglich ist. Hierbei kommen Technologien wie Streaming und/oder Fernsehübertragungen zum Einsatz, um die TeilnehmerInnen zu erreichen. Die Bandbreite reicht von einfachen

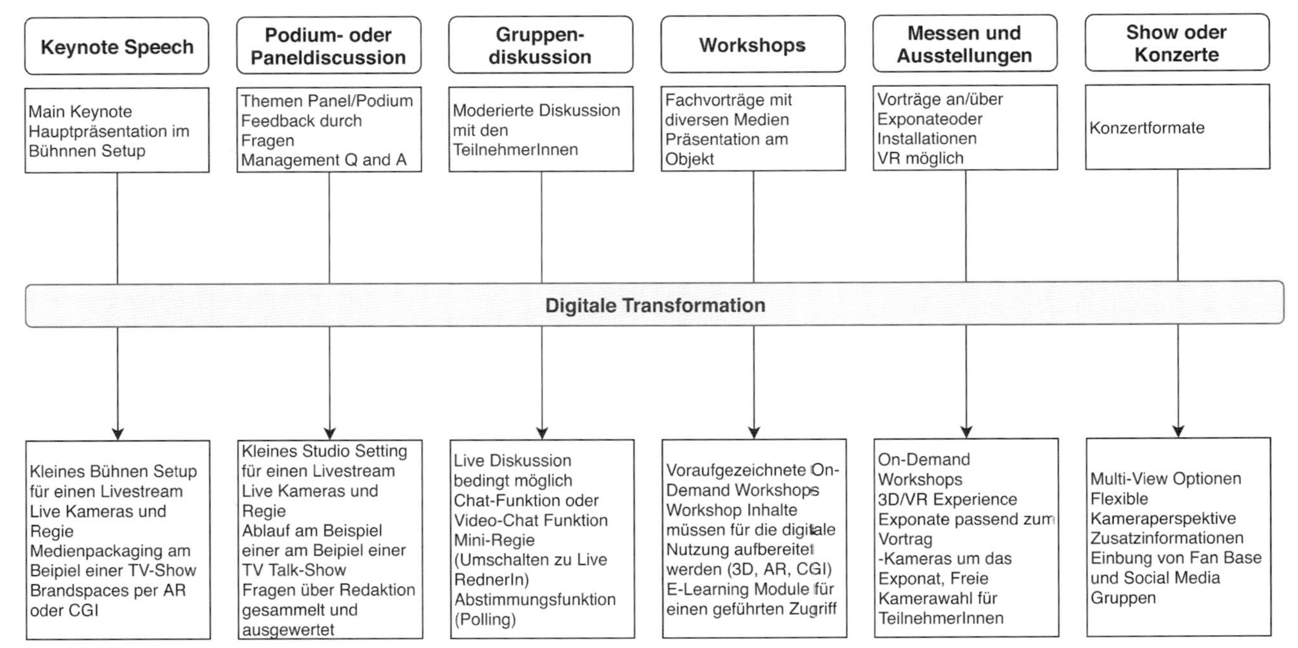

Bild 17: Verschiedene Veranstaltungsformate und ihre digitale Transformation

Redner-Präsentationen hin zu Bühneninszenierungen mit Regieabläufen, von Podiumsdiskussionen hin zu Meetings. Analog zum Fernsehbetrieb sind auch bei hybriden Events die Mehrheit der BesucherInnen nicht am selben Ort wie die Veranstaltung. Hybride Events zeichnen sich also durch die Transformation des Bühnengeschehens in einem Event-Raum auf Basis digitaler Signale zur Übertragung an die EmpfängerInnen vor Ort und online aus. In der Regel wird dazu die Show mit Kameras mit oder ohne Vor-Ort-BesucherInnen aufgenommen, in einer Regie verarbeitet, möglicherweise durch zusätzliche interaktive Elemente und Kommunikationskanäle ergänzt z. B. mit mobilen Applikationen, Social Media Anwendungen und Location Based Services und ausgestrahlt.

Exkurs

Definition Hybride Events

In der Literatur finden sich unterschiedliche Deutungen und Interpretationen der Begriffskombination, aber keine eindeutige Definition. Dies führt in der Nutzung häufig auch zu Missverständnissen. Über den Zusatz „Hybrid" zum Event wird im Veranstaltungsbereich meist auf die Kombination aus zwei wesentlichen Veranstaltungsformen hingewiesen: Dem Live-Geschehen (Show, Präsentation, Talk etc.) und der Übertragung des Empfangsbildes mit ergänzenden Möglichkeiten, wie z. B. Interaktion mit Zuschauern oder der Versorgung mit Zusatzinformationen.

Elemente hybrider Events

Elemente hybrider Events:

1) Veranstaltungsraum bzw. Szenenfläche für Live Event mit Veranstaltungstechnik (Präsentationstechnik, Beleuchtung, Beschallung)

2) Live-Regie mit entsprechender IT und Broadcasttechnik für die Zuspielung von Präsentationsinhalten, Ton- und Bildmischung. Die Aufgabe: Gesamtbild bzw. Streaming-Bild Mischung aus entsprechender Bildaufzeichnung, Präsentationszuspielung und dem Sendeton

3) Senden und Übertragung des „Stream-Bildes" im entsprechenden Format

a) Der entsprechenden Broadcast-Norm wie z. B. ARD und ZDF-Standard über Satellitenübertragung oder LWL-Netzwerke

b) Der entsprechenden Streaming Norm einer Encodierung zum Datentransport über Netzwerke z. B. geschlossene Firmennetzwerke (Intranet) oder über das Internet.

4) Empfang des Stream-Bildes über

a) Satelliten-Empfangsanlagen und entsprechender Weiterverarbeitung zum Publikum

b) Fest programmierte Decoder für die Weiterverarbeitung oder im Rahmen von Webseiten mit eingebetteter Wiedergabetechnik. Meist werden hier eigene Microsites für die Übertragung bereitgestellt, im Design für das Event erstellt. Sie enthalten alle Komponenten der Nutzung und sind somit plattformunabhängig.

Ab dem Punkt der Signalübertragung über ein geeignetes Netzwerk endet zum einen die technische Beeinflussbarkeit des Empfangs, da dieser von den technischen Gegebenheiten der Empfangsgeräte und der Empfängertechnik abhängig ist. Es endet zum anderen aber auch die Verantwortung der Technischen Leitung. Von einer Aufmerksamkeit, die bei einer Fokussierung auf das Bühnengeschehen in einer Live-Veranstaltung selbstverständlich ist, kann nach der digitalen Transformation und des Empfangs der Signale bei den EmpfängerInnen nicht mehr selbstverständlich ausgegangen werden. Der Fokus der Technischen Fachplanung liegt häufig im Live-Geschehen, der Inszenierung auf einer Szenenfläche bzw. einem Studio mit entsprechender Veranstaltungs- und Aufnahmetechnik und mit Übertragungsvorbereitung wie z. B. dem Stream-Encoding.

Bei hybriden Events ergeben sich einige Besonderheiten:

Besonderheiten

- Deutliche kleineres Bühnengeschehen mit entsprechenden Aufbauten. Oft werden Set-ups grafisch und/oder per CGI (Computer Generated Imagery) ergänzt. Konzentration auf den sichtbaren Bereich einer Kamera. Das Umfeld muss nicht weiter dekoriert werden.
- Aufwendige Regie zur Bildverarbeitung von Zuspielern, Live-Kameraaufnahmen und Aufnahmetechnik sowie bei der Berücksichtigung der Fernsehübertragungstechnik.

- Ausleuchtung richtet sich an die Bedürfnisse der Kameratechnik und nicht des Zuschauers in einem Veranstaltungsraum. Fokus auf der Redner- und Szenenausleuchtung für das Kamerabild.
- Beschallung durch eine PA ist sekundär, wichtiger ist die sichere Mikrofonierung der RednerInnen und gegebenenfalls der Atmosphärengeräusche synchron zum Sendebild.
- Bei Mehrsprachigkeit werden in der Regel mehr Streams erzeugt. Auch die Logistik der Schaltung sowie der Mischung und Verwaltung der Sprachsignale ist je nach Ablauf aufwendig und so entsprechend in der Planung akribisch vorzubereiten wie auch vor Ort durch den Sendeton-Operator umzusetzen.
- Wahl der Signal-Übertragungstechnik (Senden) ist abhängig von den zu erwartenden EmpfängerInnen.

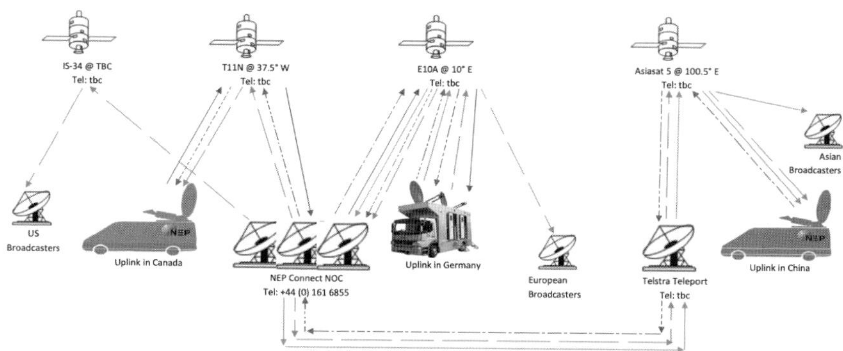

Bild 18: Beispiel einer weltweiten Übertragung von drei Standorten (Planung macomNIYU, Realisierung NEP)

- Gleiches gilt für die Codierung des Signals für den Datentransport wie in der Abbildung ersichtlich.

Exkurs

Besondere Übertragungstechnik – Planung und Umsetzung einer Weltpremiere

Die Aufgabenstellung bestand darin drei identisch gebaute Locations auf drei Kontinenten (Nordamerika, Zentraleuropa, Ostasien) technisch so zu errichten und zu vernetzen, dass nicht nur eine möglichst latenzfreie Übertragung im HD-Fernsehstandard in die jeweils anderen Standorte realisiert werden konnte, sondern auch die technische Voraussetzung bestehen sollte, Live-Schalten zwischen den Standorten zu ermöglichen, die dazu in einem Fernsehstudio in Europa auflaufen, von wo aus der Live-Stream (die Sendung) erzeugt wird. Der Live-Stream sollte auf jedem Kontinent voneinander unabhängig lokalen Broadcastern zur Verfügung gestellt werden. Dazu wurde ein Kommunikationsnetzwerk etabliert, das drei komplett miteinander synchronisierte Shows an den jeweiligen Standorten gleichzeitig ermöglichte. Herausforderungen waren die extrem großen Entfernungen, denn durch die Erdkrümmung war es durch eine einfach Satellitenverbindung (Uplink, Satellit, Downlink) nicht möglich, die Distanzen zu überbrücken.

Die Lösung war ein komplex verschaltetes Netzwerk aus diversen Satelliten-Turnarounds (mehrfache, sequenzielle Up- und Downlinks) und die zusätzliche Nutzung eines weltumspannenden Glasfaser-Netzwerks, welches gesamthaft über ein eigens NOC (Network Operations Center) in England koordiniert wurde. Im Signalfluss haben alle Orte an die Zentrale in Europa gesendet. Die Signale wurden hier verwaltet, geschaltet, gemischt und an die Standorte zurück übertragen. So war es am Ende möglich, eine Schaltung mit ca. 2–3s Delay zwischen den Destinationen zu realisieren und das gemischte Gesamtbild mit Live-Bildern von allen drei Standorten zusätzlich aus Europa auf einer Streamingplattform bereitzustellen. Ein Technischer Fachplaner kümmerte sich zentral im Projekt nur um die Übertragungstechnik und deren technische Umsetzung.

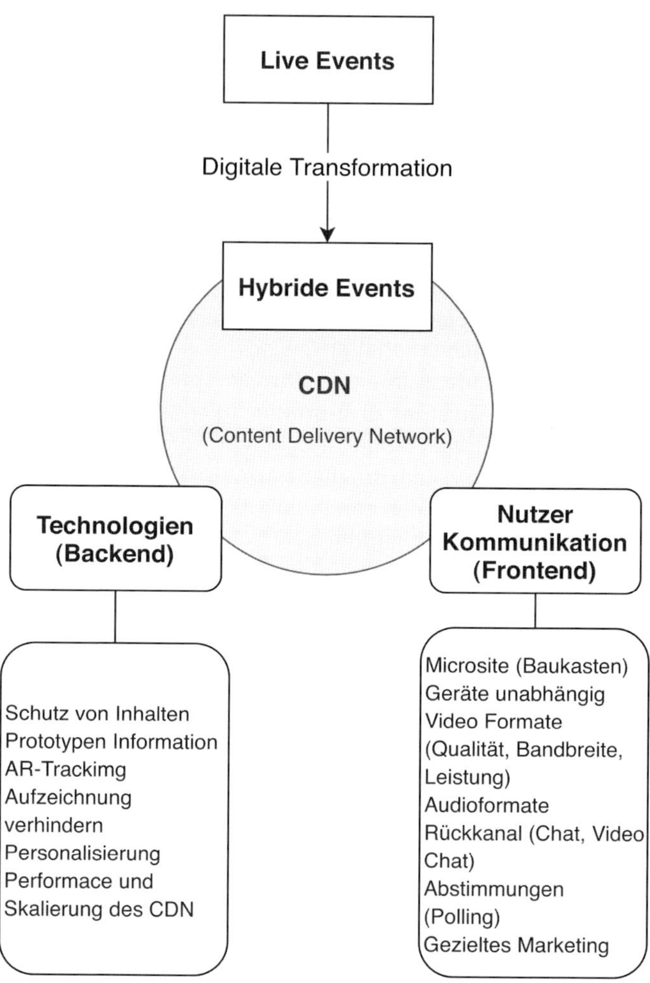

Bild 19: Anforderungen an ein Content Delivery Network (CDN)

Erweiterte Aufgabenfelder im Zuge der digitalen Transformation eines Live Events:

- Interaktion: Rückkanal ermöglicht direkte Einbindung von TeilnehmerInnen (Chat, Poll, Vote etc.)
- Skalierbarkeit auf die Anwendung (Content Delivery Network)
- Dokumentation der digitalen Veranstaltung

- Mehrfachnutzung der Inhalte (Video on Demand)
- Personalisierung für die TeilnehmerInnen
- Qualitätsbewertung im Nachgang durch Analyse Tools
- Einbindung in Teilnehmer-Managementsysteme
- Einbindung von Social-Media-Kanälen
- E-Learning geführte Zugriffe (guided content)
- Werbemöglichkeiten (eigene und Partner)
- Einbindung von Collaboration Tools
- Entfall der Reisekosten der Teilnehmer
- Hygiene- und Infektionsschutz reduziert sich auf das Live-Set-up.

Besonderheit des CDN

Content Delivery Network

Im Gegensatz zu einer Fernsehübertragung eines Events findet bei einem hybriden Event die Teilnahme des Zuschauers über IT-Systeme statt, die über ein CDN mit dem Live-Geschehen verbunden werden. Über dieses Übertragungsnetzwerk müssen nun diverse Wiedergabestandards der Endgeräte bedient, die Anpassung von Auflösungen sowie Skalierung von Bandbreiten nach gleichzeitiger Teilnehmerzahl ermöglicht werden. Auch individuelle Auswahlmöglichkeiten der Datenübertragung sowie Rückkanäle werden darüber realisiert. Entsprechend hoch ist der Aufwand in der Planung der einzelnen Funktionsweisen, deren Leistungsbeschreibung und am Ende der Auswahl der richtigen Plattform mit entsprechenden Service-Paketen.

Aufgaben der Technischen Fachplanung bei hybriden Events

Technische Fachplanung der Live-Kommunikationsmaßnahmen

- Nicht die Raumwirkung vor Ort für anwesende Zuschauer steht bei der Planung im Fokus, sondern die konzeptionell notwendige Übertragung von Bild, Ton und weitere Quellen wie sie für die Wiedergabe auf den Endgeräten der TeilnehmerInnen erforderlich sind. So unterliegt die Ausleuchtung des Sets und der Beteiligten den besonderen Anforderungen der elektronischen Bildaufzeichnung für die technische Umsetzung, vergleichbar mit einem Fernsehstudiobetrieb, erfolgt die Planung der Bildverarbeitung zu einem Sendebild.

- Ausgewählte Kameratechnik sowie -typen entsprechend den visuellen Vorgaben des Storyboards. Die Bandbreite reicht hier von einfachen, starren Kameras (vergleichbar mit Webcams) bis hin zu Studiokameras oder Spezialkameras wie Steadycam, Krankamera oder Remote-Schwenk-Neige-Kameras.
- Zentralregie mit Qualitätskontrolle, Signalverteilung, Bildmischung, Grafikeinbindung, Zuspieltechnik, Aufnahmetechnik und Sendeton
- Etablierung eines Kommunikationsnetzwerkes (Interkom) zur Unterstützung des Regisseurs und alle bei der Produktion aktiv am Geschehen Beteiligten
- Generierung des Übergabesignals, meist mit einem Hardware-Encoder/Wandlung des digitalen Bildsignals (z. B. 3G HD-SDI) in einen digitalen Datenstrom bestehend aus
  - Protokoll der Übertragung
  - Video-Codec (z. B. H.264)
  - Frame-Rate (meist 50fps oder 60fps)
  - Keyframe-Sequenz
  - Bitrate für Video (z. B. CBR) und Audio (128kBit/s, 2 Kanäle)
  - Zusätzliche Besonderheiten für 360°-Streaming oder VR-Brillen möglich.

Planung der Übertragungswege bzw. des CDN

- Signalübergabeorte und -formate in das CDN
- Um systemunabhängig von Anwendungen zu sein, hat sich in der Praxis die Browsertechnologie mit einer individuellen Microsite als Portalanwendung etabliert.
- Definition der Qualitätsstufen und unterstützten Standards auf Empfängerseite
- Definition der max. Teilnehmerzahl und damit der bereitgestellten Bandbreite des Systems
- Festlegung von zusätzlichen Leistungen in Funktion und Darstellung wie z. B. Chat- oder Abstimmungstools, Feedbackmöglichkeiten, Video on Demand, Abruf von Zusatzinformationen
- Etablierung von Back-up-Lösungen und Havariekonzepten

5.7 Technische Fachplanung bei Festinstallationen

Thomas Sakschewski, Nikolai Hocke, Michael Klötzer

Festinstallation meint die Planung, den permanenten Einbau und die Inbetriebnahme elektrischer Betriebsmittel also alle Gegenstände, die als Ganzes oder in einzelnen Teilen dem Anwenden elektrischer Energie oder dem Übertragen, Verteilen und Verarbeiten von Informationen und stationärer Anlagen dienen. Ortsfeste elektrische Betriebsmittel sind fest angebrachte Betriebsmittel oder Betriebsmittel, die keine Tragevorrichtung haben und deren Masse so groß ist, dass sie nicht leicht bewegt werden können. Stationäre Anlagen sind mit ihrer Umgebung fest verbunden. Fest verbunden wird hier Medientechnik, das heißt Technik zur Erzeugung, Weitergabe, Steuerung und Umwandlung von analogen oder digitalen, auditiven und visuellen Medien bzw. Signalen. Unterteilt wird Medientechnik in die Bereiche Beleuchtungs-, Beschallungs-, Video- und Präsentations- sowie Signal- und Steuerungstechnik.

Festinstallation von Medientechnik

Die Festinstallation von Medientechnik ist der Fachplanung von Objekten bzw. der technischen Ausrüstung von Gebäuden zuzuordnen. Dazu gehören gemäß § 53 Abs. 2 HOAI unter anderem folgende Anlagengruppen: Starkstromanlagen, Fernmelde- und informationstechnische Anlagen und nutzungsspezifische Anlagen, also technische Anlagen, die für die Nutzung eines Gebäudes erforderlich sind, wie die Medientechnik für die Nutzung des Gebäudes als Versammlungsstätte bzw. Produktions- oder Veranstaltungsstätte. Die Festinstallation zielt auf eine dauerhafte und regelmäßige Nutzung der geplanten und eingebauten Anlagen ab. Die verbauten Geräte müssen daher im Dauerbetrieb bestehen, sind aber dafür in der Verwendung nur geringfügigen Beanspruchungen von außen ausgesetzt. Da die Geräte fest installiert sind, müssen bei der Auswahl andere Entscheidungsfaktoren als bei temporären Installationen berücksichtigt werden.

Der ortsveränderliche, temporäre Einsatz verlangt einen robusten Aufbau, schnelle Montage und Demontage, denn das Handling ist entscheidend für einen schnellen und reibungslosen Ablauf aller Arbeiten. Aber auch die grundsätzliche Transportfähigkeit, Verfügbarkeit von passgenauen Transport- und Lagermitteln oder die Witterungsbeständigkeit spielen eine Rolle. Bei einer Festinstallation hingegen sind die Lebensdauer, Wartung und Reparatur, Kompatibilität mit bereits vorhandenen Anlagen oder Anlageteilen, wie die Gebäudetechnik und -steuerung, Größe, Form, Farbe und Design Entscheidungsfaktoren. Auch der Anschluss der Geräte mittels Kabelverbindungen ist bei Festinstallationen dauerhaft fixiert ausgeführt: Notwendige Steckerverbindungen verfügen meist über eine eigene Sicherung, oder wenn nicht vorhanden, werden diese durch eine Sekundärsicherung am Gerät zugentlastet fixiert. Individuell konfektionierte Kabelverbindungen werden meist fest aufgelegt, d. h. auf Anschlussfelder geschraubt oder auf geklemmt.

Inspektion

Im Festinstallationsbereich wird in vielen Fällen auch mit anderen Leitungen gearbeitet als bei mobilen Installationen. Diese sind durch ein Gebäude in verputzten Wänden, über Kabelbrücken und an Steigtrassen festverlegt und verbleiben dort. Eine Reparatur oder ein Austausch einer defekten Leitung ist aufwendig und mit hohen Kosten verbunden. Daher werden schon bei der Planung Leitungen mit entsprechenden Isolierungen ausgewählt, die zu der Umgebung und der Verlegeart nach DIN EN 60204-1 (VDE 0113-1/2007) angepasste Eigenschaften aufweisen. Eine Besonderheit in mobilen Installationen ist die Prüfung der Leitungen alle sechs Monate durch eine elektrotechnisch unterwiesene Person mit entsprechenden Prüf- und Messgeräten. Schadhafte Stellen in festinstallierten Leitungen dagegen sind schwer zu lokalisieren. Reparatur oder Ersatz bedingen häufig aufwendige bauliche Maßnahmen. Diese Folgeabschätzung beeinflusst ebenso maßgeblich die Auswahl der richtigen Signalleitungen entsprechend dem Einsatz und der äußeren Einflüsse für die Gewährleistung eines Dauerbetriebes.

Technikzentralen

In den Technikzentralen von Festinstallationen laufen Stromversorgung sowie Informations- und Kommunikationsnetzwerke zur Mediensteuerung zusammen und werden weiter verteilt. Festinstallationen in Versammlungsstätten oder Veranstaltungsstätten zielen darauf ab, ein möglichst breites Spektrum an Veranstaltungen flexibel durchführen zu können, und auch für zukünftige, noch gar nicht in der Planung befindliche Nutzungen und Nutzungsarten Vorsorge zu tragen. Dafür ist eine breit angelegte und in der Regel auch aufwendige technische Ausstattung unumgänglich, um flexibel auf technische Anforderungen eingehen zu können. Die Lage der Technikzentralen/Zentrale Geräte Räume (ZGR) wird meist nicht auf Grundlage der technischen Systemlösung, also z. B. möglichst kurzer Kabelwege, geplant, sondern dort platziert, wo sie in das Nutzungskonzept der Versammlungs- oder Veranstaltungsstätte passen. Dies führt zu teilweise langen Leitungswegen, was bei der Auswahl der Leitungen in der Planung der Festinstallation berücksichtigt werden muss, um ggf. Signale zu wandeln und/oder zu verstärken. Zusätzlich ist das Schaffen einer für die eingebauten Geräte und Anlagen optimalen Umgebung erforderlich. Aufgrund der oftmals kleinen Technikzentralen, in denen der Platz so optimiert wie möglich für Geräte verwendet wird, ist die Klimatisierung dieser Räume unvermeidlich, um die Geräte im Dauerbetrieb auf Betriebstemperatur zu halten und über Filter eine starke Verschmutzung der Systemkomponenten durch Schmutzpartikel in der Luft und ein damit verbundenen möglichen Ausfall unbedingt zu vermeiden. Dies ist bei temperatursensiblen Komponenten über Sensoren zu überwachen. Wichtig ist außerdem eine umfassende Wartung der Geräte sowie der Signal- und Versorgungsleitungen, zusätzlich zu den gesetzlich vorgeschriebenen, regelmäßigen Prüfungen gemäß § 5 Abs. 1 DGUV V 3 bzw. V DA 3.

5.7.1 Vertragsverhältnisse bei der Technischen Fachplanung

Einzelleistung

Erfolgt die Beauftragung in Einzelleistung, übernimmt das Planungsbüro nur die Planungsleistungen für die nutzungsspezifischen Anlagen und steuert die ausführenden Unternehmen bei der Umsetzung vor Ort. In diesem Fall steht jedes Gewerk in einem eigenen Vertragsverhältnis zum Bauherrn als Auftraggeber. Für das Planungsbüro bedeutet das, dass Projektleitung und weitere weisungsbefugt Beschäftigte des Projekts mit dem Bauherrn in enger Abstimmung stehen und damit alle Anforderungen an die Installation direkt mit dem Auftraggeber klären können. Bei der Einzelleistung kann die Auftragsvergabe durch den Bauherrn selbst, oder durch einen von ihm beauftragten Generalplaner, in der Regel ein Architekturbüro, erfolgen. Dieses vergibt dann die Technische Fachplanung an ein Planungsbüro als Nachunternehmer.

Generalunternehmer

Erfolgt die Gesamtbauleistung durch einen Generalunternehmer ist dieser Ansprechpartner für Abstimmungen im Rahmen der Technischen Fachplanung. Der Generalunternehmer verantwortet dem Auftraggeber einen schlüsselfertigen, also funktionsfähigen Bau für eine zuvor vereinbarte vertraglich festgelegte Summe. Zur Koordination und Steuerung beauftragt der Generalunternehmer einen internen oder externen Projektsteuerer, der den Leistungsfortschritt im Rahmen der festgelegten Kosten-, Termin- und Qualitätsziele überwacht.

5.7.2 Aufgabenfelder der Technischen Fachplanung

Leistungsbilder der HOAI

Basierend auf die Leistungsbilder der HOAI lassen sich für die Technische Fachplanung bei Festinstallationen von Medien und Lichttechnik nachfolgende Aufgabenfelder beschreiben, die sich an Anlage 15 zur HOAI (zu § 55 Absatz3, § 56 Absatz 3) im Leistungsbild Technische Ausrüstung in der Fassung von 2013 orientieren:

LPH 1: Grundlagenermittlung

- Auf Grundlage der Bedarfsplanung sind Raumverteilungen (Besucherflächen, Zugänge) und Raumnutzungen (Lagerflächen, Szenenflächen, Sozialflächen) mit dem Objektplaner abzustimmen.
- Grobe Ermittlung des Leistungsbedarfs
- Dokumentierte Zusammenfassung der Ergebnisse mit Erläuterungen

LPH 2: Vorplanung

- Klärung der Planungsanforderungen und Leistungen mit Bauherrn, Nutzern und anderen Planungsbeteiligten
- Untersuchung und Entwicklung alternativer Lösungsmöglichkeiten einschließlich Wirtschaftlichkeitsbetrachtung, Visualisierung von Varianten sowie grobe Dimensionierung der medientechnischen Einrichtungen und Anlagen unter den Nutzungsvorgaben
- Anfertigung von Funktionsschemata für Beleuchtung, Beschallung etc.; schematische Darstellung gegenseitiger Abhängigkeiten elektrischer Komponenten der Medientechnik

- Abstimmung und Zuweisung der Planungsleistungen, die von den einzelnen Gewerken zu erbringen sind; Dokumentation der Leistungen in einer Visualisierung der Schnittstellen
- Vorverhandlung mit Behörden über die Genehmigungsfähigkeit; Abstimmungen mit dem zuständigen Amt für Arbeitssicherheit
- Kostenschätzung nach DIN 276 (2. Ebene) und Erstellung eines groben Terminplans
- Erstellung einer Dokumentation mit Erläuterungen und Ergebnissen

LPH 3: Entwurfsplanung

- Ausarbeitung eines Planungskonzepts; Stufenweise Lösungsentwicklung in enger Abstimmung mit ArchitektInnen, BauherrnvertreterInnen und TGA-Planern (Planung der technischen Gebäudeausstattung)
- Festlegung aller Systeme und Anlagenteile; Festlegung des Systemaufbaus der genauen Position der Zentrale
- Berechnung und Auslegung der Anlagen und Anlagenteile; Genaue Angaben zum Leistungsbedarf; Berechnung der Wärmelasten; Einarbeitung der Anlagen und Einrichtungen in Grundrisse und Schnitte in vorgegebenen Maßstäben
- Übergabe der Berechnungsergebnisse an andere Planungsbeteiligte zum Aufstellen vorgeschriebener Nachweise; Angaben zu Lasten und Öffnungen für die Einbringung großer Bauteile und Versorgungsleitungen
- Vorverhandlungen mit Behörden über die Genehmigungsfähigkeit; Abstimmungen mit dem zuständigen Amt für Arbeitssicherheit
- Kostenberechnung nach DIN 276 (3. Ebene) und Erstellung eines detaillierteren Terminplans
- Vergleich der Kostenberechnung mit der Kostenschätzung aus LPH 2
- Erstellung einer Dokumentation mit Erläuterungen und Ergebnissen

LPH 4: Genehmigungsplanung

- Erarbeiten und Zusammenstellen der Vorlagen und Nachweise für Genehmigungen oder Zustimmungen einschließlich der Anträge auf Ausnahmen oder Befreiungen sowie Mitwirken bei Verhandlungen mit Behörden
- Vervollständigen und Anpassen der Planungsunterlagen, Beschreibungen und Berechnungen; Bereinigung der Pläne von überflüssigen Informationen, die für die Genehmigungen irrelevant sind

LPH 5: Ausführungsplanung

- Detaillierte Abstimmung von Ausführungsdetails mit den anderen Disziplinen; Erstellung von Detailzeichnungen für z. B. Einbauten von Beleuchtung, Steuerungsanlagen etc.
- Fortschreiben der Berechnungen und Bemessungsnachweise zur Auslegung der technischen Anlagen und Anlagenteile; Zeichnerische Darstellung der Anlagen in einem mit dem Objektplaner abgestimmten Ausgabemaßstab; Bemaßung und Bezeichnung aller Baugruppen; Anpassung und Detaillierung der Funktions- und Strangschemata der Anlagen
- Zeichnerische Angaben für Schlitze und Durchbrüche, die für z. B. die Elektroinstallation (Kabelwege, Trassen) erforderlich sind
- Fortschreibung des Terminplans
- Fortschreiben der Ausführungsplanung auf den Stand der Ausschreibungsergebnisse und der dann vorliegenden Ausführungsplanung des Objektplaners; Übergabe der fortgeschriebenen Ausführungsplanung an die ausführenden Unternehmen
- Prüfen der Montage- und Werkstattplanung der ausführenden Unternehmen und Freigabe bei Übereinstimmung mit der Ausführungsplanung

LPH 6: Vorbereitung der Vergabe

- Ermitteln von Mengengerüsten und Bewertungsrahmen als Grundlage für das Aufstellen von Leistungsverzeichnissen in Abstimmung mit Beiträgen anderer an der Planung fachlich Beteiligten

- Aufstellen der Vergabeunterlagen, insbesondere mit Leistungsverzeichnissen nach Leistungsbereichen, einschließlich der Wartungsleistungen auf Grundlage bestehender Regelwerke
- Mitwirken beim Abstimmen der Schnittstellen zu den Leistungsbeschreibungen der anderen an der Planung fachlich Beteiligten
- Ermitteln der Kosten auf Grundlage der vom Planer bepreisten Leistungsverzeichnisse
- Kostenkontrolle durch Vergleich der vom Planer bepreisten Leistungsverzeichnisse durch Kostenberechnung
- Zusammenstellen der Vergabeunterlagen

LPH 7: Mitwirkung bei der Vergabe

- Einholen von Angeboten
- Prüfen und Werten der Angebote, Aufstellen der Preisspiegel nach Einzelpositionen, Prüfen und Werten der Angebote für zusätzliche oder geänderte Leistungen der ausführenden Unternehmen und der Angemessenheit der Preise
- Führen von Bietergesprächen in Abhängigkeit vom Auftragsverhältnis zusammen mit AuftraggebervertreterIn, Projektsteuerer oder Generalplaner
- Vergleichen der Ausschreibungsergebnisse mit den vom Planer bepreisten Leistungsverzeichnissen und der Kostenberechnung
- Ausarbeitung von Vergabevorschlägen, Mitwirken bei der Dokumentation der Vergabeverfahren
- Zusammenstellen der Vertragsunterlagen und Dokumenten im Rahmen der Auftragserteilung

LPH 8: Objektüberwachung

- (In Abhängigkeit vom Auftragsverhältnis: Leitung und) Überwachung der Ausführung der medientechnischen Ausrüstung des Objekts und Kontrolle der Übereinstimmung mit der Genehmigung oder Zustimmung, den Verträgen mit den ausführenden Unternehmen, den Ergebnissen der Ausführungsplanung, den Montage- und Werkstattplänen, den einschlägigen Vorschriften und den allgemein anerkannten Regeln der Technik

- Mitwirken bei der Koordination der am Projekt Beteiligten
- Aufstellen, Fortschreiben und Überwachen des Terminplans
- Dokumentation des Bauablaufs sowie Weitergabe von Störungen an Dritte
- Prüfen und Bewerten der Notwendigkeit geänderter oder zusätzlicher Leistungen der ausführenden Gewerke und der Angemessenheit der Preise
- Gemeinsames Aufmaß mit den ausführenden Unternehmen
- Rechnungsprüfung in rechnerischer und fachlicher Hinsicht mit Prüfen und Bescheinigen des Leistungsstandes anhand nachvollziehbarer Leistungsnachweise
- Kostenkontrolle durch Überprüfen der Leistungsabrechnungen der ausführenden Unternehmen im Vergleich zu den Vertragspreisen und dem Kostenanschlag
- Kostenfeststellung
- Mitwirken bei Leistungs- u. Funktionsprüfungen im Rahmen der Inbetriebsetzung
- fachtechnische Abnahme der Leistungen auf Grundlage der vorgelegten Dokumentation, Erstellung eines Abnahmeprotokolls, Feststellen von Mängeln und Erteilen einer Abnahmeempfehlung
- Mitwirken an Aufgaben zu Dokumentation und Unterweisung bei der Inbetriebnahme
- Antrag auf notwendige behördliche Abnahmen und Teilnahme daran
- Prüfung der übergebenen Revisionsunterlagen auf Vollzähligkeit, Vollständigkeit und stichprobenartige Prüfung auf Übereinstimmung mit dem Stand der Ausführung
- Auflisten der Verjährungsfristen der Ansprüche auf Mängelbeseitigung
- Überwachen der Beseitigung der bei der Abnahme festgestellten Mängel
- Systematische Zusammenstellung der Dokumentation, der zeichnerischen Darstellungen und rechnerischen Ergebnisse des Objekts

LPH 9: Objektbetreuung

- Objektbegehung zur Mängelfeststellung vor Ablauf der Verjährungsfristen für Mängelansprüche gegenüber den ausführenden Unternehmen
- Mitwirken bei der Freigabe von Sicherheitsleistungen.

Exkurs

Bedenkenhinweis

Der Bedenkenhinweis ist ein Instrument aus der Vergabe und Verdingungsordnung für Bauleistung und meint eine Annahme eines Auftrages unter Vorbehalt, den Bedenken. Die Pflicht des Auftragnehmers ist im § 4 Abs. 3 VOB/B wie folgt gefasst: „Hat der Auftragnehmer Bedenken gegen die vorgesehene Art der Ausführung (auch wegen der Sicherung gegen Unfallgefahren), gegen die Güte der vom Auftraggeber gelieferten Stoffe oder Bauteile oder gegen die Leistungen anderer Unternehmer, so hat er sie dem Auftraggeber unverzüglich – möglichst schon vor Beginn der Arbeiten – schriftlich mitzuteilen; der Auftraggeber bleibt jedoch für seine Angaben, Anordnungen oder Lieferungen verantwortlich.“ Ebenso muss der Auftragnehmer seine Bedenken äußern, wenn er die „Anordnungen des Auftraggebers für unberechtigt oder unzweckmäßig“ hält. Er hat „die Anordnungen jedoch auf Verlangen auszuführen, wenn nicht gesetzliche oder behördliche Bestimmungen entgegenstehen“ (§ 4 Abs 1 Ziff. 4 VOB/B). Bedenken müssen also vom Auftragnehmer an den Auftraggeber schriftlich geäußert werden. Bei Bedenken gegen die Leistung von bereits vorhandenen Bauleistungen, also auch Vorleistungen Dritter im Rahmen eines Projekts, muss der Auftragnehmer jedoch trotz Bedenkenäußerung direkt auf diese Leistung aufbauen. Dennoch ist gerade bei fehlerhaften Vorarbeiten ein Bedenkenhinweis sinnvoll, da dies die rechtliche Grundlage für nachfolgende Mehrkosten oder eine verzögerte Inbetriebnahme bildet. Bei einem Bedenkenhinweis sind folgende Punkte zu beachten:

- Inhalt detailliert, aber dennoch leicht verständlich
- Wenig Fachbegriffe und keine technisch komplizierten Zusammenhänge

- Auftraggeber muss durch diese Informationen die Bedenken prüfen können
- Nachteilige Folgen müssen konkret dargelegt werden
- Auftraggeber muss aufgeklärt werden, dass er bei Missachtung seinerseits ein Risiko von Mängeln bewusst in Kauf nimmt.

Machbarkeitstudie

In Ergänzung zu den Aufgaben einer Technischen Fachplanung bei Festinstallationen, die sich an den Grundleistungen technischer Ausrüstung gemäß Anlage 15 HOAI orientieren, sind diese abhängig vom Auftragsverhältnis, der geplanten Nutzung und der Versammlungs- bzw. Spielstätte selbst weitere Aufgaben möglich.

Machbarkeitsstudie (LPH 1)

Durch eine Machbarkeitsstudie soll die Machbarkeit einer geplanten Nutzung eines Objekts in Bezug auf das Raum- und Funktionsprogramm, das vorgesehene Budget und die baurechtliche Zulässigkeit überprüft werden. Fragen, die eine Machbarkeitsstudie beantworten soll, sind:

- Können die Vorgaben der Bedarfsplanung sowie des Raum-, Funktions- und Ausstattungsprogramms erfüllt werden?
- Ist das Objekt im Hinblick auf Art und Maß der vorgesehenen Nutzung nach geltendem Baurecht zu realisieren?
- Ist die Grundkonzeption der TGA (Versorgungsträger, Medientrassen, Raumlufttechnik, Kältetechnik) für die geplante Medientechnik nutzbar?
- Sind für die geplante Nutzung im Objekt Sonderkonstruktionen bzw. Sonderausstattungen erforderlich und inwieweit ist eine Kostenermittlung dafür möglich?
- Sind technische und Kostenrisiken ausreichend berücksichtigt worden?

Abnahme und Inbetriebnahme

Abnahme und Inbetriebnahme (LPH 8–9)

Die Inbetriebnahme der nutzungsspezifischen Anlagen ist kein definiertes Ereignis, sondern erfolgt über eine Zeitspanne bis zum Ereignis der Abnahme und den damit verbundenen Übergang zur Nutzungsphase, mit dem Ziel einer möglichst umfassenden

Vorbereitung auf den späteren Betrieb. Die Inbetriebnahme und die Abnahme sind zwei unterschiedliche Tätigkeiten in einem Bauvorhaben. Vor der Abnahme der vereinbarten Leistung erfolgt die Inbetriebnahme der Anlage. Bei der Inbetriebnahme wird die Funktionsfähigkeit in Bezug auf zuvor festgelegte Leistungsparameter getestet, um den vollen Nutzen der Anlagen für den Auftraggeber vom ersten Tag des Betriebes zu ermöglichen. Dieses Ziel ist in einem vorgegebenen Zeit- und Kostenrahmen unter Beachtung der Anforderungen des Auftraggebers und Einhaltung möglicher Vorschriften und Auflagen, der Kundenzufriedenheit und der Qualität der Ausführung zu erreichen (Kapitel 5.1 VDI 6039). Das Inbetriebsetzen der Anlage stellt dabei noch keinen Leistungsnachweis dar, sondern meint das Anschalten der Anlage zur Sicherung der allgemeinen Funktionsfähigkeit. Im Probebetrieb werden Funktionsweise, die Nennleistung und das Leistungsregelverhalten überprüft. Die Inbetriebnahme wird in einem Protokoll festgehalten, in dem alle getesteten Geräte, Signal- und Versorgungsleitungen sowie Funktionsweisen aufgeführt sind. Schon vor der ersten Inbetriebnahme müssen die elektrische Anlage und die elektrischen Betriebsmittel auf ihren ordnungsgemäßen Zustand durch einen anerkannten Sachverständigen, eine Elektrofachkraft oder unter deren Leitung und Aufsicht geprüft werden (§ 5 Absatz 1 DGUV V 4). Sollte die Ausführung wesentliche Mängel enthalten, wie zum Beispiel eine nicht geprüfte elektrische Anlage, kann eine Abnahme bis zur Beseitigung dieser Mängel durch den Auftragnehmer verweigert werden. Dies wird in einem Abnahmeprotokoll schriftlich festgehalten.

Die Grundlage der bauordnungsrechtlichen Abnahme bilden die jeweiligen Landesgesetze. Mit der Abnahme müssen sicherheitstechnisch relevante Anlagen und Einrichtungen erfolgreich geprüft worden sein. Bei ordnungsgemäßer Erfüllung der Anforderungen ist der/die Sachverständige ermächtigt, eine Bescheinigung auszustellen, die bei der jeweiligen Bauaufsichtsbehörde vorzulegen ist. Unvollständige Unterlagen oder aufgewiesene Mängel sind innerhalb der angegebenen Fristen nachzureichen bzw. zu beseitigen.

Eine behördliche Abnahme entlastet noch nicht die errichtenden Gewerke und planenden Architekten und Ingenieur. Dazu dient die rechtsgeschäftliche Abnahme. Das BGB sieht eine Abnahme nur im Kauf- und im Werkvertrag vor. Zur Abnahme nach

§640 BGB ist der Auftraggeber verpflichtet, sofern nicht nach der Beschaffenheit des Werkes die Abnahme ausgeschlossen ist. Nimmt der Besteller ein mangelhaftes Werk ab, obschon er den Mangel kennt, so stehen ihm die Möglichkeiten der Nachbesserung, des Ersatzes oder Austauschs nur zu, wenn der Auftraggeber bei der Abnahme seinen Vorbehalt bekundet. Daher ist das schriftliche Abnahmeprotokoll ein wichtiges Dokument. Das Abnahmeprotokoll ermöglicht die Dokumentation aller ausstehenden Mängel. Die Kosten der Abnahme, auch solcher Kosten, die mit der Beweislast der Mängel einhergehen, sind vom Auftraggeber zu tragen. Eine weitergehende Ursachenforschung entstandener Mängel kann sich aber auch zu Lasten des Auftragnehmers auswirken.

Aufgaben der **Planung der Inbetriebnahme** sind nach Kapitel 5.5.2 VDI 6039 unter anderem:

- Koordination der Gewerke
- Zusammenstellen der Unterlagen zu den nutzungsspezifischen Anlagen
- Terminplanung und Projektbeteiligtenliste unter Berücksichtigung der gewerkeübergreifenden Abhängigkeiten, der aufgestellten Grundlagen sowie Ermitteln und Darstellen aller Einzelprozesse mit ihren Abhängigkeiten
- Analyse von Konfliktpotenzial zu korrespondierenden Maßnahmen bzw. externen Einflüssen
- Falls erforderlich: Vertragsergänzung/-anpassung vor Vertragsabschluss hinsichtlich gewerkeübergreifender Inbetriebnahmen.

Aufgaben der **Durchführung der Inbetriebnahme** sind unter anderem[35]:

- Betriebs- und Personalplanung
- Ausarbeitung von Betriebsanweisungen zur Erstellung von Betriebshandbüchern sowie Arbeitsanweisungen
- Aufstellung von Schulungs- und Qualifizierungskonzepten
- Übernahme von Räumen und Geräten

35 Kalusche 2012: 364

- Übernahme von Steuerungs- und Kommunikationsanlagen
- Technische Probeläufe und technische Inbetriebnahme gemäß Maschinenrichtlinie
- Abnahme von Bau- und Lieferleistungen mit Erstellung von Abnahmeprotokollen. Diese erfassen zusätzlich zu den allgemeinen Angaben über Auftragnehmer, Leistung und Auftraggeber:
  - Liste festgestellter Mängel mit Fristen zur Beseitigung der Mängel,
  - Vorbehaltserklärung zu eventuellen Vertragsstrafen,
  - mögliche Einwendungen des Auftraggebers,
  - Liste fehlender Nachweise des Auftragnehmers sowie fehlender Fremdprüfungen,
- Übernahme von Dokumentationen
- Organisieren des Probebetriebs unter Berücksichtigung erforderlicher Personalkapazitäten, Transport- und Verkehrswegen, Kommunikationsbeziehungen und erforderlichen Informationssystemen mit relevanten Anforderungen an die Datenbereitstellung

Betriebskonzept (LPH 1–9)

Betriebskonzept

Die Dauernutzung im Regelbetrieb einer Anlage und/oder Installation beginnt meist mit der vollständigen Abnahme der Installation und somit dem Ende des Planungsprozesses. Damit geht auch der Besitz vom Errichter an den Auftraggeber, Bauherrn bzw. Betreiber über. Aus folgenden Gründen ist die Entwicklung des Betriebskonzepts unmittelbar mit der Technischen Fachplanung zur Errichtung der Installation verbunden:

Neben der Funktionsbeschreibung formuliert das Betriebskonzept im Wesentlichen alle Anforderungen an das zu planende technische System im Dauerbetrieb. Neben der Sicherheit für Betreiber und Nutzer steht hierbei die Ausfallsicherheit der Anlagen an oberster Stelle. Eine besondere Aufgabe ist daraus resultierend, die Zusammenstellung der Maßnahmen in der technischen Planung zum späteren ‚Schutz der Investition' und zur Sicherstellung des Regelbetriebes.

Eine Risikoanalyse des Systems und der Komponenten deckt mögliche Schwachstellen und Ausfallwahrscheinlichkeiten bereits in der Planung auf – z. B. durch Erfahrungswerte, Simulationen oder Testaufbauten. Dem Betreiber gegenüber lassen sich so mögliche Ausfallszenarien und deren Auswirkungen auf das Betriebskonzept darstellen. So können verschiedene Ausfall-Level definiert werden, um entsprechende Gegenmaßnahmen zu entscheiden und Konsequenzen besser bewerten zu können. Die Planung einer Redundanz von Systemfunktionen oder gar ganzen Systemen bedeutet in der Regel den doppelten Aufwand an Geräten (Platz, Verbrauch, Komplexität, Miete) und deren Installation und Steuerung.

Ausfall von Systemkomponenten

Um den Ausfall von Systemkomponenten mit Auswirkung auf das Gesamtsystem durch Verschleiß zu minimieren und frühzeitig zu erkennen, bevor es zu einem Ausfall kommt, sind neben den vorgeschriebenen Prüfungen an elektrischen Anlagen gem. VDE 0100, auch Wartungs- und Servicepläne zu erstellen und die Leistungen an entsprechende Fachfirmen zu vergeben. Im Servicevertrag sollte auch das Bereithalten von Ersatzteilen und -geräten geregelt sein, um das Gesamtsystem kurzfristig wieder vollumfänglich in Betrieb zu nehmen. Dabei ist es bereits in der Planungsphase wichtig, die sogenannten ‚End-of-life' Zeiträume der Hersteller zu kennen, zu denen die Verfügbarkeit abgekündigt wird und diese bei der Auswahl zu berücksichtigen. So kann eine entsprechende Bevorratung von systemrelevanten Komponenten vom Hersteller auf den Betreiber ausgelagert werden müssen, also Ersatzgeräte/-teil „auf Lager gelegt werden".

Zusammenfassend ergeben sich an die Technische Fachplanung folgende Aufgaben, die im Betriebskonzept der Anlage bzw. der Installation berücksichtigt werden müssen:

1) Planung von Service- und Wartungseinsätzen durch einen Zusatzauftrag (technisch, administrativ, finanziell) mit festgelegten Reaktionszeiten
2) Organisation von Garantieabwicklungen (logistisch, finanziell)
3) Organisation von Wartungen und Regelprüfungen
4) Organisation von Reparaturen und Ersatz (technisch, logistisch, finanziell)
5) Ersatzteilmanagement (auf Grundlage von Beschaffungsmöglichkeiten)

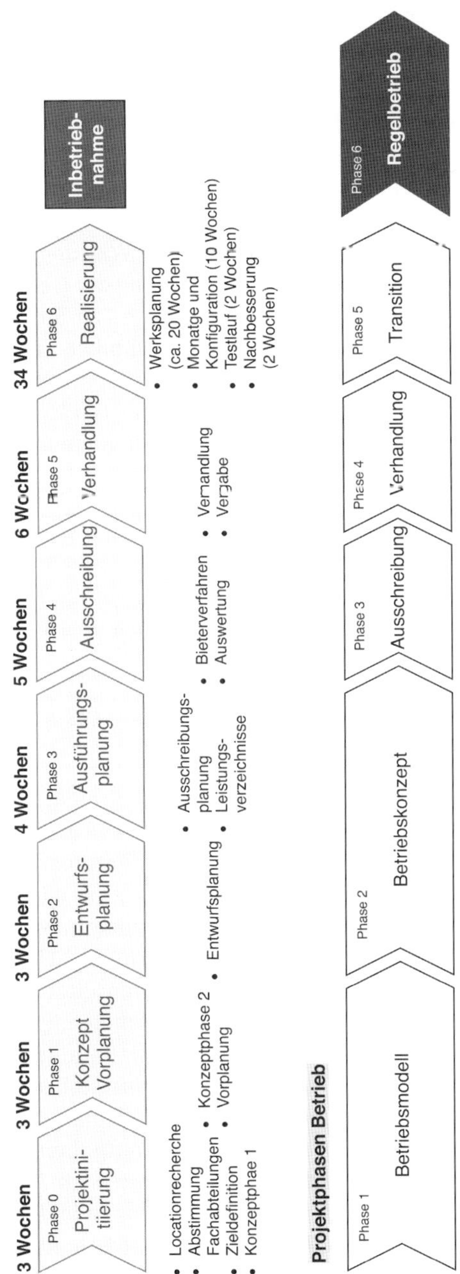

Bild 20: Projektphasen Engineering und Betrieb

Wartungsaufgaben nach abgeschlossener Bauphase (LPH 9)

Wartungsaufgaben

Medientechnische Anlagen sind bei größeren Bauvorhaben in der Bedienung technisch herausfordernd und im Aufbau komplex. Auch für technisches Personal des Auftraggebers sind sie meist nur schwer bis ins kleinste Detail nachvollziehbar. Eine mögliche Aufgabe der Technischen Fachplanung sind daher regelmäßige Wartungsarbeiten im Betrieb. In Wartungsverträgen sind regelmäßige Inspektion, Prüfungen und notwendige Wartungsaufgaben, wie z. B. die Reinigung der Filter oder Prüfung der Geräte auf Funktion und Sicherheit, festgelegt. Auch wenn es zu Störungen durch z. B. Fehlbedienung kommt, hilft ein Techniker dem Auftraggeber bei der Lösung des Problems durch Reparatur, Software Updates, oder wenn notwendig, durch ein Gerätetausch. Aufgaben im Rahmen der Wartungsaufgaben nach abgeschlossener Bauphase sind:

- Durchführung der notwendigen, gesetzlich vorgegebenen Prüfungen
- Wartung der Anlagen und Prüfung der Funktionsfähigkeit
- Kundenkommunikation zum Funktionsumfang und Nutzung der Anlagen
- Einweisung von technischem Personal des Auftraggebers.

Schnittstellenmanagement (LPH 8)

Schnittstellen im Sinne der Kommunikation in Projekten sind Verbindungspunkte zwischen Personen, internen Abteilungen, externen Dienstleistern oder anderen externen Organisationen, die durch Arbeitsteilung, gemeinsamen Aufgaben oder parallelen Tätigkeiten entstehen. Eine interne Schnittstelle meint den wechselseitigen Austausch von Informationen, Gütern oder Finanzen bei der Lösung einer Aufgabe zwischen Menschen oder organisatorischen Teileinheiten innerhalb der Unternehmensgrenzen. Bei der Technischen Fachplanung von Festinstallationen sind neben den internen auch zahlreiche externe Schnittstellen durch Bauleistungen Dritter, den Bauherr, anderen Fachplanern oder zukünftigen Nutzern zu berücksichtigen, deren Aufgaben, Tätigkeiten, Verantwortlichkeiten und Zuständigkeiten sich im Projektverlauf ändern. Das Schnittstellenmanagement ist im Projektmanagement ein Werkzeug zur Optimierung dieser Schnittstellen und Prozesse, um Konflikte und Folgeschäden, die durch Missverständnisse und Kommunikationsprobleme an den Schnittstellen entstehen, zu vermeiden und so einen möglichst reibungslosen Ablauf im Projekt zu erreichen.

Aufgaben des Schnittstellenmanagement sind:

- Protokolle und Dokumentation von Meetings und Absprachen
- Definition von Übergabepunkten und Klärung von Zwischenabnahmen nach Fertigstellung von Teilaufgaben
- Eliminieren von überflüssigen Schnittstellen
- Übergabepunkte in einer Prozesskette analysieren und optimieren
- Kommunikation von Entscheidungen und Beschlüsse an alle relevanten internen und externen Partner
- Definition der entscheidungsbefugten, zu informierenden und zu unterweisenden Partner im Projektverlauf
- Pflege des Beziehungsaspektes der Schnittstellen über den Sachinhalt hinaus durch kontinuierliche Kommunikation und die Schaffung von Räumen für eine informelle Kommunikation
- Einrichtung, Pflege und Wartung einer adäquaten Kommunikationsinfrastruktur und Kommunikationskultur über unterschiedliche Kanäle (Projektmanagement-Software, webbasierten Tools, E-Mail, Video-Conferencing, Face-to-Face Kontakte).

5.8 Veranstaltungsleitung und Sicherheitsplanung bei Großveranstaltungen

Thomas Sakschewski

Die Sicherheitsplanung einer Veranstaltung meint alle Aufgaben und Maßnahmen, die zur Sicherheit einer Veranstaltung notwendig sind. Dazu zählt die Planung und Kontrolle der Sicherheit der eingesetzten Veranstaltungstechnik, die Abschätzung und Bewertung der Gefährdungen sowie Planung und Umsetzung von Maßnahmen für die Sicherheit aller Beschäftigten und Beteiligten während des Aufbaus, bei Proben, während der Veranstaltung und beim Abbau. Die Beschäftigten fallen unter den Schutzbereich des Arbeitsschutzrechtes und können sich hierbei für die unterschiedlichen Tätigkeiten und daraus resultierenden Gefährdungen auf eine Vielzahl von Gesetzen, Normen und Vorschriften berufen. Ebenso sind die Beteiligten wie Selbstständige oder Freiwillige durch die allgemeinen Aufsichtspflichten oder die Betriebssicherheitsverordnung (BetrSichV) geschützt. BesucherInnen können auf eine für sie sichere Veranstaltung vertrauen. Sie dürfen von einer Fürsorgepflicht des Veranstalters ausgehen, die sie vor Gefahren für Leib und Leben sowie zumindest in Grundsätzen auch ihres persönlichen Besitzes schützen und eine bauordnungsrechtliche Ausgestaltung dieser Fürsorgepflicht. Beschäftigte und Beteiligte können sich auf einen besonderen Schutz verlassen. Die Sicherheitsplanung einer Veranstaltung muss zwar ausnahmslos alle Beteiligten schützen, hat jedoch aufgrund der unterschiedlichen Ausgangslage einen Schwerpunkt bei den BesucherInnen.

Die Aufgaben der Veranstaltung bei der Sicherheitsplanung von Großveranstaltungen lassen sich in folgenden Schwerpunkten zusammenfassen:

5.8.1 Krisenmanagement

Planung und Vorbereitung der Koordinations- und Kommunikationsaufgaben sowie der zu ergreifenden Maßnahmen, die bei schweren Störungen oder den Abbruch einer Veranstaltung greifen. Im Einzelnen bestehen die Aufgaben des Krisenmanagements in:

- der Gewinnung eines einheitlichen Lagebildes,
- der Anforderung zusätzlicher Kräfte (insbesondere Polizei, Feuerwehr, Sanitätsdienst),
- der Information der Besucher und der Beschäftigten (Sprechfunk, InterCom, IT-gestützte Systeme, Codewörter in Durchsagen oder auf Anzeigetafeln),
- der Information externer Behörden und der Presse,
- der Anordnung geeigneter Maßnahmen (Abbruch der Veranstaltung, Evakuierung, Einsatz von Ordnungskräften).

5.8.2 Crowd Management

Ziel des Crowd Managements ist es, dem Besucher ein Höchstmaß an Sicherheit und Schutz zu bieten, indem größere Personendichten vermieden werden, was die Beschaffung aller notwendigen Informationen über das Veranstaltungsgelände und die örtlichen Gegebenheiten sowie die Erstellung von Besucherprofilen verlangt.

Daraus ergeben sich folgende wichtige Aufgaben des Crowd Managements:

- Planung des Veranstaltungsgeländes bzw. der Versammlungsräume
- Besucherzahl
- Einschätzung der Personendichten und Besucherströme
- Planung der An- und Abreise
- Einlasssituation zum Veranstaltungsgelände
- Planung von Entlastungsflächen und Rettungswegen.

Nachfolgend werden diese Aufgaben genauer beschrieben.

Planung des Veranstaltungsgeländes bzw. der Versammlungsräume

EVE – Einlass, Veranstaltung, Ende

Das Veranstaltungsgelände bezeichnet die Fläche, auf der die Veranstaltung stattfinden soll. In Gebäuden ergibt sich die Definition des Veranstaltungsraumes aus den baulichen Grenzen. Bei Veranstaltungen im Freien erfolgt die genaue Definition in Abstimmung mit den zuständigen Behörden auf Basis detaillierter Planunterlagen im von der Behörde geforderten Maßstab. Die so definierten Grenzen des Veranstaltungsgeländes bilden im juristischen Sinne auch die Grenzen des Verantwortungsbereiches des Veranstalters. Aufwendungen für Reinigungen oder Beschädigungen aber auch für Sanitäts- und Rettungsdienst hat der Veranstalter nur für Tatbestände innerhalb des Veranstaltungsgeländes zu tragen. Dennoch gehört es zur planerischen Sorgfaltspflicht des Veranstalters – als Selbstverpflichtung oder als Auflage durch die Genehmigungsbehörde explizit formuliert –, im Zuge der Planung der Zugänglichkeiten zum Veranstaltungsgelände und der An- und Abreise auch die von den Besuchern genutzten Flächen bei einer Sicherheitsplanung zu berücksichtigen, die nicht zum Veranstaltungsgelände gehören. Auch in Bezug auf

Gelände und Umfeld gilt es alle drei Phasen einer Veranstaltung mit Besucherkontakt zu berücksichtigen: Einlass, Veranstaltung und Ende (EVE). Die ausführliche Beschreibung des Veranstaltungsgeländes beinhaltet nachfolgende Aspekte[36]:

- Festlegung des Veranstaltungsgeländes mit einer eindeutigen Darstellung der Fläche unter Verwendung von maßstabgerechten Detailplänen. Bei der Auflage zur Umzäunung von öffentlich zugänglichen Veranstaltungen oder bei Veranstaltungen mit Eintritt erfolgt die Platzierung von Zäunen i. d. R. entlang der Grenzen des Veranstaltungsgeländes.
- Begehungen mit einer ausführlichen Aufnahme wichtiger Details wie die Erfassung von Bodenunebenheiten, Bordsteinkanten, Zustand der Flächen, Gefälle etc.
- Fotodokumentation zur Nachweisführung gegen mögliche Haftungsansprüche
- Beschreibungen
    - Allgemeine Beschreibung der Veranstaltungsfläche mit Maßangaben, Besonderheiten, Eigentümer, Straßenführung und übliche Nutzung
    - Lage des Veranstaltungsgeländes im Hinblick auf anliegende Grundstücke, begrenzende Gebäude und Übergängen zu anderen öffentlichen Flächen
    - Sichtlinien und Verbindungen zu attraktiven Geländebereichen, bei denen im Rahmen des Veranstaltungsverlaufs mit erhöhten Personendichten zu rechnen ist
    - Aufteilung der Veranstaltungsgelände mit Kennzeichnung von Aufstellflächen für Feuerwehr und Sanitätsdienst, Bühnenbereich und weiterer Infrastruktur wie sanitäre Anlagen, Catering etc.
    - Geplante unattraktive Flächen auf dem Veranstaltungsgelände, bei denen Sichtverbindungen zur Szenenfläche unterbrochen sind und bei denen daher von einer geringeren Personendichte ausgegangen werden kann
    - Kameraüberwachte Bereiche
    - Visualisierungen durch Planunterlagen.

36 Walkenhorst 2013: 35

Besucherzahl

Höchstzulässige Besucherzahl

Die Versammlungsstättenverordnung kennt lediglich eine quantitative Größe bei der Berechnung der Anzahl der Besucherplätze. Bei Veranstaltungen unter freiem Himmel oder in Räumen, die nicht als Versammlungsstätte konzipiert sind und anlässlich der Veranstaltung auch nicht bestuhlt werden, behilft man sich mit dem Konstrukt der erwarteten Besucherzahl, aber auch hier wird nicht qualitativ unterschieden, sondern es wird lediglich die zur Verfügung stehende Veranstaltungsfläche abzüglich Durchwegungen, Aufbauten und Sicherheitsbereiche in Quadratmeter mit dem Faktor 2 multipliziert, da mit einem Platzbedarf von 0,5 m^2 je Besucher die Musterversammlungsstättenverordnung eine Berechnungsgrundlage liefert, um eine flächenmäßige Auslastung zu berechnen. Für das Genehmigungsverfahren ist die maximale Besucherkapazität gemäß § 1 Abs. 2 MVStättVO zu berechnen. Hier gilt für Sitzplätze an Tischen eine Berechnungsgrundlage von einem Besucher je m^2, für Sitzplätze in Reihen und Stehplätze eine Größe von zwei Besuchern je m^2, für Stehplätze auf Stufenreihen eine Berechnungsgrundlage von zwei Besuchern je laufendem Meter Stufenreihe und bei Ausstellungsräumen ein Besucher je m^2 Grundfläche. Ausgehend von diesen rechnerischen Größen ist in Abhängigkeit von der Bestuhlung gemäß § 10 MVStättVO und der Lage der Rettungswege die höchstzulässige Besucherzahl zu ermitteln. Hierbei ergeben sich häufig zwei unterschiedliche Größen nämlich die höchstzulässige Besucherzahl auf Grundlage der für die Besucher zugänglichen Flächen bzw. gemäß Bestuhlungsart und Verteilung der Sitzreihen bzw. Tische sowie die höchstzulässige Besucherzahl auf Grundlage der Summe der vorhandenen Rettungswege. Hierbei ist der jeweils kleinere Wert zu berücksichtigen.

Einschätzung der Personendichten und Besucherströme

Bewegungsgeschwindigkeit

Bei der Einschätzung der Personendichten vor, während und nach der Veranstaltung (Einlass, Veranstaltung, Ende – EVE) sind die BesucherInnen als dynamische Größen zu betrachten, die sich in Abhängigkeit von internen (Hunger, Involvement, Müdigkeit) und externen Einflüssen (Musikquelle, Bühnenshow, Serviceangebote, Wetter) verhalten. Zur Einschätzung der Auswirkungen von Personendichten und Besucherströme sind daher weitere soziodemografische Aspekte des/r Besuchers/in und das Gruppenverhalten zu berücksichtigen. Unabhängig von der Personendichte ist z. B. der Abstand zwischen den Mitgliedern einer Gruppe immer kleiner als der Abstand gegenüber fremden Personen. Je größer die Gruppe, desto geringer wird die Bewegungsgeschwindigkeit. Die Verlangsamung ist dramatisch. Schon Gruppen mit einer Größe von vier Mitgliedern bewegen sich nur noch halb so schnell wie ein Einzelner. In Mengen, die situativ entstehen, und bei denen sich einzelne Individuen ungehindert bewegen können, müssen die Individuen keine sozialen Bindungen aufbauen. Sie verteilen sich nahezu gleichmäßig über die gesamte Fläche, wenn die Fläche gleichmäßig attraktiv ist. Mit zunehmender Verdichtung werden die Abstände zwischen den Individuen kleiner. Es besteht ein direkter Zusammenhang zwischen der Personendichte und der Bewegungsgeschwindigkeit Einzelner und damit indirekt der Entfluchtungsdauer der Gesamtheit der Besucher. Bei einer Personendichte von 5 P/m² bleibt gerade noch genügend Raum zwischen den einzelnen Besuchern, um sich zumindest eingeschränkt, wie z. B. durch einen Ausfallschritt, zu bewegen. Bei 6 P/m² ist eine Bewegung in der Gruppe noch möglich, doch kann ein Einzelner die durch die Personendichte auftretenden Kräfte von außen nicht mehr auspendeln, weil kein Bewegungsspielraum mehr für die einzelnen Personen bleibt. Wenn einer strauchelt, werden sich die Kräfte der einzelnen Personen, die ebenfalls straucheln, aufaddieren.

Die Bewegungsgeschwindigkeit der Individuen unabhängig von Gruppenprozessen ist natürlich nicht nur abhängig von der Personendichte, sondern auch von Alter, Geschlecht, Körpergröße, Körperproportionen, Energieverbrauch, Tageszeit, Jahreszeit, Umgebungsklima, Absicht und Ziel der Bewegung sowie weiteren individuellen Umständen wie z. B. körperlichen Behinderungen.

Planung der An- und Abreise

Veranstaltungen mit festgelegten Beginn und Ende erfordern eine sorgfältige Planung des An- und Abreiseverkehrs, da in den Stoßzeiten, ein bis zwei Stunden vor Veranstaltungsbeginn bzw. Einlass und ein bis zwei Stunden nach Veranstaltungsende, von einer maximalen Verkehrsdichte bei ÖPNV (Öffentlicher Personennahverkehr) und MIV (Motorisierter Individualverkehr) ausgegangen werden muss. Ziel der Planung der An- und Abreise ist eine sichere und effiziente Zu- und Abführung der erwarteten

Besucher in den gewünschten Zeiträumen bei möglichst geringer Beeinträchtigung anderer Verkehrsteilnehmer und der Anwohner am Veranstaltungsort. Ein Verkehrskonzept für eine Veranstaltung muss daher folgende Elemente berücksichtigen:

- Veranstaltungsdauer, erwartete Besucherzahl, Veranstaltungsart
- Lage des Veranstaltungsortes in Bezug auf die bestehende Verkehrsinfrastruktur und Anbindung an den ÖPNV
- Dimensionierung und Lage von Parkplätzen
- Maßnahmen der Verkehrslenkung
- Freihalten von Rettungswegen und Anfahrtzonen
- Zu- und Abfahrten für Anlieger sowie weitere Maßnahmen des Anwohnerschutzes
- Lieferverkehr und Zufahrten für VIPs und Mitarbeiter
- Maßnahmen der Besucherlenkung.

Bei mehrtägigen Veranstaltungen ohne definiertem Veranstaltungsbeginn wie bei Volksfesten bestehen große Besucherschwankungen zwischen Werktagen und Wochenenden sowie im Tagesverlauf mit einem Schwerpunkt in den frühen Abendstunden. Liegt der Veranstaltungsort in Ballungsgebieten oder Großstädten so wird ein größerer Teil der Besucher mit dem ÖPNV anreisen. Zusätzliche Parkplätze stehen meist nicht zur Verfügung. Bei Open-Air-Festivals wiederum wird die Mehrheit der BesucherInnen mit dem Pkw anreisen, um Kleidung, Verpflegung, Zelt und Ähnliches zu transportieren.

An- und Abreiseverkehr

Der An- und Abreiseverkehr bei Großveranstaltungen belastet auch eine sehr gut ausgebaute Verkehrsinfrastruktur. Verkehrsstörungen wie Staus oder überfüllte Busse und Bahnen sind die Folge, denn die Leistungsfähigkeit der Infrastruktur ist begrenzt und nicht für die besondere Situation einer Veranstaltung sondern für die durchschnittliche Verkehrsnutzung ausgelegt. Zur Einschätzung der Lage des Veranstaltungsortes in Bezug zur bestehenden Verkehrsinfrastruktur sind daher zunächst die Hauptan- und -abfahrtswege sowie die voraussichtlich benutzten Verkehrsmittel zu identifizieren. Dabei muss das erwartete, zusätzliche Verkehrsaufkommen im Verhältnis zur Leistungsfähigkeit des Verkehrsnetzes berücksichtigt werden.

Exkurs

Savior-Verfahren

Die Risiken einer Veranstaltung werden häufig in einer Risikomatrix nach Nohl, das heißt in einer 5x5-Matrix mit einer fünfstufigen qualitativen Bewertung der Schadenshöhe und einer fünfstufigen qualitativen Bewertung der Eintrittswahrscheinlichkeit bewertet. Nicht selten werden dabei Schadensausmaß und Eintrittswahrscheinlichkeit multipliziert, damit ergäbe sich für ein Risiko mit der Eintrittswahrscheinlichkeit sehr gering (=1) und einer Schadenshöhe sehr hoch (= 5) ein Produkt von 5, was gemäß der Matrix identisch zu bewerten ist, wie ein Risiko, dessen Eintrittswahrscheinlichkeit sehr hoch ist (= 5) ist und dessen Schadenshöhe vernachlässigbar ist (= 1), nämlich auch mit dem Produkt 5. In dieser 5x5 Matrix nach Nohl existieren lediglich vier eindeutige Felder. Alle anderen 21 Felder sind mehrdeutig. Das SAVIOR-Verfahren beruht auf der EVE Matrix, die jedes Feld einzeln definiert. Ein Risiko mit der Eintrittswahrscheinlichkeit sehr gering (=1) und einer Schadenshöhe sehr hoch (= 5) muss in der Planung beachtet werden und ergibt einen vorläufigen Risikowert von 18. Der vorläufige Risikowert eines Risikos, dessen Eintrittswahrscheinlichkeit sehr hoch ist (= 5) ist und dessen Schadenshöhe vernachlässigbar ist (= 1), ist geringer zu bewerten, da aber die Eintrittswahrscheinlichkeit sehr hoch ist, müssen Maßnahmen geplant werden, was durch einen vorläufigen Risikowert von 9 bestätigt wird. Die EVE Matrix ist für mehr Präzision und eine eindeutige Bewertung der Risiken entwickelt worden. Den fünf Schadenswahrscheinlichkeiten stehen genau fünf Ausmaße des Schadens gegenüber. Daraus ergeben sich exakt 25 vorläufige Risikoeinschätzungen (V). Diese können durch ihre individuelle Risikobewertung (I) und die organisatorische Risikobewertung (O) positiv oder negativ beeinflusst werden. Hier hilft das TOP EVE Prinzip. Denn TOP EVE bedeutet, dass die Einflussfaktoren Technik, Organisation und Produktion (TOP) aus der Gefährdungsbeurteilung und die Ereigniszeiten bzw. Ereignisorte (Einlass, Veranstaltung und Ende) für jede Gefährdung einzeln berücksichtigt werden.

Planung der Einlasssituation zum Veranstaltungsgelände

Die zeitliche und räumliche Planung der Einlasssituation beinhaltet die Auswahl und Abstimmung der Einsatz- und Einsatzmittelplanung mit dem Sicherheits- und Ordnungsdienst, die Abstimmung mit Polizei sowie privaten und öffentlichen Sanitäts- und Rettungsdiensten für den Fall von längeren Warteschlangen sowie bauliche und sicherheitstechnische Maßnahmen im Einlassbereich.

Für die Planung der Einlasssituation sind folgende Punkte zu berücksichtigen:

- Erwartete Besucherzahl sowie Einschätzung und Bewertung besonderer Besuchergruppen (Fans, frühzeitig anreisende Besucher, rivalisierende Gruppen etc.)
- Erwartete Ankunftszeiten der Besucher sowie Einschätzung des Zeitpunktes des größten Besucherandrangs
- Anzahl, Lage und Kapazität sowie Ausstattung und bauliche Gestaltung der Zugänge
- Information und Einweisung der MitarbeiterInnen des Sicherheits- und Ordnungsdienstes
- Kommunikationsplanung mit Definition der Entscheidungsbefugnisse und der Nachrichtenkette
- Form der Zugangskontrolle (Ticket- und Personenkontrolle)
- Geplante Durchflusskapazität je Zugang und gesamt
- Größe, Beschaffenheit und Ausstattung des Wartebereiches
- Notfallplanung (Unwetter, Überfüllung, Terror etc.).

Planung von Rettungswegen

Grundsätzlich gilt für die Planung von Rettungswegen, dass die Entfernung von jedem Besucherplatz bis zum nächsten Ausgang aus dem Versammlungsraum nicht länger als 30 m sein darf. Durch die Raumhöhe kann aus Sicht des Brandschutzes der Weg verlängert werden, da es um die sogenannte rauchfreie Schicht geht, die bei hohen Räumen länger bestehen bleibt. Er darf allerdings nicht länger als 60 m von jedem Besucherplatz aus sein. Die Verlängerung des Weges von Besucherplatz zum nächsten Ausgang darf dabei erst ab einer lichten Höhe von mehr als 5 m umgesetzt werden. Dabei darf der Weg pro zusätzlicher Raumhöhe in Schritten von 2,5 m um jeweils 5 m verlängert werden (§ 7 Abs. 1 MVStättVO).

Breite der Rettungswege

Die Breite der Rettungswege ist nach der größtmöglichen Personenzahl zu bemessen. Dabei muss die lichte Breite eines jeden Teils von Rettungswegen für die darauf angewiesenen Personen mindestens bei Versammlungsstätten im Freien sowie Sportstadien mindestens je 1,20 m je 600 Personen, bei Versammlungsstätten je 200 Personen betragen. Da angenommen werden kann, dass im Brandfall die Rauchbelastung durch ein Feuer in einer Versammlungsstätte im Freien geringer ist, da der Rauch ungehindert nach oben steigen kann als in einem Versammlungsraum, gilt es die Besucher in geschlossenen Versammlungsräumen schneller zu entfluchten. Auch die lichte Mindestbreite eines jeden Teils von Rettungswegen muss 1,20 m betragen (§ 7 Abs. 4 MVStättVO). Soweit die aktuelle Fassung der MVStättVO bereits in Landesgesetzen gültig ist, verliert damit die bisherige Staffelung in Schritten von 0,60 m ihre Gültigkeit und es sind nun Zwischenwerte möglich. Bei Gültigkeit der vorherigen Fassung wird weiterhin in Schritten von je 0,60 m die Rettungswegbreite berechnet. Grundlage der Berechnung der Rettungswege ist die DIN EN 13200-1:2012-11 bzw. die Musterversammlungsstättenverordnung. Alle Rettungswege sind zu jedem Zeitpunkt frei zu halten. Die Rettungswege müssen ins Freie zu öffentlichen Verkehrsflächen führen (§ 6 Abs. 1 MVStättVO). Sowohl bei Veranstaltungen im Freien, als auch bei Veranstaltungen in geschlossenen Räumen ist die Lage und die Erreichbarkeit der Rettungswege und Sammelflächen so zu planen, dass die Besucher geordnet und sicher das Gelände verlassen können oder im Notfall durch Rettungs- und Sanitätsdienste vor Ort versorgt werden können. Bei Open-Air-Veranstaltungen in Städten wie z. B. bei Volksfesten verlangt die Planung der Rettungswege auch eine Berücksichtigung der Anfahrtswege und Aufstellflächen der das Veranstaltungsgelände begrenzenden Gebäude.

5.8.3 Crowd Control

Während Crowd Management die Organisation und Planung von Maßnahmen betont, konzentriert sich Crowd Control auf die Reaktion in Notfällen. Damit sind operative Maßnahmen und Verhaltensregeln gemeint, um unerwünschte Verhaltensweisen von Besuchern oder Besuchergruppen zu verhindern oder zu kontrollieren.

Aufgaben des Crowd Control

Die Aufgaben des Crowd Control sind:

- Separierungsmaßnahmen
- Zugangskontrolle
- Krisenkommunikation
- Platzverweis von Personen
- Dynamische Besucherführung
- Notfallräumung
- Umgang mit Menschen in Notfallsituationen
- Raumbeschränkung/Absperrungen.

Für die Umsetzung der im Rahmen des Crowd Managements geplanten Maßnahmen der Besucherlenkung ist der Sicherheits- und Ordnungsdienst zuständig. Gemäß § 43 Abs. 3 MVStättV sind der vom Betreiber oder Veranstalter bestellte Ordnungsdienstleiter sowie die von ihm geleiteten Ordnungsdienstkräfte für die betrieblichen Sicherheitsmaßnahmen verantwortlich und damit für einen Großteil der Aufgaben des Crowd Control. Bei der Genehmigung von Veranstaltungen ist in der Regel auch die Anzahl und die Position der eingeplanten Ordnungsdienstkräfte zu nennen. Die Entscheidung über die Mindestanzahl der notwendigen Kräfte und die Definition der Positionen werden üblicherweise der Ordnungsdienstleitung überlassen. Eine über die Einzelbetrachtung einer Veranstaltung hinausgehende, Veranstaltungsort übergreifende oder länderweite Vereinbarung oder Regelung zur Bemessung und Positionierung der einzusetzenden Ordnungsdienstkräfte existiert nicht. Hier verlassen sich Veranstalter und Betreiber, Genehmigungsbehörden und Feuerwehren auf die Erfahrungswerte der Sicherheits- und Ordnungsdienstleister und des Veranstalter bzw. Betreibers.

Erstellung und/oder Umsetzung des Sicherheitskonzeptes

Verantwortung

Bei Veranstaltungen in für diese Veranstaltung nicht genehmigten Versammlungsstätten hat die Veranstaltungsleitung im Auftrag des Veranstalters bzw. Betreibers ein Sicherheitskonzept zu erstellen, wenn von einer Besucherzahl von mehr als 5.000 ausgegangen werden kann oder es die Art der Veranstaltung erfordert. Dies ergibt sich in Analogie zur Verantwortungsweitergabe gemäß § 38 Abs. 5 MVStättVO und durch die ausdrückliche Gleichsetzung von Betreiber und Veranstalter nach § 43 Abs. 3 MVStättVO („Der nach dem Sicherheitskonzept erforderliche Ordnungsdienst muss unter der Leitung eines vom Betreiber oder Veranstalter bestellten Ordnungsdienstleiters stehen.“) Damit ist das Sicherheitskonzept eine veranstaltungsplanerische und nicht lediglich eine ordnungsdienstliche Aufgabe. Dies wird durch den Charakter eines Sicherheitskonzepts als Grundlage für eine einvernehmliche Planung und Koordination aller an der Veranstaltung beteiligten Gruppen deutlich, namentlich führt § 43 Abs. 2 MVStättVO die für Sicherheit und Ordnung zuständigen Behörden auf, insbesondere Polizei, Feuerwehr und Rettungsdienste. Von dieser Verpflichtung der Veranstaltungsleitung unberührt bleibt die betriebliche Entscheidungsfreiheit, das Sicherheitskonzept vollständig oder in Teilen durch einen von ihm beauftragten Dritten, z. B. den Ordnungsdiensten, erstellen zu lassen. Die Verantwortung für die Richtigkeit, Vollständigkeit und praktische Umsetzbarkeit der im Sicherheitskonzept entwickelten Maßnahmen bleibt bei der Veranstaltungsleitung als Vertreter des Veranstalters.

Falls sich die Veranstaltungsleitung auf die fachliche Kompetenz abhängiger Dritter oder externer Kräfte im Sicherheitskonzept beruft, steht es ihr im Sinne der Verantwortung zu Gebot, die dort gemachten Angaben in ihrem Gesamtzusammenhang auf Plausibilität zu überprüfen. Die Delegationsverantwortung (Auswahlverschulden im Sinne des § 831 BGB) bleibt beim Betreiber, da keine Weitergabe der Letztverantwortung möglich ist. Die Anzahl und Einsatzorte der eingeplanten Ordnungskräfte müssen in Bezug auf Einsatzdauer und im direkten Zusammenhang zum Veranstaltungsablauf gesehen werden, da sie bei Veranstaltungen nicht nur von großer Wichtigkeit für die Sicherheit, sondern auch von großer wirtschaftlicher Bedeutung sind. Eine derartige über die einzelne fachliche Sichtweise der Ordnungsdienstleitung gemäß § 43 Abs. 3 MVStättVO hinausreichende komplexe Betrachtung der Abläufe und der dafür notwendigen Organisationsstruktur kann nur der Betreiber bzw. Veranstalter und die von diesem beauftragte Veranstaltungsleitung erhalten. Nur diese haben die Entscheidungsbefugnis und den Kenntnisstand, in Verhandlung mit Polizei und Feuerwehr, Bau- und Straßenverkehrsbehörden, Umwelt- und Gewerbeämtern und weiteren für Sicherheit und Ordnung zuständigen Behörden zu treten. Die Veranstaltungsleitung ist somit verantwortlich für die Bereitstellung der notwendigen Ressourcen und die Beachtung der im Sicherheitskonzept beschriebenen Maßnahmen, während die Ordnungsdienstleitung verantwortlich für deren Umsetzung ist.

Aufgaben der Veranstaltungsleitung

Es ergibt sich folgende zusammenfassende Darstellung der Aufgaben der Veranstaltungsleitung zur Sicherheitsplanung bei Großveranstaltungen:

- Erstellen einer Gefährdungsanalyse (Bewertung der Gefährdungen für Mitarbeiter und Besucher)
- Planung und Kontrolle von Maßnahmen des Arbeitsschutzes (vor, während und nach der Veranstaltung)
- Planung von Bausteinen der Veranstalter-Besucher-Kommunikation (Vorbereitende Kommunikation zur Besucherführung über eigene Kanäle oder über Medien, Planung von Aufstellern oder Plakaten für ein Leitsystem auf den wichtigsten Zugangswegen, Entwicklung und Umsetzung eines Leitsystems für das Veranstaltungsgelände)
- Technische und organisatorische Planung der Besucherinformationen für unterschiedliche Anlässe
- Abstimmung der Sicherheitsplanung mit den BOS
- Planung der Aufstellflächen für Feuerwehr und Sanitätsdienst
- Ausschreibung und Vergabe sowie Abstimmung und Einsatzplanung mit Sanitätsdienst und Sicherheits- und Ordnungsdienst
- Kontrolle des Sicherheits- und Ordnungsdienstes
- Planung der Informationswege und Entscheidungsbefugnisse bei verschiedenen Notfallszenarien
- Planung und Vorbereitung für einen Krisenfall
- Dokumentation und Berichterstattung.

5.9 Technische Leitung und Veranstaltungsleitung bei Hackathons und Barcamps

Thomas Sakschewski, Fabian Görres

Ein Barcamp ist eine besondere Form einer Tagung mit dem erklärten Ziel agil, also auch aktuell an Themen zu arbeiten und den Austausch mit anderen TeilnehmerInnen zu fördern. Eine Besonderheit ist hierbei die Leerstelle („Bar") der Tagungsthemen. Diese werden nicht vorgegeben, sondern mit Beginn des Barcamps unter den TeilnehmerInnen abgestimmt. Da es im Gegensatz zu einer Konferenz keine feste Agenda und keine vorher festgelegten thematischen Programmpunkte gibt, werden Barcamps auch als „Unkonferenzen" bezeichnet. Das Ziel eines Barcamps ist es nicht, am Ende der Veranstaltung Ergebnisse zu präsentieren oder vorgegebene Themen zu vermitteln, sondern spontan und themenoffen zu übergeordneten Ideen und Sichtweisen miteinander zu diskutieren, damit die TeilnehmerInnen ihr Wissen teilen und sich dabei vernetzen. Der Austausch über Meinungen, Gedanken, Wissen oder jeweilige Erkenntnisse wird innerhalb einer vorher festgelegten Zeitdauer eines Barcamps konkretisiert. Die einzelnen Teilgruppen (Breakout-Sessions oder nur Sessions) stellen ihre Diskussionsergebnisse am Ende dem gesamten Barcamp vor und können im Anschluss je nach Wunsch der Beteiligten in Gruppen weiterverfolgt und vertieft werden[37]. Die TeilnehmerInnen haben die Möglichkeit, mithilfe eines gemeinsam erarbeiteten Zeit- und Raumplanes individuell zu entscheiden, an welcher Session sie teilnehmen möchten. Barcamps werden dabei öffentlich oder für einen begrenzten Teilnehmerkreis veranstaltet. Die Zeitdauer variiert zwischen wenigen Stunden und mehreren Tagen mit einer Teilnehmerzahl von 20 bis 300 TeilnehmerInnen. Ursprünglich war dieses Format stark internetbasiert, heute ist eine thematische Eingrenzung kaum mehr möglich[38].

37 Redmann 2019: 140

38 Muuß-Merholz 2019: 26–28

Exkurs

Begriff Barcamp

Der Begriff Barcamp stammt ursprünglich von Tim O'Reilly, Gründer eines Computerbuchverlages und Namensgeber weltweit genutzter IT-Begriffe wie „Open-Source" oder „Web 2.0". Er nannte die erste Veranstaltung, „Foo-Camp", was für „Friends of O'Reilly" stand, denn teilnehmen durften eben nur besagte Freunde des IT-Pioniers. In der Programmiersprache steht der Begriff „Foo" aber auch für einen Platzhalter, ebenso wie das Leerzeichen „Bar", das im Code mit verschiedenen Inhalten gefüllt werden kann. Bei der ersten öffentlichen Veranstaltung 2005 in San Francisco, bei der jede/r und nicht nur Freunde teilnehmen durften, nannte man diese Events als Zeichen der Weiterentwicklung von Foocamp in Barcamp um.

Ressourcen: Da das Konferenzprogramm erst durch die TeilnehmerInnen bei Veranstaltungsbeginn abgestimmt wird, ist eine flexible Ressourcenplanung vorzusehen, die personell, räumlich und technisch darauf reagieren kann, dass jede/r TeilnehmerIn Vorträge, Workshops oder andere Beiträge einbringen kann, deren Zustandekommen und Raumbedarf abhängig von der Resonanz der TeilnehmerInnen ist. Die technische Ausstattung ist situativ. Die Veranstaltungsleitung muss spontan auf Bedarfe der TeilnehmerInnen wie Beamer, PA-Systeme mit Handmikrofonen, Flipcharts oder Whiteboards reagieren. Es ist aber ist auch möglich, dass eine Session keinerlei zusätzliche Ausstattung, Geräte oder Materialien benötigt.

Raumplanung: Für ein Barcamp mit mehreren Breakout-Sessions ist eine flexible Raumplanung mit mehreren unterschiedlich großen, aber voneinander abgetrennten Räumlichkeiten erforderlich, um ein konzentriertes und von anderen parallel laufenden Beiträgen ungestörtes Zusammenkommen und Arbeiten zu ermöglichen. Kommen temporäre Raumtrennungen zum Einsatz, sind Maßnahmen zur Minderung der Schallübertragung vorzusehen. Ringparlamente, Stuhlkreise, U-Form oder bei kleineren Workshops auch Blockbestuhlungen sind gut geeignete Bestuhlungsvarianten. Analog oder falls an der Location vorgesehen, sind zur besseren Orientierung während des Barcamps die Titel oder Themen der Sessions an jeweiligen Eingängen anzubringen. Für das Plenum ist ein Raum vorzusehen, dessen zulässige Besucherkapazität die erwartete Besucherzahl (PAX) fasst. Es ist ratsam, dass der Cateringbereich durchgehend geöffnet und so ausgestattet und gestaltet ist, dass auch hier Gespräche oder Teilbearbeitungen aus den Sessions weitergeführt werden können.

Veranstaltungstechnik: Die vorzusehende Veranstaltungstechnik sollte mobil und robust sein. In den größeren Räumlichkeiten, bei denen zur Sprachverständlichkeit bei voller Auslastung eine PA und Mikrofonierung notwendig ist, kann diese vorinstalliert werden. Zusätzliche Konferenztechnik ist dann bei Bedarf zügig integrierbar. Auch bei der Moderation entstehen Herausforderungen. So sind im Plenum eine ausreichende Anzahl von Mikrofonen erforderlich, dabei sind auch Kamerabilder für Live-Übertragungen einzelner Personen möglich. Da Zwischenpräsentationen oder auch das Abschlussplenum in der Regel mit eigenen Geräten, Laptops oder Tablets, erfolgen, ist eine ausreichende Anzahl und Vielfalt an Adaptern (VGA, HDMI, DVI, Displayport, USB-C) vorzuhalten. Um Kompatibilitätsproblemen vorzubeugen, ist immer eine zusätzliche Kopie für einen Präsentationsrechner vorzuhalten. Ein sogenanntes Saalcase kommt auf Rollen und beinhaltet die gesamte Technik, die zum Streamen eines Vortrages notwendig ist. Dabei reicht es, eine Strom- sowie Internetverbindung für das Case herzustellen, um loszulegen.

Veranstaltungsapp

Veranstaltungsapp: Eigene Apps ermöglichen TeilnehmerInnen sich einen Platz zur präferierten Session zu buchen, an Abstimmungen teilzunehmen oder der Veranstaltung in sozialen Medien zu folgen. Durch die Nutzung der Apps können Breakout-Sessions gebildet und freie Räumlichkeiten reserviert werden. Außerdem können Relevanz der Themen bzw. Vorträge bewertet und somit die Agenda der Veranstaltung kontinuierlich verfolgt und die Fortschritte festgehalten werden. Die dabei eingesetzten Mittel müssen für alle TeilnehmerInnen umsetzbar sein, was sowohl die Gewährleistung der Barrierefreiheit, als auch den Bedarf einer hohen Interkonnektivität von Personen an mehreren Orten auf verschiedenen Plattformen betrifft.

Sicherheit: Kaum planbare Besucherströme bedeuten ein Risiko von erhöhten Personendichten bei den Zugängen und die Gefahr der Überfüllung einzelner Räume. Da die Anzahl der TeilnehmerInnen begrenzt ist und gerade bei Barcamps ein respektvolles Miteinander eine große Bedeutung beigemessen wird, besteht lediglich das Risiko, dass BesucherInnen wegen Überfüllung nicht an den gewünschten Sessions teilnehmen können. Durch Registrierung kann eine Abschätzung der Anzahl der TeilnehmerInnen vor Ort erfolgen, jedoch ist die digitale Reichweite ohne Erfahrungswerte kaum abzuschätzen. Auf etwaige Engpässe durch dynamische Personenflüsse muss schnell reagiert werden. Hier ist durch Absprache mit dem Veranstalter eine dynamische Besucherführung vorzubereiten, um technisch und personell schnell auf gefährliche Situation reagieren zu können. Durch Personenzählung ist jederzeit sicherzustellen, dass die höchstzulässige Besucherkapazität der genutzten Versammlungsräume nicht überschritten wird. Bei drohender Überfüllung sind Maßnahmen vorzusehen, um weitere TeilnehmerInnen frühzeitig darüber zu informieren und den Eintritt zu verhindern.

Hackathon

Der Begriff des Hackathons ist ein Kunstwort zusammengesetzt aus Marathon und Hack. Ein Hackathon meint ein über eine längere Zeitdauer reichendes, intensiv erschöpfendes, gleichzeitig wettbewerblich-sportliches wie auch kooperatives (Marathon) Arbeitstreffen mit einem gemeinsamen Lösung eines klar definierten Problems (Hacking) innerhalb einer vorgegebenen Zeit.

Der sportliche Charakter liegt vor allem im Wettbewerb um eine Problemlösung. Anders als bei Tagungen und Kongressen, gibt es zur Problemdarstellung keine langen Vorträge und somit auch wenig passive Zuhörerschaft. Die Problemeinführung erfolgt hingegen in Form von Workshops, also mit einem hohen aktiven Anteil. Gerade um ein Thema vorzubereiten, zu sortieren oder zu vertiefen, greifen Veranstalter oft auch auf Workshop-Runden vor Beginn oder während des Hackathons zurück. Diese machen dann zwar nur einen kleinen Teil der Gesamtveranstaltung aus, helfen den TeilnehmerInnen aber zum Beispiel bei der Themenfindung und Einordnung des Kernthemas. Ähnlich wie Workshops können auch Barcamps in einen Hackathon inkludiert werden, denn der Grundgedanke von Hackathons liegt weniger bei der Entwicklung von erfolgreichen Ergebnissen, sondern eher bei der Idee gemeinsam im Team kreativ zu werden. Durch die enge und anspruchsvolle Zusammenarbeit werden Teammitglieder oft stark motiviert und tragen mit ihren persönlichen Stärken zu dem Erfolg der Gruppenarbeit bei.

Bei der Dauer und dem Ablauf von Hackathons muss zwischen verschiedenen Optionen unterschieden werden. Je nach Ausrichtung unterscheiden sich die Planungsfaktoren und Raumvoraussetzungen stark voneinander. Verfügbare Zeit und Komplexität der Aufgabenstellung müssen ausbalanciert sein, damit die TeilnehmerInnen nicht überfordert sind, aber der Hackathon auch nicht uninteressant wird, weil die Aufgabenstellung keine Herausforderung darstellt. Grundgedanke ist es, komplexe Aufgaben so zu stellen, dass sie kontinuierlich während der verfügbaren Zeit mit großer Intensität bearbeitet werden müssen, um möglichst individuelle Ergebnisse zu erzielen. Die Dauer kann dabei von wenigen Stunden, bis hin zu mehreren Monaten (mit Pausen) ausgelegt werden. Üblich sind jedoch Hackathons mit einer Dauer von 24 bis 48 Stunden.

Exkurs

Elevator Pitch

Beim JeCaThon in Jena wurden die Teilnehmer am zweiten Tag aufgefordert, ihre Idee innerhalb von zwei Minuten zusammenzufassen und zu präsentieren. Dies diente zum einen der Übung für die TeilnehmerInnen, brachte die Thematik aber gleichzeitig auch den BesucherInnen der Parallelveranstaltung nahe. Im Anschluss an jede Präsentation konnten Fragen gestellt werden, die den TeilnehmerInnen wiederum halfen, die Ansätze weiter zu vertiefen bzw. zu verdeutlichen. Auch die Mentoren konnten sich so einen ersten Eindruck verschaffen und bei Abweichungen oder Verfehlungen des Themas im Anschluss eingreifen und direktes Feedback geben. Neben der Pitch-Zeit sollte auch die Zeit für Fragen und Antworten festgelegt werden, um jedem Team die gleichen Voraussetzungen zu bieten. Elevator-Pitches zeigen erste Richtungen für die Bearbeitung der gewählten Problemstellung und sind eine gute Grundlage, diese für die finale Präsentation weiter auszubauen. Auch bei den finalen Präsentationen ist es wichtig, eine definierte Zeit sowohl für die Pitches z. B. fünf Minuten als auch für die anschließende Fragerunde z. B. drei Minuten vorzugeben. Ausschlaggebend ist hier nicht nur der Inhalt der

Präsentation, sondern auch Präsentationsstil und Veranschaulichung der Ergebnisse. Mit einem Countdown kann die verfügbare Zeit sowohl den Präsentierenden, als auch dem Publikum angezeigt werden. Am Ende der Präsentation kann der Moderator unterbrechen oder es ertönt ein akustisches Signal. Auch das Runterregeln der Mikrofone der Sprecher ist eine Möglichkeit. Je nach Ernsthaftigkeit des Hackathons kann hier eine kurze Kulanzzeit von bis zu einer Minute gewährt werden.

Hackathons, die über ein Wochenende (meist Freitag bis Sonntag) stattfinden, sind dabei meist auf 48 Stunden begrenzt. Sie beginnen am Freitagnachmittag und enden mit der Preisverleihung am Sonntagmittag. Grundsätzlich können sie auch in der Woche stattfinden, werden aber dann eher betriebsintern durchgeführt. Hier liegt der Vorteil darin, dass Teams besser zusammenwachsen und durch die größere Zeitspanne auch detaillierter in Themenbereiche einsteigen können. Neben den weitreichenden Lösungsansätzen, spielen hier auch die Entwicklung von Prototypen sowie Ansätze zur Umsetzbarkeit und Wirtschaftlichkeit eine wichtige Rolle. Präsentiert wird ein Gesamtkonzept, das noch nicht final alle Details beinhalten muss, jedoch schon mehrere Teilbereiche verbindet.

Exkurs

All-Night-Hackathon-Party

Am Abend vor dem Börsengang von Facebook im Jahr 2012 veranstaltete das Unternehmen an seinem Hauptsitz in Menlo Park (Kalifornien, USA) eine große interne „All-Night-Hackathon-Party“ und motivierte die Mitarbeiter bis zum nächsten Morgen an Projekten zu arbeiten, mit denen sie sich im eigentlichen Tagesgeschäft normalerweise nicht beschäftigen. Facebook nutzt die Innovationskraft von Hackathons dabei schon seit Jahrzehnten. Speziell an diesem Hackathon war jedoch der bevorstehende Börsengang, der mit dem Läuten der NASDAQ-Glocke am Morgen, nach dem Ende das Hackathons eingeläutet wurde. Für Facebook war dies ein wichtiges Zeichen ihrer Firmenphilosophie. Der Börsengang war wichtig, aber die Weiterentwicklung von neuen Produkten stand im Fokus des Unternehmens. Schon die ersten Hackathons, die zu Anfangszeiten alle sechs bis acht Wochen von 22:00–06:00 Uhr ausgetragen wurden, hatten großen Einfluss auf den Erfolg des Unternehmens. Der Facebook-Messenger, der Like-Button, die Verlinkungsfunktion in den Kommentaren und viele weitere Features hat Facebook dadurch revolutioniert.

5.9.1 Aufgaben der Veranstaltungsleitung

Koordination mit dem initiierenden Unternehmen: Bei Hackathons spielt die enge Zusammenarbeit des Organisationsteams mit seinen verschiedenen Aufgaben und Teilbereichen eine wichtige Rolle. Häufig sind die Bereichs-, Abteilungsleitungen und Beschäftigte des initiierenden Unternehmens sehr intensiv in die Prozesse der Planung, Durchführung und Nachbereitung einbezogen. Ansprechpartner innerhalb der Organisation und deren Aufgaben und Pflichten sind frühzeitig abzustimmen.

Ablaufplanung: Zu Beginn der Arbeitsphase wechseln die TeilnehmerInnen von der passiven Informationsaufnahme zur aktiven Arbeitsleistung. Die Aufgaben der Veranstaltungsleitung wechseln nun von der aktiven Planung und Organisation zu Moderation und Service. Nachdem sich die TeilnehmerInnen kennengelernt und Teams gebildet haben, beginnt die Konzeptions- bzw. Kreativphase des Hackathons. In der kreativen Phase wird häufig auf Moderationskoffer, Flipcharts und Pinnwände zurückgegriffen, um die Ideen und den Umfang der Aufgabe gemeinsam zu visualisieren. Haben die Teams Ansätze und Richtungen zur Bearbeitung des Problems herausgearbeitet, geht der Hackathon in die nächste Phase. Hierbei liegt der Fokus auf der Vertiefung und Umsetzung der vorher gesammelten Ideen. Die Umsetzungsphase erstreckt sich, je nach Dauer und Programm des Hackathons, von der ersten Nacht bis zum Vormittag des letzten Tages (bei einem Wochenend-Hackathon). Am Ende werden die Ergebnisse präsentiert.

Raumplanung: Die Dauer eines Hackathons und die intensive Zusammenarbeit verlangt eine dezidierte Raumplanung. Der Arbeitsbereich ist der Ort, an dem die TeilnehmerInnen die meiste Zeit verbringen und produktiv und konzentriert arbeiten sollen. Hier ist es wichtig, dass der Raum genügend beleuchtet ist. Ist der Raum zu dunkel, schwächt das die Konzentration und verstärkt die Müdigkeitssymptome. Auf die detaillierte Beschreibung der notwendigen Beleuchtung wird im folgenden Kapitel zu den technischen Anforderungen noch einmal näher eingegangen. Zusätzlich zur Beleuchtung ist es wichtig, dass der Raum über Fenster verfügt, die geöffnet werden können und den Raum immer mal wieder mit frischer Luft versorgen. Hierbei ist auch die Raumtemperatur zu beachten. Da die TeilnehmerInnen oft wenig schlafen, sollte die Temperatur an die Jahreszeit und die Empfindungen der TeilnehmerInnen angepasst werden. Häufig benötigen die Teams viel Platz für Geräte, Brainstorming-Utensilien, Tools und Prototypen. Daher ist es sinnvoll, die Größe der Tische dementsprechend zu dimensionieren. Auch bei den Stühlen sollte darauf geachtet werden, dass diese über einen langen Zeitraum genutzt werden können und entsprechend ergonomisch sind.

Der Ruhe- und Schlafbereich ist ein Ort, an dem die Teilnehmer sich zurückziehen und kurze Pausen einlegen können. Im besten Fall ist dieser Raum, um Ruhe und Privatsphäre zu gewährleisten, räumlich von den anderen getrennt. Ist dies aufgrund des Aufbaus der Location nicht möglich, kann er mithilfe von Stellwänden, Stoffen, Dekoration oder Ähnlichem abgetrennt werden. Dieser Bereich sollte gemütlich gestaltet und mit z. B. Sitzkissen, Hängematten oder Luftmatratzen ausgestattet werden.

Der Bühnen- und Zuschauerraum kann ebenfalls räumlich getrennt oder in den Arbeitsbereich integriert werden. Bei einer Trennung der Bereiche sollten für alle Beteiligten Stühle eingeplant werden. Wichtig bei der Bestuhlung ist die Einhaltung der Gang- und Durchgangsbreiten sowie die Nutzung von Stuhlverbindern, um ein Verrutschen zu verhindern.

Der Cateringbereich sollte in der Nähe des Arbeitsbereichs liegen, da viele Teilnehmer ihr Essen mit zum Arbeitsplatz nehmen, um während des Essens weiterarbeiten zu können. Ein Jury-Raum ist einzuplanen, in dem sich die Jury für Besprechungen zurückziehen kann. Dieser Raum muss nicht extra eingerichtet werden, sondern kann zum Beispiel auch der Raum/Bereich des Organisationsteams sein. Für Raucherpausen oder kurze Spaziergänge an der frischen Luft ist es sinnvoll, auch einen Außenbereich anzubieten. Ein sicherer Bereich mit Schließfächern ist einzurichten. Hier können die TeilnehmerInnen während der Ruhepausen oder zu Vorträgen ihre Wertsachen einschließen.

Exkurs

Industrie 4.0 Hackathon Bremen

Die Teilnehmer des Industrie 4.0 Hackathon hatten bei der Anmeldung, neben der Angabe des Namens auch die Möglichkeit, sich in eine der vorgegebenen Kategorien einzutragen. Hier gab es die Wahl zwischen Developer (Entwickler), Designer, Innovator und Presenter. Zur Akkreditierung erhielten die Teilnehmer dann ihr Badge mit ihrem Namen und einem Sticker in verschiedenen Farben mit der Aufschrift der vorher gewählten Kategorie. Hintergrund hierfür ist die Idee, dass sich Menschen mit erwähnten Stärken finden und gemeinsam ein Team bilden. Durch die Kombination der verschiedenen Stärken ergibt sich ein Team, das nicht nur entwickeln, sondern die Idee auch gut veranschaulichen und präsentieren kann. Neben diesen Informationen fanden sich auf den Badges auch die Logos der Sponsoren sowie das Eventlogo und der Event-Hashtag wieder. Beim Industrie 4.0 Hackathon startet die Veranstaltung erst am Freitagnachmittag. Somit ist hier nur ein Abendessen sowie ein Mitternachtssnack für die Teilnehmer vorgesehen. Am Folgetag gibt es zum Frühstück verschiedene Brötchen und Belag sowie eine Auswahl an Obst und Müsli. Zum Mittag werden wieder warme Speisen angeboten. Auch am Abend und am Folgetag wechselt das Angebot mit verschiedenen Suppen und Gerichten wie zum Beispiel Chili con Carne, veganes Curry und Chicken-Wraps. Das Essen wird dabei in einem separaten Raum als Büfett bereitgestellt und dann aus Platzgründen von den TeilnehmerInnen an den Arbeitstischen verzehrt.

Akkreditierung und Teilnahmemanagement: Im Anmeldeprozess sollten die TeilnehmerInnen bereits die wichtigsten Informationen zur Person sowie zu ihren Interessen und Vorlieben angeben. Je mehr Informationen hier gesammelt werden können, desto besser kann die Veranstaltung und Teamgröße geplant werden. Neben den grundsätzlichen Angaben wie Name, E-Mail-Adresse und derzeitigem Berufsstatus, sollten auch Hackathon-Erfahrungen, Erwartungen und besondere Wünsche bzw. Bedürfnisse wie z. B. Lebensmittelunverträglichkeiten beim Catering angegeben werden. Zusätzlich ist es für den Veranstalter interessant zu wissen, woher die Teilnehmer von dem Hackathon erfahren haben und in welche Kategorie sie sich einordnen würden. Bei der Registrierung zu Beginn der Veranstaltung erhalten TeilnehmerInnen in der Regel ein Badge mit einem Lanyard.

Teilnahmebedingungen sind bei einem Hackathon sehr wichtig und sollten gleich bei der Registrierung aufgeführt werden. In den Teilnahmebedingungen sind Hinweise zum Veranstalter sowie zum Thema der Veranstaltung bedeutsam. Zusätzlich sind hier alle Grundregeln zu Teilnahmeberechtigungen, geistigem Eigentum, Privatsphäre und Haftung aufzuführen. Folgende Punkte sind hier zu berücksichtigen:

- Überblick
- Veranstalter, Ziel des Hackathons, Datum und Ablauf, Sprache der Veranstaltung, Aufgabenwahl, Verpflegung
- Teilnahmeberechtigung
- Altersbestimmungen, notwendige Erfahrung, Teilnahme von MitarbeiterInnen des initiierenden Unternehmens, Regeln für TeilnehmerInnen anderer Unternehmen und öffentlicher Einrichtungen, Anmeldefrist und Nutzung des Anmeldeformulars, kein Anspruch auf Teilnahme
- Check-in/Team-Findung/Arbeitsmittel
- Frist persönliche Anmeldung beim Event, Hinweis zur Moderation der Regeln, Teamgröße, Verantwortlichkeit bei Auseinandersetzungen, IT-Ausstattung vor Ort, Lizenzen der genutzten Software
- Eigentumsverhältnisse der Beiträge, Ähnliche Beiträge des Veranstalters, Nutzung der Beiträge durch den Veranstalter, Nutzung des Logos und des Namens der Veranstaltung
- Möglichkeit der Änderungen durch Veranstalter, Disqualifikation von TeilnehmerInnen, Unterbrechung und Beenden nach Ermessen des Veranstalters, Straftaten
- Datenschutzgesetz, Nutzung von Bild-, Video- und Tonaufnahmen zu Werbezwecken
- Haftung für Schäden, Haftung bei Fahrlässigkeit
- Gerichtsstand, Bestimmungen und Wirksamkeit, Rechtsweg
- Geistiges Eigentum/Verwendung des Beitrags

- Allgemeine Regeln
- Hygieneregeln
- Privatsphäre und Öffentlichkeit
- Haftung
- Sonstiges.

Ablaufregie

Ablaufregie: Für die Teilnehmer ist es wichtig, während der Veranstaltung immer wieder Erfolge verzeichnen zu können, um die Motivation aufrechtzuerhalten. Hier können kurze Brainstormings, Pitch-Sessions und Check-in-Meetings förderlich sein. Zusätzlich besteht die Möglichkeit, neben kleinen Pitch-Sessions auch Check-in-Meetings zu organisieren. Hierbei handelt es sich um strukturierte Treffen der Teams, bei denen sie sich über den derzeitigen Stand sowie die Ziele und Probleme austauschen. Anschließend können Mentoren oder andere Teams mit Ratschlägen und Know-how weiterhelfen. Um den Teilnehmern während der intensiven Arbeitsphasen kurze Pausen zu ermöglichen, bieten sich kleine „Zwischenevents“ an. Diese können in Form von freiwilligen Kicker-Turnieren, kurzer sportlicher Betätigung oder Ähnlichem passieren.

5.9.2 Aufgaben der Technischen Leitung

Mobiles Arbeiten: Laptops und andere mobile Endgeräte wie Smartphones und Tablets bilden die Voraussetzung für die Arbeit bei Hackathons. Hierfür ist eine ausreichende Stromversorgung notwendig. Es müssen für jeden Tisch genügend Steckdosen eingeplant werden. Hierbei ist darauf zu achten, dass eine Vielzahl an Geräten gleichzeitig genutzt und deshalb die verfügbare Stromversorgung vor Ort überprüft werden muss. Bei einer durchschnittlichen Nutzung von zwei Steckdosen pro TeilnehmerIn ist es wichtig, den Zugang zu Sicherungskästen der genutzten Stromkreise zu kennen, um bei einem Ausfall schnell reagieren zu können.

Internetanbindung: Eine stabile und bandbreitenstarke Internetanbindung ist über die gesamte Veranstaltungsfläche auch in Ruhe- und Cateringbereichen zu sichern. Meist reicht hier die einfache Erhöhung der Anzahl der Access-Points nicht aus, wenn nicht gleichzeitig der Hauptanschluss für eine ausreichende Bandbreite ausgelegt ist. Daher sind hier frühzeitig die notwendigen Leitungskapazitäten gegenüber dem Betreiber zu sichern oder eigenständig temporär für die Veranstaltung zu planen. Um einen durchgehenden technischen IT-Support für die TeilnehmerInnen zu ermöglichen, ist eine Einsatzplanung vorzunehmen.

- Innerhalb:
- Ausreichend Access Points
- W-Lan sowohl mit 5 GHz als auch mit 2,4 GHz (für ältere Endgeräte)
- Zusätzlich kabelgebundene Verbindungen
-
- Nach draußen:
- Große Bandbreite
- Back-up-Lösung, falls die stationäre Internetverbindung ausfällt (mehrere LTE-Router bereithalten)

Beleuchtung: Um über einen langen Zeitraum konzentriert arbeiten zu können, spielt die Raumbeleuchtung eine wichtige Rolle. Dabei ist das Licht nicht nur ausschlaggebend für Konzentration und Produktivität, sondern beeinflusst auch die Wahrnehmung eines Raumes. Reines Kunstlicht kann, auch wenn es über die nötige Leuchtkraft verfügt, zu sinkender Produktivität und Motivation führen. Es sollte also darauf geachtet werden, dass neben künstlicher Beleuchtung auch Tageslicht den Raum erreicht. Zu homogene Beleuchtung und zu dynamisches Licht (Lichteffekte) sollten ebenfalls vermieden werden, da sie die Ermüdung bei der Arbeit verstärken. Arbeitsplätze sollten über eine Nennbeleuchtungsstärke von 500 Lux[39]) bei einer Farbtemperatur von etwa 3300 bis 4500 Kelvin (neutralweiß) verfügen. Für andere Veranstaltungsbereiche, die der Kommunikation dienen, reicht eine Nennbeleuchtungsstärke von 300 Lux[40].

39 DIN 5035-2:1990-02

40 Kapitel 8.2 DIN 15906:2003-05

Exkurs

Future Cargo Hackathon

Die Bühne und das Bühnenbild standen bei diesem Hackathon im Fokus. Zum einen sollten sie das Thema der Veranstaltung widerspiegeln und zum anderen von größeren Gruppen für ihre Präsentationen genutzt werden können. Um das Thema Future Cargo wieder aufzugreifen, wurde hierfür eine Bühnenrückwand aus 35 Transportgitterboxen, Koffern und Containerelementen aufgebaut. In den Gitterboxen wurde Beleuchtung platziert und an der Vorderseite ein Schild mit dem Hashtag des Events sowie eine große Leinwand befestigt. Die Bühne war mit 10 x 3m groß genug, um sie für große Gruppenfotos zu nutzen, aber auch um darauf für die Party am zweiten Tag ein DJ-Pult zu platzieren. An der hinteren Bühnenkante wurden bewegte Lichter (Washlights, Movingheads) und Nebelmaschinen platziert, um den Showeffekt zwischen den Vorträgen und Pitches noch weiter zu verstärken. An der vorderen Bühnenkante stand ein großer Bildschirm, auf dem die Speaker und Teilnehmer ihre Präsentationen und einen Countdown für die verbleibende Zeit sehen konnten. Vor der Bühne wurde an einem Traversentor Lautsprecher fürs Publikum sowie der Beamer für die Leinwand und Scheinwerfer zur homogenen Ausleuchtung der Bühne befestigt. Bei der Wahl des Beamers ist darauf zu achten, dass dieser, je nach Helligkeit des Raumes, über genügend Leuchtkraft verfügt, um auch beim Einfall von Tageslicht ein gut sichtbares und scharfes Bild zu gewährleisten. Für den Moderator des Hackathons wurde ein Headset eingeplant, damit dieser die Hände frei hatte, um seine Moderationskarten zu halten oder Mikrofone weiterzugeben. Für die gesamte Veranstaltung sollten genügend Mikrofone eingeplant werden, um Reden und Aufgabenstellungen der Initiatoren und Sponsoren sowie Zwischendurchsagen aber auch Pitches von größeren Gruppen mit mehreren Sprechern gewährleisten zu können. Um die Räume gemütlicher zu gestalten, wurden mithilfe von indirekter Beleuchtung die Wände in warmen Farben angestrahlt. Dies brachte nicht nur zusätzliche Helligkeit, sondern auch Wohlfühlatmosphäre in den Raum. Neben der Musikanlage auf der Bühne wurde eine zusätzliche

Anlage im Arbeitsbereich eingerichtet. Diese sollte nur leise Bildformat die Präsentationen abgegeben werden sollen. Zur Abgabe können sie dann entweder ihre Präsentationen auf einem USB-Stick bzw. einer Festplatte einreichen oder in die Cloud der Veranstaltung laden. Hintergrundmusik spielen und konnte ebenfalls für kurze Zwischenansagen genutzt werden. Da durch viele verschiedene Geräte mit unterschiedlichen Anschlüssen und Betriebssystemen auch viele Fehlerquellen entstehen können, bietet es sich an, alle abzuspielenden Inhalte über einen zentralen Computer zu steuern und wiederzugeben. Hier kann vorher alles für das eine Gerät eingerichtet und somit zusätzliche Fehler vermieden werden. Teilnehmer sollten schon beim Beginn der Veranstaltung Vorgaben erhalten, in welchem Datei- und in welchem

BYOD

Schaffung einer technischen Infrastruktur: In den meisten Fällen bringen die TeilnehmerInnen ihre eigenen mobilen Endgeräte wie Laptops, Tablets und Smartphones mit (Bring Your Own Device – BYOD). Es gibt zwar die Möglichkeit, diese zur Chancengleichheit durch Vorkonfiguration oder als Service zu stellen, jedoch ist das mit höheren Kosten und zusätzlichem Aufwand verbunden. Häufig sind TeilnehmerInnen mit ihren Geräten vertraut und dadurch auch produktiver. Neben einem funktionierenden Netzwerk und Drucker benötigen Teilnehmer oft auch Hilfsmittel wie USB-Sticks oder Festplatten, um auch größere Datenmengen schnell auszutauschen oder ergänzende Peripherie wie z. B. Kabel, Adapter oder Monitore, die in ausreichender Menge zur Verfügung gestellt werden können oder von den TeilnehmerInnen ebenfalls mitgebracht werden. Eventuell ist eine Überprüfung der eingebrachten Geräte notwendig, gerade dann, wenn diese individuell aufgerüstet wurden und sehr leistungsstark sind, so können sie durch Hitzeentwicklung potenzielle Brandherde sein. Staub kann genauso wie alte Kabel eine Gefahr darstellen, besonders wenn die Geräte über einen langen Zeitraum in Dauerbetrieb sind. Eine fachliche Überprüfung ist sicherlich nicht bei jedem Gerät erforderlich, aber im Zweifelsfall vor Ort notwendig. Gleichzeitig sind allgemeine Brandschutzmaßnahmen zu treffen, wie die Aufstellung von zusätzlichen Feuerlöschern. Es sind aber auch spezielle Maßnahmen wie die Bereitstellung von Ventilatoren oder Kühlaggregaten denkbar, um eine Überhitzung von Geräten zu vermeiden.

Veranstaltungstechnik: Da ein Hackathon meist mit einem Bühnenprogramm startet und endet, gibt es häufig auch ein Bedarf an Veranstaltungstechnik. Diese gilt es frühzeitig abzusprechen. Umfang und Art der genutzten Veranstaltungstechnik ist abhängig vom Thema, der Location und der Größe des Hackathons. Die direkte Einbindung von im Hackathon erzeugten Inhalten mit der zur Verfügung stehenden Veranstaltungstechnik ist einzuplanen.

Sicherheit: Bei einem Hackathon werden eigene private Geräte wie Laptops und Smartphones im Netzwerk genutzt. Ziel eines Hackathons ist die Konkretisierung von Lösungsvorschlägen, die für einen begrenzten Adressatenkreis oder eventuell nur unternehmensintern Verwendung finden soll. Die Sicherheit des Netzwerks vor Angriffen von außen und durch die TeilnehmerInnen sowie der Schutz vor unbeabsichtigter Übertragung von Computer-Viren oder Schadsoftware auf die Geräte teilnehmender Dritter oder des Unternehmensnetzwerks hat daher eine hohe Priorität. Regeln für die Nutzung des freien WLANs sind zu kommunizieren und müssen bei Bedarf bestätigt werden. Hierbei geht es zum Beispiel um die Sperrung illegaler Dienste und Websites. Auch sollte das Netzwerk verschlüsselt werden, um den Benutzern zusätzlichen Schutz vor Fremdzugriffen zu gewährleisten.

Hybridisierung von Hackathons: Die gemeinsame, intensive Zusammenarbeit verlangt nicht unbedingt einen gemeinsamen physischen Raum, sondern kann auch in einem virtuellen Raum stattfinden, wenn der virtuelle Raum entsprechend ausgestattet und zum Beispiel die gemeinsame Arbeit an einem 3-D-Modell durch ein webbasiertes Programm erlaubt und am besten VR-Brillen den TeilnehmerInnen zur Verfügung stehen. Eine Herausforderung besteht dann darin, die effiziente mehrkanalige Kommunikation über eine bestehende Applikation, Datenaustausch, Chat und Voice over IP zu ermöglichen.

5.10 Technische Fachplanung bei E-Sports Events

Thomas Sakschewski, Michael Klötzer, Nikolai Hocke

Markt-schwerpunkt Asien

Unter „E-Sports“ versteht man den sportlichen Wettkampf mithilfe von Computer-, Konsolen- und Smartphonespielen. E-Sport Veranstaltungen sind damit wettbewerbsorientierte Events, bei denen die EinzelpielerInnen oder Teams live vor einem Publikum vor Ort oder rein virtuell im Internet gegeneinander antreten. Wie bei klassischen Sportarten kann nur eine kleine Minderheit von SpielerInnen ihren Lebensunterhalt allein durch E-Sports bestreiten. Diese aber können hohe Preisgelder gewinnen, erhalten regelmäßige Gehälter von Sponsoren und reisen für Wettkämpfe um die Welt. Die Umsätze im E-Sports haben sich in den letzten fünf Jahren verdreifacht. Der Marktschwerpunkt liegt in Asien. In Südkorea ist „E-Sports" in kurzer Zeit zum Volkssport mit speziell ausgestatteten Arenen geworden. Diese haben ein ähnliches Ansehen und hohe Zuschauerbegeisterung wie hiesige Fußballturniere. Aufgrund des wachsenden Marktes und des steigenden Interesses planen und bauen Teams und Veranstalter ihre eigenen Arenen und Locations, und öffnen diese für BesucherInnen und Interessierte.

Ende der 1990er-Jahre wurde der Begriff das erste Mal verwendet und muss dabei von dem Begriff des „Pro Gaming" (professionelles Spielen) unterschieden werden. Beim „Pro Gaming" sind die Teilnehmer Spezialisten in ihrem Bereich bzw. Spiel und können bei Turnieren oft Geld- oder Sachpreise gewinnen. Häufig spielen dabei Produkthersteller und Sponsoren eine große Rolle. Da sich die Begriffe heutzutage etwas vermischt haben, spricht man bei „E-Sports" von wettbewerbsorientierten Events, bei denen die Spieler aber nicht zwangsläufig Geld mit ihrem Können verdienen. Turniere und Ligen werden sowohl für Amateurspieler aber auch erfahrenere und Profispieler veranstaltet

Dabei können auch mehrere Spiele aus einer Kategorie (Aufbau-, Rollenspiel etc.) angeboten werden. In vielen Fällen haben Veranstalter von E-Sport Zugriff auf Communities einzelner Spielgenres und können so Events mit bis zu mehreren Tausend Menschen durchführen. Zwar zahlen die Teilnehmer oft auch eine Teilnahmegebühr, jedoch fallen mit der Miete einer Location, der Schaffung einer technischen Infrastruktur mit Spielkonsolen, Übertragungstechnik, Preisgelder und Versorgung der Teilnehmer oft hohe Kosten an. Sponsoren unterstützen Veranstaltungen häufig direkt oder stellen Geld- und Sachpreise für die TeilnehmerInnen zur Verfügung. Da es sich hierbei oft um hohe Beträge handelt, müssen vor der Veranstaltung klare Regeln aufgestellt werden. Die SpielerInnen treten oft über viele Stunden (teilweise auch Tag und Nacht) mit- und gegeneinander an: Das macht eine Versorgung mit Essen und Getränken notwendig. Wichtig sind bei

E-Sports Events nicht nur die Preise, sondern auch der Teamgedanke und vor allem der Spaß am Spiel. Um den Spaßfaktor neben dem Spielen noch zu verstärken, nutzen die „Gamer" häufig auch die Möglichkeit sich als ihr Lieblingscharakter zu verkleiden (siehe hierzu auch Cosplay in Kapitel 5.11).

Auf der Szenenfläche werden Spieler eines Computerspieles mittels steuerbarer Kameras gefilmt. Auch die Aktionen auf dem Monitor des Spielers werden aufgezeichnet. Ein Moderator kommentiert das Geschehen von seinem separaten Platz aus. In Szene gesetzt werden die Spieler und der Moderator über unterschiedlichste Lichttechnik. In einer Regie werden die aufgenommenen Bild- und Tonsignale verarbeitet und außerdem zusätzlich weiterbearbeitet. Die bearbeiteten Signale werden in der Veranstaltungsstätte auf diverse Monitore und Lautsprecher für die Besucher des Events zur Verfügung gestellt. Außerdem werden die Signale über einen Stream ins Internet gestellt, damit der Spielverlauf live auf der ganzen Welt verfolgt werden kann.

Die Organisation von E-Sports Events ist komplex und an viele technische aber auch organisatorische Voraussetzungen wie Location, Teilnehmer, Preisgelder, Sponsoren, Marketing etc. geknüpft. Bei E-Sport Veranstaltungen sind sowohl zahlreiche SpielerInnen, als auch BesucherInnen vor Ort, aber gleichzeitig muss durch eine entsprechende technische Ausstattung und eine passende Bildregie das Live-Erlebnis weltweit transportiert werden. Wie bei anderen analogen Sport-Veranstaltungen greifen E-Sports Events auf Fernsehtechnik zurück und verwenden Show-Elemente wie Kommentatoren, die das Spielgeschehen live kommentieren, oder Expertenrunden, die wichtige Spielzüge im Nachhinein analysieren und bewerten.

Technische Fachplanung von E-Sports Events

Daraus ergeben sich für die **Technische Fachplanung von E-Sports Events** folgende Aufgaben:

Akteure: Während in vielen Sportarten wie Leichtathletik oder Ballsportarten die Bewegungen und körperlichen Leistungen des Sportlers im Mittelpunkt stehen, ist im E-Sports ein virtueller Spieler der Mittelpunkt. Zwar werden die Figuren oder Aktionen von Menschen an Tastatur, Maus und Bildschirm gesteuert, jedoch liegt der Fokus auf der Spielfigur und dem Umfeld, in dem sich diese bewegt. Die menschlichen SpielerInnen treten dabei eher in den Hintergrund. Für die BesucherInnen ist es daher entscheidend, dass sie das Bild, was sonst nur der Spieler sieht, gespiegelt auf Monitoren oder Projektionsflächen nachverfolgen können. Es sind daher viele und vor allem große Wiedergabegeräte notwendig, um jedem Zuschauer vor Ort eine Teilnahme am Spielgeschehen zu ermöglichen. Nicht nur die Anzahl, sondern auch die Qualität der Monitore unterscheidet sich. In vielen Sportstadien sind LED-Leinwände nur mit einer Full-HD-Auflösung von 1920 x 1080 Pixel üblich. Monitore bei einem E-Sports Event haben zumeist eine Auflösung von 3840 x 2160 Pixel, was einer 4K-Auflösung entspricht. Das ist besonders wichtig, um den BesucherInnen ein scharfes und detailreiches Bild wiedergeben zu können.

Kabinen

Szenenfläche: Bei E-Sports Events ist die Spielumgebung im virtuellen Umfeld. Die Spieler im E-Sports sind sehr selten für die BesucherInnen direkt zu erkennen, da diese in der Regel durch ihren eigenen Monitor verdeckt werden und können eigentlich nur beim Jubel von den Zuschauern vor Ort überhaupt wahrgenommen werden, oder wenn sie während einer Spielunterbrechung aufstehen. Diese fehlende Nähe zum Publikum ist aber auch für das Spiel wichtig. Da die BesucherInnen von beiden SpielerInnen bzw. Teams Spielaktionen sehen, besteht die Möglichkeit, dass diese durch Rufe oder sonstige Signale einem/r SpielerIn oder Team einen Vorteil verschaffen könnten. Daher sind die Nutzflächen für die SpielerInnen oder Teams meist entfernt vom Publikum positioniert oder durch Glasflächen oder gläserne Kabinen abgeschirmt.

Facecam

Technische Besonderheiten: Durch die notwendige Abschirmung der SpielerInnen und Teams von den BesucherInnen ergeben sich einige Besonderheiten, vor allem bei der Beleuchtung und der Aufnahme der SpielerInnen durch Kameras sowie die Sichtverhältnisse der BesucherInnen. Eine Beleuchtung von außen durch die Glasflächen ist aufgrund der Lichtbrechung und möglichen Verstrebungen und dem damit verbundenen Schattenwurf kaum möglich. Stattdessen sollte die Beleuchtung innen installiert werden, z. B. durch individuell steuerbare Stableuchten, die oberhalb oder unterhalb der Monitore auf die SpielerInnen gerichtet werden können, um eine frontale Beleuchtung jedes/r Spielers/in zu garantieren. Dabei ist darauf zu achten, die SpielerInnen nicht zu blenden, da dies natürlich vom Spiel ablenkend und störend ist. Die SpielerInnen hören das Spielgeschehen über Kopfhörer, um einerseits nicht durch andere Geräusche abgelenkt zu werden, und andererseits selbst auch keine MitspielerIn abzulenken. Die Tonsignale aus dem Spiel müssen aber für das Publikum auf die Beschallungsanlage übertragen werden. So können die BesucherInnen sowohl das Bild als auch den Ton aus dem Spiel erleben. Damit die Reaktionen der SpielerInnen nach außen getragen werden können, ist es üblich, jeden Platz mit einer sogenannten „Facecam" auszustatten. Das ist eine sehr kleine und kompakte Kamera, die oberhalb des Monitors eines/r jeden Spielers/in angebracht werden kann und dessen Reaktionen und Emotionen während des Spiels aufnimmt.

Live-Übertragung

Live-Stream: Ein E-Sports Event bietet BesucherInnen die Möglichkeit, ein Spiel live zu verfolgen. Bei E-Sports Events werden die meisten Spiele aber weltweit über Live-Streams im Internet verfolgt. Daher ist die Szenenfläche gleichzeitig auch als Studio zu betrachten. Es gibt mehrere Kameras, um die SpielerInnen zu verfolgen, aber auch außerhalb Kameras und Mikrofone, um die Reaktionen der BesucherInnen vor Ort bestmöglich einzufangen und Emotionen über den Live-Stream zu transportieren. Die Bild- und Tonsignale werden dafür in einem Regieraum bearbeitet und gespeichert, und können zudem direkt live ins Internet gestreamt werden. Für zusätzliche KommentatorInnen müssen Einzelräume vorgesehen werden, denen das Übertragungssignal zur Verfügung gestellt wird, um die Spiele so auf eigenen Plattformen ihrem Publikum zu vermitteln. Die ganze Infrastruktur muss zur Sicherung der notwendigen Bandbreiten daher mit schnellen Glasfaserkabeln realisiert werden.

Kameraperspektiven

In-Game-Signal: Das Hauptsignal wird virtuell gemischt aus Egoperspektiven einzelner SpielerInnen im Wechsel, Kamerafahrten über die Map und eine Übersicht, die zur Orientierung für die ZuschauerInnen dient. Die Bildmischung dieser Signale erfolgt durch sogenannte Observer, die auf demselben Server eingeloggt sind wie die SpielerInnen und per Tastatur die verschiedenen Kameraperspektiven wechseln. Dies verlangt ein sehr gutes Verständnis für das Spielgeschehen und die Spielumgebung. Bei sogenannten Battle-Royal-Turnieren (Jeder gegen jeden) kommen eine größere Anzahl von Signalen der SpielerInnen zusammen, die gemischt und aufgewertet werden müssen, denn sowohl das In-Game-Signal als auch die Studioquellen werden mit Grafiken und Overlays aufgewertet. Sponsoren finden so einen festen Platz in der Übertragung[41].

5.11 Veranstaltungsleitung bei immersiven Inszenierungen, Escape Rooms und LARPs

Thomas Sakschewski

LARP steht als Abkürzung für Live Action Role Play und umfasst eine breite Palette von Veranstaltungen, bei denen die TeilnehmerInnen innerhalb eines teilbeschriebenen Sets oder einer Szenografie Rollen einnehmen. In Deutschland finden jährlich etwa 600 LARP Veranstaltungen mit TeilnehmerInnenzahlen zwischen unter 20 und über 10.000 SpielerInnen statt. LARPs stellen eine Art interaktives Improvisationstheater dar, bei dem der Spielspaß im Vordergrund steht. LARPs bieten den TeilnehmerInnen eine Bühne für die (Selbst-)Darstellung. Häufig kommen sogenannte SpielleiterInnen zum Einsatz, die den Spielverlauf erläutern und moderieren. Die LARPs lassen sich einerseits unterscheiden in dem Grad der Einflussnahme der TeilnehmerInnen auf den Handlungsverlauf, inwieweit sie also selbstständig und offen und unabhängig von einem Szenario handeln können. Dies reicht von LARPs, bei denen der Spielverlauf nur abhängig von Handeln des Einzelnen bzw. abhängig vom Handeln der Gruppen ist, bis hin zu festgesetzten Zielen und Spielverläufen, die sich in klaren Aufgabenstellungen (Missionen) widerspiegeln. Ebenso kann unterschieden werden zwischen den hier aus Brettspielen bekannten Rollenspielen, deren Erzählung meist in einer Fantasy oder Zukunftswelt basierend auf bekannten Erzählmustern aus Büchern, Filmen bzw. Spielen angesiedelt sind, und Rollenspielen, die eine möglichst genaue, realistische und korrekte Nacherzählung historischer Ereignisse erreichen wollen. Die Erzählung dieser Re-Enactments ergibt sich dann aus den historischen Gegebenheiten. Hier sind es meist Turning Points im Sinne von Schlachten, die nachgespielt werden, aber genauso sind darunter Mittelalterfeste zu fassen, die explizit möglichst real den historischen Alltag nachempfinden wollen. Dabei geht es nicht allein darum zu kämpfen, sondern in einer Gemeinschaft ein besonderes Erlebnis

SpielleiterInnen

Leitlinien Liverollenspiel Verband

41 Heber 2020

zu kreieren. Der Deutsche Liverollenspiel Verband hat sich in seinem Leitbild fünf Leitlinien verschrieben:

- Gemeinschaftlichkeit
- Soziale Verantwortlichkeit
- Inklusion
- Nachhaltigkeit
- Partizipation.

Exkurs

Battle of Orgreave

2001 wurde dem Künstler Jeremy Deller mit Unterstützung lokaler Institutionen ermöglicht, die Schlacht um Orgreave mit 800 LaiendarstellerInnen, darunter 200 ehemaligen Bergarbeitern, nachzuspielen. Die Schlacht um Orgreave war der ikonische Höhepunkt, der langen und zermürbenden Bergarbeiterstreiks in England der 1980er-Jahre. Am 18. Juni 1984 als Streikposten versuchten, die Mine zu blockieren, standen sich 10.000 Bergarbeiter und zwischen 3.000 und 5.000 Polizisten gegenüber. Es war der blutige Höhepunkt des Bergarbeiterstreiks. 93 Bergarbeiter werden in Orgreave verhaftet. Etwa 50 Bergmänner und 72 Polizisten werden verletzt. Jeremy Deller inszeniert die Schlacht auf Grundlage der Erinnerung der TeilnehmerInnen, die zum Teil dabei waren, zum Teil als Kinder oder Jugendliche zugesehen haben, was vor ihren Haustüren passierte. Ein Akt der Erinnerung und der Verarbeitung, wie der Künstler sein Projekt selbst beschreibt.

Reenactment

Anders als bei einem LARP, in dem das Spielergebnis offen ist, steht in einem Reenactment das Ergebnis fest. Es ist durch die Geschichte festgeschrieben. Trotz dieser Unterschiede verlaufen LARPs und Reenactments ähnlich. Verwendet wird ein Narrativ, das entweder auf Grundlage bestimmter Erzählmuster (Mittelerde, Drachen, Sagen, Rollenspiele) erfunden ist oder auf einer historischen Begebenheit basiert. Alle Mitwirkenden nehmen eine Rolle mit eigenen Charakterzügen und Vorgeschichte ein. Ob diese feststehen oder unter Einhaltung von bestimmten Regeln oder historischer Fakten selbst erstellt werden, hängt vom jeweiligen Spiel ab. Ein Spiel dauert in der Regel zwischen zwei und sieben Tagen. Während der Spielzeit bleiben die TeilnehmerInnen in ihren Rollen, außer sie machen durch zuvor vereinbarte Zeichen den MitspielerInnen klar, dass sie nun aus ihren Rollen heraustreten müssen, um z. B. zu trinken, zu essen oder zu telefonieren. Bei Reenactments werden historische Ereignisse möglichst realistisch nachgespielt. So gewinnt beispielsweise bei der Völkerschlacht vor den Toren Leipzigs die vereinigten Armeen von Russland, Preußen, Österreich und Schweden gegen das Heer des französischen Kaisers Napoleon. Bei Fantasy orientierten LARPs ist der Schlachtausgang ungewiss und hängt vom Können der einzelnen Spielergruppen ab. Des Weiteren lassen sich LARPs nach dem Veranstaltungsort und dem Genre unterscheiden:

- Bei einem Stadt-LARP läuft das Rollenspiel eine längere Zeit und wird mit dem alltäglichen Leben verbunden. Oft handelt es sich dabei um ein Spion- oder Vampirdasein. Die Anzahl der SpielerInnen kann zeitlich variieren. Ebenso sind postapokalyptische Szenarien angelehnt an Zombie-Filmen und -Serien anzutreffen.
- Ein Pavillon-LARP wird über eine kürzere Zeitdauer geplant. Die Spiele werden in geschlossenem Räumen geführt. Die Grenzen zu Escape-Rooms sind fließend. Die Handlungen sind oft sehr einfach und kurz, ohne eine umfangreiche Vorgeschichte gehalten. Häufig sind solche Geschichten einem Detektivspiel ähnlich, bei dem das Spiel mit der erfolgreichen Lösung des Falls endet.
- Beim Feld-LARP treffen sich die TeilnehmerInnen über mehrere Tage (ein Wochenende) an einem historischen oder inszenierten Ort.
- Eine andere Aufteilung ist nach dem Genre möglich. Das sind unter anderem Fantasy, Steampunk und Science-Fiction, häufig in der Bilder- und Erzählwelt allgemein bekannter Vorlagen wie Herr der Ringe, Harry Potter, Games of Thrones oder Star Trek.

Experiential Cinema

Eine Besonderheit stellen Veranstaltungen des Experiential oder Live Cinemas dar. Diese Veranstaltungsformate verbinden ein Kinoerlebnis mit spielerischen Elementen aus der Filmerzählung in einem szenischen Aufbau, der an der Filmästhetik angelehnt ist. Durch Mischung von virtuellen und echten Räumen wird der Zuschauer spielerisch zum Mitmachen innerhalb der Erzählstruktur des Films ermutigt und erlaubt so das Eintauchen in Filmszenarien. Damit sind Live oder Experiential Cinema Veranstaltungen zunächst als Filmvorführung zu betrachten, die aber ergänzt werden durch szenische Handlungen im Dialog mit den TeilnehmerInnen, die inspiriert sind durch den Inhalt des Filmes. Die Veranstaltungen finden daher nicht in einem Kinosaal statt, sondern an einem Veranstaltungsort, der einen charakteristischen Bezug zum jeweiligen Film hat oder an dem der Bezug durch Szenenbauten und sensorischen Erweiterungen (Musik, Wind, Regen, Geruch) hergestellt wird. Die BesucherInnen werden bei Experiential oder Live Cinema Veranstaltungen zu TeilnehmerInnen, da durch SchaupielerInnen zum Film passende Darbietungen in Interaktion mit den BesucherInnen erfolgen, die damit Teil des Spiels werden. Sie werden aufgefordert das richtige Codewort zu nennen, um einen anderen Raum z. B. den Kinosaal oder die Bar zu betreten, sie müssen Fragen zum Film beantworten, spielen in einem Szenenbau Nebenhandlungen oder dürfen im Dialog mit den SchauspielerInnen Szenen des Films nachspielen.

Bei jeder Experiential oder Live Cinema Veranstaltung kommt der Zeitpunkt, an dem der Spielmodus endet und das Screening des Films beginnt. Als 2016 eine alte Fabrik für Offsetdruckmaschinen als Ort für die Inszenierung von „Secret Cinema presents Dr. Strangelove“ in die Burpelson Air Force Base verwandelt wurde, endeten die Spielmodi für die TeilnehmerInnen mit einem lauten Alarm. Unter dem Lärm von Sirenen und alarmierenden Kommandodurchsagen wurden die TeilnehmerInnen in den War-Room gebeten, in dem anschließend der Film gezeigt wurde[42].

Exkurs

Sandbox Games

Sandbox Games fasst Spiele zusammen, die den Spielern/innen eine offene Spielwelt ohne fixe Pfade und Spielschritte vorzugeben und unabhängig von den eigentlichen Spielzielen eine große Bandbreite von Wegen und Lösungen bietet, um zu spielen, ohne die Ziele möglichst schnell zu erreichen. Eigeninitiative wird mit immer neuen Spielmöglichkeiten belohnt, der Entdeckungsgeist wird gefördert und die feste Reihenfolge

42 Schneider 2016

von Spielzügen, um Spiellevels zu erreichen, wird aufgebrochen. Sandbox Games erlauben also freie Bewegung in einem Spielumfeld ohne festgelegte Pfade und aufgezwungenen Fortschritt und damit eine non-lineare Erzählweise, die sich in unterschiedlichen Missionen zusammenfügen. Zunächst sind dies Aufgaben, die für den Fortgang der Story entscheidend sind, aber deren Abfolge nicht unbedingt zwingend vorgegeben ist. Dazu sind Nebenjobs mit direkten Vorteilen für den/die SpielerIn möglich, um Erfahrungspunkte, bessere Waffen oder neue Items zu gewinnen und dazu sind noch Aufgaben zu lösen, die vom direkten Spielverlauf unabhängig sind, wie das Sammeln von Collectibles oder das Spielen von Minispielen. Trotz scheinbar unendlicher Spielemöglichkeiten sind auch Sandkastenspiele eingeschränkt, begrenzt durch die Sandmenge und begrenzt durch den Kasten oder übertragen auf die Sandbox Games begrenzt durch die Datenmenge, die Komplexität des Programm Codes und die Vorstellungskraft der Designer. Handelt es sich bei Computerspielen meist um virtuelle Wände wie gesperrte Brücken (GTA), begrenzen bei realen Spielen meistens Kulissen oder geografische Grenzen das Spielfeld. Dies hat logistische, organisatorische und finanzielle Gründe. Sandbox Games müssen also eine unendliche Spielmöglichkeit suggerieren und dennoch eine glaubhafte Balance finden zwischen Spielfreiheit bzw. Abwechslung und Aufwand und Spielmotivation. Das ist bei Sandbox Games besonders wichtig, da ein/e SpielerIn bei linearen Spielen sicher sein kann, in einer überschaubaren Zeitspanne einen Level inklusive Belohnung abzuschließen, bei nicht-linearen Spielen jedoch kann es passieren, dass der/die SpielerIn viele Stunden investiert, ohne ein sichtbares Ergebnis zu erzielen.

5.11.1 Aufgaben der Technischen Leitung

Beleuchtung: Kämpfe und Schlachten finden häufig an besonderen Orten statt. Daher ist eine grundlegende Sicherheitsbeleuchtung notwendig, um die Sicherheit der TeilnehmerInnen zu gewährleisten. Beleuchtungstürme, Beleuchtungsfahrzeuge und Aggregate aber auch Rettungsdienstfahrzeuge sind somit Teil von LARPs. Außerdem akzeptiert sind der szenische Einsatz von

Beleuchtung vor allem für spielerisch eingesetzte, magische Artefakte, für Rüstungen oder Feuereffekte wird häufig LED-Technologie eingesetzt, aber auch die Ambient-Beleuchtung eines Waldes oder einer Burgmauer ist nicht unüblich.

Laienschauspiel

Umgang mit LaiendarstellerInnen: Der Umgang mit LaiendarstellerInnen verlangt die Gefährdungsbeurteilung der unterschiedlichen Spielszenarien. Dabei ist besonders zu berücksichtigen, dass die einzelnen Handlungen, Wege, Vorgehensweise der TeilnehmerInnen nicht festgelegt ist, weswegen durch planerische und bauliche Maßnahmen die Gefahren verringert und das Risiko gemindert werden muss. Das bedeutet:

- Gefährdungsbeurteilungen für einzelne Bereiche bzw. Spielabschnitte und Formulierung von Sicherheitshinweisen (Unterweisungspflicht) für diese Bereiche
- Überprüfung von Stolper- und Sturzgefahren auf dem Spielgelände
- Sicherung von szenischen Bauten gegen seitliche Lasten, Besteigen (soweit nicht Teil des Spielszenarios), Verrücken oder Beschädigung im Rahmen der Verwendung in szenischen Handlungen
- Berücksichtigung von Rettungswegen und Aufstellflächen für Feuerwehr und Sanitätsdienst bei unterschiedlichen Spielszenarios
- Sicherung der Szenariogrenzen (siehe Exkurs Sandbox).

LARP Waffen

Überprüfung eingebrachter Waffen: Die Waffen bei Rollenspielen werden zumeist in Eigenherstellung aus Schaumstoff mit einem Fiberglas- oder Holzkern hergestellt. Volllatexwaffen bestehen neben dem Kernstab nur aus Latex, enthalten also keine Schaumstoffschicht zur Polsterung. Aufwendig hergestellte Volllatexwaffen werden wegen ihrer Härte und der Gefahr von Brandverletzungen durch Reibung auf der Haut (Ziehen der Klinge auf blanker Haut) meist nur für Schau- und Theatervorführungen verwendet. Auf LARP-Veranstaltungen wird der Umgang mit Volllatexwaffen meistens von der Spielleitung aus Sicherheitsgründen untersagt. Bei Reenactments nutzen die TeilnehmerInnen auch historische Waffen, die entweder funktionsunfähige Nachbauten, Eigenanfertigungen oder reale historische Waffen sind. Ob selbst hergestellte oder historische Waffen, sind diese unter Beachtung von

Kapitel 3.7 DGUV V 215-315 zu überprüfen. Dabei ist zu beachten, dass die TeilnehmerInnen LaiendarstellerInnen sind und der Waffengang, Schlacht oder Kampf wesentlich für das Spielgeschehen ist.

Waffen-Check

Eine Unterweisungspflicht, wie gegenüber Beschäftigten, besteht gegenüber den TeilnehmerInnen nicht. Hier lässt sich eine Verpflichtung nur aus den allgemeinen Fürsorgepflichten des Veranstalters ableiten. Entsprechend sind über Spielregeln und Hausordnung gefährliche Waffen auszuschließen oder bei Prüfung auf Gefahren hinzuweisen, die auch bei der Nutzung ungefährlicher Waffen durch unsachgemäßen Gebrauch oder Unfall passieren, wie Abreißen der Schaumstoffhülle, Bruch und Splittern des Kerns. Ausgesprochene Bühnenwaffen kommen dabei selten zum Einsatz. Bei Feld-LARPs sind zwei Vorgehensweisen üblich. Beim eigenverantwortlichen Waffentest wird auf Vernunft der TeilnehmerInnen gesetzt, keine Waffen zu verwenden, bei denen die Möglichkeit besteht, andere verletzen zu können oder die bei Nutzung eine Gefahr für den/die TeilnehmerIn selbst darstellen. Der selbstverantwortliche Waffencheck durch die TeilnehmerInnen stellt die Regel dar. Geprüft wird nur auf Verdacht, wenn Waffen nach erster Inaugenscheinnahme gefährlich erscheinen. Dann muss die fachkundige Prüfung durch die Technische Leitung oder einen Fachkundigen beim „Check-in“ erfolgen. Neben den Schlag-, Hieb- und Stichwaffen kommen auch Bögen oder Armbrüste zum Einsatz. Auch wenn die Pfeile keine Spitze haben, geht von diesen Schusswaffen eine größere Gefahr aus. Hier sind klare Regeln zum Gebrauch zu vermitteln. Regeln für den Waffen-Check[43]:

- Polsterung des Kernstabes: Bei Waffen ab 50 cm Gesamtlänge sollte abhängig vom Polstermaterial zumeist Polyethylen-Schaumstoffe der Schlagzone die Polsterdicke mindestens 1,5 cm betragen. Die Schlagzone ist bei einer Axt das Blatt, bei einem Streitkolben der Kopf und bei einer Klingenwaffe die Klinge.
- Verklebung: Die Verklebung der Schaumstoffschichten darf sich nicht lösen, da sich sonst die einzelnen Schichten voneinander trennen können, und sich an der Bruchstelle der/die GegnerIn ernsthaft verletzen kann.

43 Buchmann o.J.

- Spitze: An der Spitze von Polsterwaffen fehlt die Stabilisierung durch den Kernstab. Die Spitze des Kernstabes sollte so bearbeitet sein, dass sie nicht durchstechen und der Schaumstoff bei einem Schlag mit der Spitze nicht abschert. Die scharfe Kante sollte gegen Durchstechen und Einreißen gesichert sein. Um das Abscheren zu verhindern, sollte die Spitze mit Glasfasergewebe oder ähnlichem reißfestem und stichhemmendem Material gesichert sein.
- Knauf: Eine besonders hohe Sicherheit ist nur bei Waffen erforderlich, die zum „Pompfen" (Schlagen mit Polsterwaffen) geeignet sind. Es ist zu kontrollieren, ob der Knauf sich leicht löst. Zum „Pompfen" eignen sich am besten kurze Waffen ohne Kernstab.
- Gewicht: Je länger eine Waffe ist, desto kopflastiger ist sie. Je kopflastiger eine Waffe ist, desto schwerer ist sie abzubremsen. Lange und daher kopflastige Waffen erzeugen beim Aufprall durch hohe Geschwindigkeit und Gewicht am Treffpunkt eine sehr hohe kinetische Energie. Der nach der Dämpfung durch die Schaumstoff-Deformation übrig bleibende Impuls wird auf den Gegner übertragen. Das Gewicht sollte daher im Waffenkopf möglichst gering sein.
- Glätte der Waffe: Klebrige Waffen können beim Gegner schmerzhafte „rote Striemen" erzeugen. LARP-Waffen sollten daher beschichtet und/oder mit Talkum bzw. Silikonspray behandelt sein.
- Latex-Krebs: Als Latex-Krebs wird die altersbedingt oder durch Umwelteinflüsse begründete teilweise Umkehrung der Polymerisation zu kürzeren Ketten verstanden, wodurch das Material brüchig wird und sich zersetzt. Mit Latex-Krebs befallene Waffen sind aus dem Spiel zu nehmen, da sie andere Waffen „anstecken" können.
- Wurfwaffen: Wurfwaffen dürfen keinen festen Kernstab haben und nicht spitz sein. Bei größeren Wurfkörpern sollte es sich um offenporigen Schaum handeln. Ein Gewicht im Kern erhöht die Treffsicherheit und ist somit dem Spielspaß förderlich Es muss aber ausreichend gepolstert sein.
- Pfeile und Bolzen: Diese tragen an der Spitze ein Polster, welches den Pfeil bzw. den Bolzen ungefährlich macht. Die

Polsterung sollte einen Durchmesser von etwa 5 cm aufweisen und aus einem offenporigen Schaumstoff bestehen, um gefährliche Verletzungen im Kopfbereich zu verhindern.

- Bögen: Die Sicherheit von Schusswaffen kann nur über die maximale Zugkraft bei verwendeter Pfeillänge geregelt werden. Die Höchstgrenze werden von den Veranstaltern unterschiedlich angegeben und es werden 20, 24, 30 oder sogar 35 lbs (1 lbs = 0,453 kg) zugelassen.
- Rüstungen: Die Rüstungen sollten so geschaffen sein, dass der Träger und alle anderen und auch die LARP-Waffen daran keinen Schaden nehmen können. Blechteile müssen entgratet und gebördelt sein, es dürfen keine Nägel oder andere Spitzen herausragen.

5.11.2 Aufgaben der Veranstaltungsleitung

Übergang Szenenfläche und Nutzfläche

Spielleitung und Veranstaltungsleitung: Die Spielentwicklung wird von der Spielleitung sorgfältig beobachtet und koordiniert. Während bei kleineren LARPs es durchaus vertretbar ist, dass Spielleitung und Veranstaltungsleitung personalidentisch sind, ist bei größeren LARPs eine Veranstaltungsleitung zu bestimmen, die nicht nur den Spielverlauf im Blickfeld behält und im Sinne des Spielszenarios bei Bedarf moderierend eingreift, sondern auch alle anderen Bereiche (Campingbereiche, falls zugelassen: Abgrenzung Zuschauer- und Spielbereich, Catering, Sanitär und Logistik).

Die Spielleitung definiert häufig gemeinsam mit weiteren Ehrenamtlichen den Spielverlauf und die einzelnen Handlungsstränge, sogenannte „Plots“ sowie die Spielregeln. Die Plots bilden keine präzise definierten Spielziele, sondern bilden den Rahmen, der von den TeilnehmerInnen ausgefüllt wird. Nach Rücksprache mit der Veranstaltungsleitung sind die Regeln zur Besuchersicherheit zu definieren und den TeilnehmerInnen zu vermitteln. Besonderer Klärungsbedarf:

Zeichen für „In-Time“, d.h. Verhalten innerhalb der Rollen, und „Out-Time“. Bereiche wie Sanitäranlagen gehören automatisch zu den Out-Time Zonen. Gekreuzte Arme gelten häufig als Zeichen, dass die TeilnehmerIn entweder Out-Time oder unsichtbar ist. Der Ruf „Stop!“ ist Zeichen zur Unterbrechung des Spiels. Bei

LARPs gibt es dabei keine zuvor definierte Spielzeit. Diese hängt vielmehr für die einzelnen Mitspieler von der jeweils gewählten Figur ab, welche dargestellt wird. Das Spiel und der Spaß der Teilnehmer am Darstellen ihrer jeweiligen Figuren ist das eigentliche Ziel. Dazu werden von den Spielleitern verschiedene Handlungsstränge (sogenannte „Plots“) angestoßen, welche dann durch die Darsteller weiter aufgenommen und bespielt werden.

Dynamik des Spielverlaufs

Sicherheitsplanung: Die Veranstaltungsleitung ist verantwortlich in kritischen Situationen einzugreifen oder bei Bedarf die Veranstaltung abzubrechen. Besondere Gefährdungen eines LARPs ergeben sich aus der Dynamik des Spielverlaufs und dem Veranstaltungsgelände meist schwer zugängliche ländliche Gebiete wie Wälder, Wiesen, Ackerflächen. Entsprechend lang kann die Hilfsfrist des Sanitäts- und Rettungsdienstes sein. Dies ist bei der Einsatzplanung des Sanitätsdienstes zu berücksichtigen. Ebenso ist eine Planung für die Selbstrettung der TeilnehmerInnen bei einem Unwetter einzuplanen z. B. ein naheliegender Stall oder die privaten Fahrzeuge der TeilnehmerInnen. Dabei ist die kontinuierliche Wetterbeobachtung mit Kontakt zu örtlichen metrologischen Beobachtungssituationen notwendig, um eine ausreichende Reaktionszeit im Notfall zu erreichen.

Umwelt- und Naturschutz

Veranstaltungsgelände: Die Berücksichtigung von Umweltauflagen auf dem gesamten Veranstaltungsgelände ist Aufgabe der Veranstaltungsleitung. Häufig sind LARPs mehrtägig (Freitag bis Sonntag), sodass eine entsprechende Infrastruktur mit Campingflächen, Catering, sanitären Anlagen, Wasserver- und -entsorgung, Energieversorgung und Abfallmanagement geplant werden muss. Zu beachten ist, dass auch diese Nutzflächen in der Regel „In-Time“ sind. Notwendige Veranstaltungs- und Sicherheitstechnik wie Sicherheitsbeleuchtung, evtl. Sprachalarmierungsanlage, Unfallhilfestelle des Sanitätsdienstes, aber auch sanitäre Anlagen sind auf Wunsch des Veranstalters häufig zu verkleiden bzw. zu verstecken. Dabei ist darauf zu achten, dass durch diese Maßnahmen deren Funktion wie z. B. notwendige Leuchtstärke der Sicherheitsbeleuchtung nicht herabgesetzt wird.

Exkurs

Diamante

Bei Mariano Pensottis großer Parabel auf die Entwicklung der argentinischen Gesellschaft: „Diamante" erleben die BesucherInnen 2019 in einem Parcours zwischen parallel gespielten und fein aufeinander abgestimmten Szenen den Gesellschaftswandel in einer Werkssiedlung am Rande des Dschungels. Jeder Erzählstrang hat sein eigenes Haus. Die Reihenfolge der Erzählung bestimmen die BesucherInnen selbst und sie verfolgen durch die gläserne vierte Wand in den Häusern, die Bühne und Leben sind, ganz individuell die Schicksale der BewohnerInnen in der einstigen Modellstadt und ihren Niedergang.

Cosplay

Während beim LARP das Miteinander beim Rollenspiel von größter Wichtigkeit ist, werden beim Cosplay von einzelnen TeilnehmerInnen Rollen eingenommen. **Cosplay** ist eine Wortschöpfung aus Costume und Play. Angeblich soll der japanische Animationszeichner Nobuyuki Takashi den Begriff 1983 erstmalig in einem Artikel über die Worldcon den Begriff verwandt haben. Eine „Con" als Kurzform von Convention bezeichnet ein (regelmäßiges) Treffen von Fans und Interessierten eines bestimmten Genres wie (Fernseh-)Serien (Star Trek), Subgruppen (Steam Punk) oder Medien (Anime und Manga). Cosplay verbindet Elemente des Theater- und Rollenspiels mit einer möglichst realistischen Darstellung von fiktiven Charakteren durch aufwendige Kostüme, Requisiten und Dekorationen. In der großen Mehrheit entstammen die Charaktere der Erzählwelten aus Anime und Manga sowie Videospielen. Das Cosplay meint sowohl den kostümierten Bühnenauftritt, als auch generell den Besuch der Convention in Kostümen, wobei der Bühnenauftritt einzeln oder als Choreografie in einer Gruppe erfolgen kann. In der Regel ist der Bühnenauftritt wettbewerblich organisiert und eine Jury oder Publikum küren die Sieger, dabei kann bewertet werden allein das Kostüm im Sinne einer Modenschau, auch Japanisches Cosplay genannt. Der Cosplayer tritt auf die Bühne und präsentiert sein Kostüm und führt die für seine Rolle Gesten oder Bewegungen vor. In einer anderen Variante wird sowohl das Kostüm, als auch die Inszenierung bewertet. Die Auftrittszeit beträgt, abhängig von Veranstaltung und Gruppengröße, meistens zwischen zwei und zehn Minuten. Auf

Kostümierter Bühnenauftritt

der Bühne werden entweder kleinere Szenen gespielt, gesungen, getanzt oder akrobatische Nummern vorgeführt. Die Cosplayer sind Laien. Sie bezahlen Eintritt für die Convention und tragen die zum Teil erheblichen Kosten für die Kostüme selbst. Die Auftritte werden von Laien geplant und durchgeführt. Der Veranstalter stellt ein Mindestmaß an Technik (Bühne und Beleuchtung) zur Verfügung. Die Aufgaben der Technischen Leitung liegen eher in der Planung als in der Umsetzung vor Ort.[44]

Kostümierter Bühnenauftritt

Technische Ausstattung: Die eingesetzte Bühnen- und Veranstaltungstechnik sollte so ausgewählt werden, dass sie auch ohne Fachkunde nach kurzer Einweisung bedient werden kann. Proben sind nicht üblich und die Auftritte dauern selten länger als fünf Minuten in einem engen Zeittakt. Die Mediendateien stehen den TechnikerInnen vor Ort oft erst kurz vor Auftritt zur Verfügung. Sie können mangels technischer Proben auch kaum überprüft werden. Die Einspielung falscher Dateien, falscher Auflösungen oder falsche Toneinstellungen sind damit keine Seltenheit. Da Informationen zu den Auftritten nur selten vorab vorliegen, ist auch eine Vorbereitung durch die Technik kaum möglich. Hier gilt es eine robuste und störungsarme technische Ausstattung mit vorprogrammierten, einfachen Show-Effekten einzusetzen.

Richtlinien

Regeln für die Kostüme: Die Kostüme sind Gegenstand des Wettbewerbs, je größer, detaillierter, fantasievoller sie sind, desto größer ist die Wahrscheinlichkeit, einen der ersten Plätze zu erringen. Hier gilt es, technische Richtlinien zu definieren, um die Gefährdung Dritter und die Selbstgefährdung durch die Kostüme zu mindern. Mögliche Richtlinien sind:

- Definition von Maximalmaßen für sehr ausladende Kostüme auf einen Durchmesser von Röcken und Kleider auf maximal etwa 2,0 Meter
- Definition von Maximallängen für Schleppen oder Schwänze auf maximal etwa 1,0 Meter Länge ab Fußende
- Definition von Maximalspannweiten für Flügel auf maximal etwa 1,0 Meter je Flügel
- Definition von Maximalhöhen von Kostümen mit maximal etwa 2,5 Meter ab Bodenniveau

44 Nemyrovska 2015: 26ff.

- Definition von Maximallängen für Waffen auf maximal etwa 1,5 Meter Länge (Material: Holz, Pappe, Kunststoff, Weichmaterial, Schaumstoffe oder thermoplastischen Werkstoffen sowie aus einer Kombination)
- Definition von Maximallängen für Gehstöcke und Stäbe auf maximal etwa 2,0 Meter Länge ab Bodenniveau
- Definition von Maximallängen Bögen auf maximal etwa 1,5 Meter Länge ab Bodenniveau (ohne echte Sehnen und nur mit Pfeilattrappen).

Exkurs

Rhizomat

In der Welt der Künstlerin Mona el Gammal hat das Institut für Methode (IFM), ein globales Privatunternehmen, die Staaten der Welt ersetzt und unterdrückt und überwacht die Menschen mit dem Versprechen von Sicherheit und Stabilität bis in den kleinsten Lebensbereich. Gegen das totalitäre IFM rebelliert die Untergrundgruppe Rhizomat, deren Mitglieder in einzelnen Zellen sowohl die Forschung an einer alternativen Gesellschaftsordnung vorantreiben wie auch den Widerstand praktisch organisieren. Das Rhizomat hat es sich zur Aufgabe gemacht, diejenigen dem diktatorischen System zu entreißen, deren freier Wille noch nicht vollständig ausgelöscht wurde. Die regelmäßigen Standarduntersuchungen des IFM zur Gedankenkontrolle nutzt das Rhizomat, um Verbindungen aufzubauen. In einem leer stehenden Verwaltungsgebäude in Berlin wurde 2017 ein kompletter Parcours eingebaut. BesucherInnen mussten sich anmelden und erhielten nur einzeln einen Besuchsslot von 30 Minuten, in dem sie sich nur geleitet von Lautsprecherstimmen und Videos frei innerhalb des hergestellten szenischen Raumes über zwei Stockwerke bewegen konnten.

Immersive Inszenierungen

Immersion meint ein Eintauchen, ein Eintauchen in eine andere Welt, das nahe buchstäblich hautnahe Teilnahmen am gespielten oder realen Leben Dritter, die Erweiterung eines Erzählrahmens, das Auflösen der Trennung von Szenen- und Besucherfläche, das

Eintauchen in die Wirklichkeit durch Perspektivwechsel und/oder technische Mittel. Immersive Inszenierungen können im öffentlichen Raum stattfinden, in Museen und Theatern, in umgebauten Gebäuden oder virtuell.

Entsprechend schwer sind allgemeingültige **Aufgaben einer Technischen Leitung** oder einer Veranstaltungsleitung zu formulieren. Einige sind hier dennoch zusammengefasst.

Besucher-reaktion

Besuchersicherheit: Die BesucherInnen müssen in einigen immersiven Inszenierungen ihren eigenen Weg durch einen szenischen Raum finden, der durch Beleuchtungen, Bauten und Ton Teil der Inszenierung ist. Hier ist auf Stolperfallen und anderen Gefährdungsquellen zu achten, aber auch die Besucherreaktionen sind zu überwachen, um im Notfall bei Angstanfällen oder Fehlverhalten der BesucherInnen eingreifen zu können. Eine permanente Überwachung der TeilnehmerInnen durch die Technische Leitung oder einen von ihm unterwiesene fachkundige Person ist damit notwendig. Dies setzt den Einbau einer ausreichenden Anzahl von Kameras und Mikrofonen voraus, die entweder in die Erzählung integriert sind (Immersion) oder entsprechend verdeckt sein sollten. Bei anderen Varianten bewegen sich BesucherInnen und SchauspielerInnen als Teil der Inszenierung durch den öffentlichen Raum. Hier bestehen durch die Erzählung Gefährdungen durch den Verkehr oder Reaktionen von Passanten, die das Spielgeschehen fehlinterpretieren könnten.

Spontane Änderungen: Die Abhängigkeit von äußeren Einflüssen und nicht vollständig planbaren Abläufen ist bei immersiven Inszenierungen höher, vor allem dann, wenn die BesucherInnen selbst zum Teil der immersiven Erzählung werden. Entsprechend muss die Veranstaltungsleitung auf unterschiedliche Szenarien vorbereitet sein und diese proben.

Exkurs

Do's & Dont's

Do's & Don'ts des Theaterkollektivs Rimini Protokoll macht die Wirklichkeit, in das Theater mobil wird. Die Zuschauer dieses Stücks sitzen auf einer Tribüne in einem Lkw, der zu einem mobilen Zuschauerraum umgebaut wurde. Durch das große Fenster der Seitenfront des Lkws schauen sie hinaus auf die Stadt.

Die Inszenierung wird durch den Lkw-Fahrer unterstützt, der immer wieder eine Sprecherrolle einnimmt. Außerdem kommen verschiedene SchauspielerInnen an Haltepunkten zum Einsatz. Die SchauspielerInnen bewegen sich im öffentlichen Straßenverkehr. Zwischendurch werden die Fenster des Lkws immer wieder von Leinwänden verdeckt und es werden verschiedene vorproduzierte Inhalte oder Live-Aufnahmen aus dem Fahrerhaus gezeigt.

Einsatz von VR und AR-Technologien: Beim Einsatz von AR- und VR-Technologien ist in der Regel eine kurze Einweisung der BesucherInnen erforderlich und zum Schutz eine Begleitung durch eingewiesenes Personal, um z. B. Stürze zu verhindern. Zum Schutz gegen mögliche Verletzungen ist das Bewegungsareal abzugrenzen und von Objekten frei zu halten. Da die Technologie für einige NutzerInnen noch sehr ungewohnt ist, kann der Einsatz bei diesen zu Schwindel führen. Zusätzlich sollten ausreichend Ersatzgeräte zur Verfügung stehen, um die Reinigung der Geräte beim Wechsel zu gewährleisten.

5.12 Quellen

[1] AGVS (2020): Positionspapier COVID-19 der Arbeitsgruppe Veranstaltungssicherheit. Berlin 2020. Online unter http://xemp.de/aktuelles/ (2020-07-27)

[2] AGVS (2020a): Handlungsempfehlungen zum Probenbetrieb. Berlin 2020. Online unter http://xemp.de/wp-content/uploads/2020/05/AGVS_COVID-19-Proben_20-05-13.pdf (2020-07-27)

[3] Buchmann, T. (o. J.): Waffencheck. Online unter: http://www.spielmannslieder.de/LARPzeit/LARPzeit-Waffencheck.pdf. [20.08.2020]

[4] DOSB (2019): Bestandserhebung 2019. Online unter https://cdn.dosb.de/user_upload/www.dosb.de/medien/BE/BE-Heft_2019.pdf

[5] Güllemann, D. (2009): Veranstaltungsmanagement und Recht. Vertrags- und Haftungsfragen bei Veranstaltungen, Events, Messen und Ausstellungen (5. Aufl.). Köln: Luchterhand.

[6] Heber, A. (2020): Freaks 4U. 4K-eSports-Studio in Berlin. Production Partner. 4/2020. https://www.production-partner.de/story/freaks-4u-4k-esports-studio-in-berlin/. Online unter: (2020-08-20)

[7] Kalusche, W. (2012): Projektmanagement für Bauherren und Planer. 3. Aufl. München: Oldenbourg

[8] Klein, A. /Heinrichs, W. (2001): Kulturmanagement von A-Z. München: dtv.

[9] Meurer, J. / Ayar, B. (2003): Live Com-Agenturen und -Dienstleister – Marktstruktur, Trends und Entwicklungen. In M. Kirchgeorg, et al. (Hrsg.), Handbuch Messemanagement. Planung, Durchführung und Kontrolle von Messen, Kongressen und Events (S. 1131–1144). Wiesbaden: Gabler.

[10] Muuß-Merholz, J. (2019): Barcamps & Co. Peer to Peer-Methoden für Fortbildungen. 1. Aufl. Weinheim Basel: Beltz

[11] Nemyrorovska, A. (2015): „Cosplay Stage“ Konzept einer mobilen Bühne unter Beachtung der künstlerischen und technischen Bedürfnisse. Masterarbeit. Berlin: Beuth Hochschule.

[12] Rifel (2020): Veranstaltungssicherheit im Kontext von Covid-19. Berlin: Research Institute for Exhibition and Live-Communication (R.I.F.E.L.). Online unter http://rifel-institut.de/fileadmin/Rifel_upload/3.0_Forschung/RIFEL_Veranstaltungssicherheit_im_Kontext_von_COVID-19_V2.0.pdf (2020-07-20)

[13] Redmann, B. (2019): Agile Arbeit rechtssicher gestalten. Leitfaden für die unternehmerische Praxis. Freiburg: Haufe-Lexware

[14] Röper, H. (2001): Handbuch Theatermanagement. Köln: Böhlau

[15] Schneider, R. (2016): Experiential cinema als neuer Veranstaltungstyp. Masterarbeit. Berlin: Beuth Hochschule für Technik.

[16] Walkenhorst, H. (2013). Sicherheitskonzepte. Köln: Feuer-Trutz.

[17] Willaredt, S. (2015): Soziale Netzwerke als Instrument des Wissensmanagements am Beispiel von Kulturinitiativen und Laienbühnen. Masterarbeit. Berlin: Beuth Hochschule für Technik.

Bildverzeichnis

Verzeichnis der „Exkurse“ und „Kommentare aus der Praxis“

Stichwortverzeichnis